YouTube Marketing

O'REILLY®

Christian Tembrink & Marius Szoltysek

Christian Tembrink, Marius Szoltysek

Lektorat: Alexandra Follenius
Korrektorat: Claudia Lötschert
Herstellung: Susanne Bröckelmann
Umschlaggestaltung: Michael Oréal, www.oreal.de
Satz: III-satz, www.drei-satz.de
Druck und Bindung: M.P. Media-Print Informationstechnologie GmbH, 33100 Paderborn

Bibliografische Information der Deutschen Nationalbibliothek
Die Deutsche Nationalbibliothek verzeichnet diese Publikation in der Deutschen Nationalbibliografie; detaillierte bibliografische Daten sind im Internet über http://dnb.d-nb.de abrufbar.

ISBN
Print: 978-3-96009-032-8   PDF: 978-3-96010-096-6   ePub: 978-3-96010-097-3   mobi: 978-3-96010-098-0

Dieses Buch erscheint in Kooperation mit O'Reilly Media, Inc. unter dem Imprint »O'REILLY«. O'REILLY ist ein Markenzeichen und eine eingetragene Marke von O'Reilly Media, Inc. und wird mit Einwilligung des Eigentümers verwendet.

1. Auflage 2017
Copyright © 2017 dpunkt.verlag GmbH
Wieblinger Weg 17
69123 Heidelberg

Die vorliegende Publikation ist urheberrechtlich geschützt. Alle Rechte vorbehalten. Die Verwendung der Texte und Abbildungen, auch auszugsweise, ist ohne die schriftliche Zustimmung des Verlags urheberrechtswidrig und daher strafbar. Dies gilt insbesondere für die Vervielfältigung, Übersetzung oder die Verwendung in elektronischen Systemen.

Es wird darauf hingewiesen, dass die im Buch verwendeten Soft- und Hardware-Bezeichnungen sowie Markennamen und Produktbezeichnungen der jeweiligen Firmen im Allgemeinen warenzeichen-, marken- oder patentrechtlichem Schutz unterliegen.

Die Informationen in diesem Buch wurden mit größter Sorgfalt erarbeitet. Dennoch können Fehler nicht vollständig ausgeschlossen werden. Verlag, Autoren und Übersetzer übernehmen keine juristische Verantwortung oder irgendeine Haftung für eventuell verbliebene Fehler und deren Folgen.

5 4 3 2 1 0

Inhaltsverzeichnis

Über die Autoren — 10

Danksagung — 12

Vorwort von Christian Rätsch, CEO Saatchi & Saatchi — 14

1. Die Revolution des TV-Werbemarkts — 17
- Onlinevideos erobern die Welt — 19
- Zuschauer im Wandel: Seien Sie da, wo gesucht wird — 21
- Medienkonsum im Wandel: aktiv statt passiv — 23
- Videos sind das mobile Kommunikations-Tool Nummer 1 — 25
- Marketing von heute: helfen statt nur versprechen — 27
- Die TV-Sendeanstalt aus der Hosentasche – Privatpersonen und Unternehmen werden zu Sendern — 29
- Trotz Content-Explosion auffallen – dank Videos — 31
- Höchstmögliche Werbewirkung durch Emotion — 33
- Fakten & Zahlen: YouTube weltweit — 35
- Fakten & Zahlen: YouTube in Deutschland — 37
- Fazit Kapitel 1: Fassen wir zusammen — 39

2. Ihr YouTube-Erfolgsplan — 41
- Fehlt ein zeitgemäßes Konzept, ist Misserfolg sicher — 43
- Beispiele für gelungenes YouTube-Marketing — 45
- Ist Ihr Unternehmen bereit für YouTube? — 47
- Schnell und flexibel reagieren ist das A und O — 49
- Einmaliger Upload oder dauerhaftes Programm — 51
- Schritt 1: Definieren Sie Ihre Ziele — 53
- Überblick über mögliche Marketingziele — 55
- Die drei wichtigsten YouTube-Marketingziele — 57
- Ziele für das Branding messen — 59
- Ziele für Sales und Lead messen — 61
- Ziele für Kundenbindung und Upselling — 63
- Schritt 2: Greifbare Personas bilden — 65
- Was bewegt Ihre Wunschkäufer? — 67
- Erarbeiten Sie Ihre YouTube-Strategie — 69

Führen Sie eine SWOT-Analyse durch	71
Fazit Kapitel 2: Fassen wir zusammen	73

3. Der Channel als Grundlage ... 75

Optimale Präsenz auf allen Gerätetypen	77
Anlegen Ihres YouTube-Kanals – worauf ist zu achten?	79
YouTube-Kanal mit neuem Google-Konto anlegen	81
YouTube-Kanal mit bestehendem Google-Konto anlegen	83
Planung und Aufbau Ihres YouTube-Kanals	85
YouTube-Frontend – was ist das?	87
Gestalten Sie die Elemente auf Ihrer Übersichtsseite	89
So vergeben Sie das optimale Kanalsymbol	91
Das Kanalbild – das Schaufenster Ihres Kanals	93
So gestalten Sie das optimale Kanalbild	95
Verlinken Sie Ihre Webseite und Social-Media-Profile	97
Andere Kanäle verlinken und empfehlen	99
Vergeben Sie einen guten Kanalnamen	101
Ihr Kanaltrailer – wichtiges Welcome-Element	103
Wie Sie Playlisten in der Übersicht nutzen	105
Die Kanal-URL kann nur einmal festgelegt werden	107
Vorhang auf: Machen Sie Ihre Startseite zum Star	109
Kanal-Navigationstab »Videos« richtig konfigurieren	111
Kanal-Navigationstab »Playlists« richtig konfigurieren	113
Kanal-Navigationstab »Kanäle« richtig konfigurieren	115
Kanal-Navigationstab »Diskussion« einbinden	117
Kanalinfo – wichtig für Ihre Auffindbarkeit	119
Watermark – Ihr interaktives Logo im Video	121
YouTube-Backend – Ihr Schaltpult im Überblick	123
YouTube-Kontoeinstellungen	125
Administratoren- und Zugriffsrechte verwalten	127

Ihr Creator Studio und die wichtigsten Menüs ... 129
Ihren Kanal verifizieren ... 131
Verknüpfung Ihres Kanals mit anderen Diensten ... 133
Kanal-Tags – richtig hinterlegt sind diese goldwert ... 135
Fazit Kapitel 3: Fassen wir zusammen ... 137

4. Wertvolle Inhalte erzeugen ... 139
Die Content-Strategie gibt die Marschrichtung vor ... 141
Nutzerzentrierte Inhalte erstellen ... 143
YouTube reichert Ihre Content-Strategie mit Emotion an ... 145
Die YouTube-Formatfindung: ein fortlaufender Prozess ... 147
Ihre eigene Story – beste Grundlage zur Formatfindung ... 149
Mit emotionalem Thema für Identifikation sorgen ... 151
Storytelling: mit guter Struktur Geschichten erzählen ... 153
Ihre Filmideen und das Format erarbeiten ... 155
Welche Video-Formatstrategien passen für Sie? ... 157
Der Formatansatz Kampagnen ... 159
Der Formatansatz Kollaboration ... 161
Der Formatansatz Content-Marketing ... 163
Livestreaming und Liveberichterstattung ... 165
Ablaufplan für die Entwicklung Ihrer Inhalte ... 167
Fazit Kapitel 4: Fassen wir zusammen ... 169

5. Überblick: Videoproduktion ... 171
Videokonzept: Die Idee zum Film wird geboren ... 173
Erstellung des Videokonzepts: inhouse oder extern? ... 175
Produktionsablauf im Überblick ... 177
Aufwände schätzen: Was kostet die Videoproduktion? ... 179
Tipps, wie Sie die Produktionskosten geringhalten ... 181
Rechenbeispiel: Videos selbst inhouse produzieren ... 183
Videoproduktion extern beauftragen ... 185
Beispielkalkulation für externe Videoproduktion ... 187
Keyword-Analyse: die Basis für Ihre Auffindbarkeit ... 189

Keywords im Film berücksichtigen: So geht's	191
Drehbuch – die Anleitung für die Videoproduktion	193
Storyboard: Visualisierung Ihres Drehbuchs	195
Den Drehtag planen – Tipps für die Vorbereitung	197
Der Drehplan: exakter Ablaufplan für Ihren Dreh	199
Der Dreh: Jetzt wird das Material für den Film erstellt	201
Postproduktion: Sichtung, Schnitt & Ton	203
Finale Abnahme	205
Spezielle Tipps für die YouTube-Produktion	207
Fazit Kapitel 5: Fassen wir zusammen	209

6. Überblick: Marketing mit YouTube — 211

Ihr Marketing startet beim Upload des ersten Videos	213
Felder, die Sie beim Upload befüllen sollten	215
So schreiben Sie den optimalen Videotitel	217
Verfassen Sie Videobeschreibungen mit Klick-Appeal	219
Die Vergabe relevanter Tags steigert die Aufrufzahlen	221
Ihre Vorschaubilder sollen Interesse wecken	223
Reichern Sie Ihre Videos mit interaktiven Hinweisen an	225
Mit Anmerkungen Videos interaktiver machen	227
Infokarten: schöner Verlinken auf allen Gerätetypen	229
Endcards: Sagen Sie dem Nutzer, wie es weitergeht	231
Die interaktive YouTube-Abspannfunktion	233
Optimieren Sie Ihre Videountertitel	235
Wichtig fürs Ranking: Kommentare und Abonnenten	237
Verlauf der Betrachtungszahlen und Videoaktualität	239
Relevante Clips fördern langfristig die Auffindbarkeit	241
Die Autorität Ihres Kanals steigern	243
Mit Playlisten Struktur schaffen und auffindbar werden	245

Community-Management: Interaktion mit Zuschauern 247
Teilen Sie Videos auf Ihren Social-Media-Kanälen 249
Videos per E-Mail und durch Ihr Team verbreiten 251
Integration Ihrer Videos in Ihre Webseite 253
YouTuber Relations – Marketing mit anderen Kanälen 255
Product Placement auf YouTube 257
Mit bekannten YouTubern Programm machen 259
Inhalte herausstellen: angesagte Videos hervorheben 261
Tools, die Ihren YouTube-Marketingerfolg steigern 263
Fazit Kapitel 6: Fassen wir zusammen 265

7. Bezahlte Werbung auf YouTube schalten 267

Erstellen von Werbekampagnen für YouTube 269
Wo können Sie auf YouTube werben? 271
YouTube-Werbung auf mobilen Geräten 273
Grundeinstellung: zielgruppengenaue Ausrichtung 275
Ausrichtung Ihrer Werbung mit Schlüsselwörtern 277
Wählen Sie passende Placements aus 279
Ausrichtung nach Themen- und Interessenkategorien 281
Nutzung der Remarketing-Funktion 283
YouTube-Werbeformate im Überblick 285
Video-In-Stream-Anzeigen: die TV-Spots der Zukunft 287
Bumper Ads – Video-In-Stream-Werbung im Kurzformat 289
Video-Discovery-Anzeigen in der YouTube-Suche 291
Video-Discovery-Anzeigen für ähnliche Videos 293
Video-Discovery-Anzeigen als YouTube-Overlay 295
Video-Discovery-Anzeigen auf Webseiten von Partnern 297
Werbung auf YouTube ohne eigene Videos 299
Optimierung Ihrer Kampagnen 301
Premiumwerbeplätze auf YouTube 303
Call-to-Action-Overlay-Schaltflächen 305
Fazit Kapitel 7: Fassen wir zusammen 307

8. Mit YouTube Analytics alle Zahlen im Blick ... 309

Ziele festlegen und Maßnahmen überwachen ... 311
Ihr persönliches YouTube-Kontrollzentrum ... 313
YouTube Analytics-Überblick ... 315
Echtzeitanalysen zu Ihrem YouTube-Publikum ... 317
Aufrufzahlen und Wiedergabezeit = Einschaltquote ... 319
Aus Tops und Flops Ihrer Videos lernen ... 321
Ihre Zuschauerbindung ist wichtig ... 323
Relative Zuschauerbindung: besser als andere sein ... 325
Wer ist Ihr Publikum? Finden Sie es heraus! ... 327
Wiedergabeorte – wo spielt Ihr Film im Netz? ... 329
Zugriffsquellen Ihrer Videos ... 331
Über welche Geräte schaut Ihr Publikum zu? ... 333
Analyse von Übersetzungen ... 335
Anzahl der Abonnentenentwicklung ... 337
Entwicklung guter Bewertungen fördern ... 339
Werden Ihre Videos in Playlisten integriert? ... 341
Prüfen Sie die Entwicklung Ihrer Kommentare ... 343
Wie oft werden Ihre Videos geteilt? ... 345
Wie oft werden Ihre Anmerkungen angeklickt? ... 347
Wie gut performen Ihre Infokarten? ... 349
Wie gut funktioniert der Videoabspann? ... 351
Fazit Kapitel 8: Fassen wir zusammen ... 353

9. Recht(lich) erfolgreich mit YouTube ... 355

Die Impressumpflicht bei YouTube ... 357
Einbinden eines sprechenden Impressumlinks ... 359
Urheberrechte im Online-Marketing ... 361
Gemeinfreie und lizenzfreie Werke ... 363
Das Zitatrecht – kein Nutzungsrecht erforderlich? ... 365
Das Recht zur Privatkopie ... 367
Persönlichkeitsrechte – Recht am eigenen Bild ... 369
Persönlichkeitsrechte – Grenzen der Meinungsäußerung ... 371

Kennzeichnungspflichtige Werbung,
  Schleichwerbung ... 373
Product Placement versus
  Produktionshilfe ... 375
Affiliate-Links, Ausstatterhinweise,
  Verlosungen ... 377
Fazit Kapitel 9: Fassen wir zusammen ... 379

10. Ausblick – so verändert sich YouTube ... 381
Premium-Inhalte: YouTube Red ... 383
Appification: Mobile Livestreams ... 385
360°- und VR-Videos: Aufmerksamkeit
  ist garantiert ... 387
360° – Kontext und Story müssen
  passen ... 389
Exkurs Virtual Tours: YouTube-Videos
  als Add-on ... 391
Shoppable Videos: Bewegtbild trifft
  E-Commerce ... 393
YouTube Community (Backstage) ... 395
User first: das Relevanz-Prinzip ... 397
Fazit Kapitel 11: Fassen wir zusammen ... 401

Quellennachweis ... 403

Index ... 405

ÜBER DIE AUTOREN

Christian Tembrink

Bereits im Studium der Betriebswirtschaftslehre an der Universität zu Köln hat Christian Tembrink sich für Werbewirkung interessiert und auf Wirtschaftspsychologie und die Steuerung des Käuferverhaltens spezialisiert. Die erste berufliche Station 2001 war ein Studentenjob bei der Yello Strom GmbH in Köln. Hier stieg Christian nach dem Studium als Online-Marketing-Projektmanager in Vollzeit ein und konzipierte E-Mail-Marketing-, Banner-, Suchmaschinen- und Affiliate-Marketing-Projekte. Ein besonderer Schwerpunkt seiner Arbeit lag im Webcontrolling, das er in den folgenden vier Jahren crossmedial aufbaute.

Nach 4 Jahren in der Energiebranche machte sich Christian selbständig und startete 2007 mit der Online-Marketing-Agentur netspirits, die heute zu den führenden Deutschlands gehört. netspirits ist eine stetig wachsende, innovative Agentur mit einem motivierten Expertenteam. Als Geschäftsführer der netspirits GmbH & Co. KG ist Christian Tembrink das Gesicht der Firma und auf zahlreichen namhaften Online-Marketing-Konferenzen als Redner und Dozent für Video-Marketing und smarte Content-Strategien an Bildungsinstituten wie der Hochschule Bonn-Rhein-Sieg (H-BRS), der Cologne Business School (CBS) oder der IHK Köln aktiv.

Täglich hilft er in seiner Rolle als Online-Stratege Unternehmen dabei, die neusten Chancen im Marketing zu nutzen und damit den Geschäftserfolg zu steigern. Da dieser Beruf seine Passion ist, zögern Sie nicht, ihn bei Fragen zu digitalen Marketingstrategien und deren Umsetzung zu kontaktieren!

Marius Szoltysek

In seinem Studium der Wirtschaftswissenschaften in Wuppertal und Barcelona hat Marius Szoltysek sich auf Marketing und internationales Management spezialisiert. Anschließend war er bei der Gothaer Versicherung verantwortlich für die Migration von Kunden nach Zukäufen, bevor er ein Marktforschungsunternehmen gegründet hat. Mit seiner Arbeit hat Marius den Kunden aus der Automobil- und Telekommunikationsbranche die Grundlage für ihre Marketingentscheidungen geschaffen.

Marius' Begeisterung für das enorme Potenzial des Internets und die zahlreichen Möglichkeiten der Erfolgsmessung, die es bietet, führte ihn zum Online-Marketing: 2007 gründete er zusammen mit Christian Tembrink die Online-Marketing-Agentur netspirits. Heute gehört Marius zu den führenden Experten für Online-Reputation-Management. Er ist verantwortlich für das strategische Management der Agentur und die Beratung großer Kunden wie die Deutsche Telekom, Bayer AG, TÜV Rheinland oder die Schweizer Großbank UBS.

Darüber hinaus ist unter seiner Leitung die WebVideoCon entstanden – eine der wichtigsten Video-Marketing-Konferenzen Deutschlands. Vollgepackt mit spannenden und inspirierenden Fallbeispielen aus der Video-Marketing-Praxis, ist die WebVideoCon zu einem Muss für all diejenigen geworden, die an Bewegtbildstrategien und deren Umsetzung interessiert sind. Auf der Konferenz vermitteln Profis aus der Branche Insiderwissen, stellen Best-Practice-Beispiele vor und zeigen Fehlerquellen auf, um Entscheidern und Marketingabteilungen in Unternehmen Praxiswissen für ein erfolgreiches Video-Marketing mitzugeben.

Video-Marketing-Konferenz

www.web-video.con.de

DANKSAGUNG

An dieser Stelle ein großes Dankeschön von beiden Autoren an die Sparringspartner, Ideengeber und Mithelfer, die dieses Buch bereichert haben. Danke an die Kollegen vom netspirits-Team: Dagmar Bona, Sophia Papageorgiou, Martin Heinrichs, Thore Schwemann und Katja Schössow für euren super Support! Ebenso großer Dank gilt dem SUMAGO-Gründer Marco Janck für die gemeinsame Ideenentwicklung im Content-Marketing-Kapitel, Mirko Lange für die großartigen Content-Strategie-Modelle, danke an Niklas Plutte für die hervorragenden Tipps und Hilfe beim gesamten Kapitel zum Thema Recht. Danke auch an Claudia Pelzer (Consultant Digital Business Development), Sabine Georg (Creative Agency Manager) von Google Deutschland, Jens Uwe-Bornemann (Senior Vice President Digital Europe Fremantle Media) und Marcus Mitter (Inhaber) von 360up, die mit ihrem Input geholfen haben, die YouTube-Zukunftsvision zu kreieren.

Last, but not least: Ein großer Dank an Christian Rätsch (CEO Saatchi & Saatchi) für das inspirierende Vorwort und die vielen Momente, Gespräche, Treffen und auch Projekte in den letzten Jahren, in denen er Mentor, Vernetzer und Impulsgeber für die beiden Autoren war und damit maßgeblich dazu beigetragen hat, die Welt der Werbung zu einer besseren zu machen!

Papier plus PDF.

Zu diesem Buch – sowie zu vielen weiteren O'Reilly-Büchern – können Sie auch das entsprechende E-Book im PDF-Format herunterladen. Werden Sie dazu einfach Mitglied bei oreilly.plus[+]:

www.oreilly.plus

VORWORT VON CHRISTIAN RÄTSCH, CEO SAATCHI & SAATCHI

Wer Menschen bewegen will, muss sie berühren!

»Werbung ist tot!« meint Kevin Roberts, langjähriger weltweiter CEO der Kreativagentur Saatchi & Saatchi. Eine kühne Behauptung, wenn man sich vor Augen führt, dass in Deutschland der Bewegtbildmarkt 2016 auf knapp 5 Milliarden Euro gewachsen ist. 310 Millionen Euro gehen davon laut Fachzeitung Horizont in den Onlinebereich. Eine rein quantitative Betrachtung lässt also keinen Schluss auf einen Rückgang von Bewegtbildwerbung zu.

Unterzieht man die Aussage der totgesagten Werbung jedoch einer qualitativen Betrachtung, so hat Roberts recht. Werbung hat sich schon länger zu einem lästigen Begleiter entwickelt, der immer dann in Erscheinung tritt, wenn man ihn gerade nicht sucht. Sicherlich würde die Mehrheit der Deutschen bei einer Umfrage zustimmen, wenn gefragt würde, ob Werbung »eher lästig« sei.

Ein Umdenken ist daher notwendig. Kommunikation muss sich in Zukunft daran messen lassen, ob sie gefällt oder hilfreich ist. Nur, wenn Werbung aus sich heraus gute Unterhaltung oder Service bietet, hat sie eine Chance, angenommen oder sogar aktiv gesucht und verbreitet zu werden.

Die Faustformel für den Kommunikationserfolg von morgen ist einfach:
»Help me« oder »Entertain me«.

Kommunikation mit der Qualität, Menschen zu berühren und zu begeistern, hat eine große Chance, weiterempfohlen zu werden. Sie wird getragen von Menschen. »Sharing« wird zu DER Kernkennziffer des Kommunikationserfolgs. Senden allein hat keinen Wert mehr. Teilen ist das neue Erfolgsmantra.

Bewegtbild in seinen unterschiedlichen Formaten liegt dabei vorn, wenn es darum geht, Menschen nicht nur physisch zu erreichen. Kein anderes Medium hat die Qualität, Menschen so in den Bann zu ziehen und zu überzeugen. Gerade in einer Zeit, in der wir von Screens umgeben sind und Bewegtbild nicht mehr an Netzverfügbarkeit scheitert, wird der Einsatz unkompliziert und performant.

Zukünftig haben die Marketer die Nase vorn, die begriffen haben, dass »Werbung tot ist« und Kommunikation aus sich heraus wertvoll sein muss. Wer dieses Prinzip beherrscht, hat auch verstanden, dass YouTube und andere Social-Media-Plattformen kein Kanal sind, sondern eine Interaktionsplattform mit hohem Wirkungsgrad. Nicht das einmalige Senden entscheidet über den Werbeerfolg, sondern die Relevanz und die daraus resultierende Akzeptanz der Inhalte. Dass Google und andere Suchmaschinen dabei die geteilten Inhalte höher ranken als unkommentierte und ungeteilte Inhalte, ist der nette und zudem ökonomisch bedeutende Nebeneffekt.

In diesem Sinne freue ich mich, dass die Autoren und Herausgeber dieses Werks nicht nur über die Technik zur Verbreitung von Bewegtbildinhalten schreiben, sondern insbesondere auch den inhaltlichen Diskurs führen. In Zeiten von Big Data heißt es, nicht nur die Zielgruppen zu erreichen, sondern vor allem, sie zu berühren. Denn es gilt: Wer Menschen bewegen will, muss sie berühren.

Christian Rätsch
CEO Saatchi & Saatchi Germany

KAPITEL 1 | Die Revolution des TV-Werbemarkts

Globalisierung war gestern, heute geht es um Disruption, um die Optimierung weltweiter Geschäftsprozesse. Von der FAZ zum (durchaus negativ behafteten) Wirtschaftswort des Jahrs 2015 gekürt, steht der Begriff für Revolution und die Vereinfachung bisher suboptimaler Geschäfts- oder Lebensbereiche.

Automatisierung, datengetriebene Optimierung und Individualisierung von Kommunikation, Services und Produkten sind die Treiber. Die neuen Lösungen bringen Vereinfachung, Transparenz und Einsparungen mit sich. Von Uber über Spotify bis hin zu AirBnB – die Marken, Firmen und Services sind fancy, machen Spaß und optimieren zugleich Bereiche, die vorher eher kompliziert für unser Privat- oder Berufsleben waren.

So ganz neu ist das Ganze nicht. Schließlich hat Google mit **AdWords** einen wichtigen Grundpfeiler für unsere digitale Zukunft gelegt: Das im Jahr 2000 gestartete Werbesystem hat den Markt für Werbung weltweit revolutioniert – und Google zu einem der wertvollsten Unternehmen der Welt gemacht. Jedes noch so kleine Unternehmen kann mit ein paar Klicks extrem kosteneffizient global werben.

Mit der Übernahme von YouTube im Jahr 2006 führte Google einen strategischen Kauf durch: **YouTube ist auf bestem Wege, den Bewegtbildmarkt zu revolutionieren** – einen der größten Werbemärkte der Welt. Damit Sie diese neuen Marketingchancen optimal nutzen, haben wir dieses Buch verfasst. Seien Sie Vorreiter, indem Sie der Konkurrenz einen Schritt voraus sind. Gemessen an den effektiven Werbemöglichkeiten, haben aktuell viel zu wenige deutsche Unternehmen die Plattform in ihren Marketingmix integriert.

Sie werden Chancen, Werkzeuge und Abläufe kennenlernen und verstehen, wie Sie **YouTube-Marketing für Ihr Unternehmen** einsetzen können. Wir zeigen Ihnen neue Kommunikations- und Werbewege, verraten Erkenntnisse aus der Werbewirkungsforschung, Bewegtbildstudien und Case-Studies. Unser Ziel ist, Sie fit zu machen, damit Sie Ihre Marketingziele mit den Möglichkeiten von YouTube übertreffen!

Onlinevideos erobern die Welt

Nachdem Google mit dem Werbesystem AdWords die Art, wie geworben werden kann, revolutioniert hat, steht jetzt der nächste Coup an: die **Revolution des Bewegtbildmarkts**. Klassische TV-Werbung bringt Werbetreibenden zwar gigantische Reichweite, ist aber von der absoluten Investition her teuer und mit hohen Streuverlusten behaftet. Über YouTube soll jedes Unternehmen einfach, kosteneffizient und genau ausgesteuerte Videowerbung schalten können.

TV-Sender und Medienhäuser bekommen die Auswirkungen dieser digitalen Revolution zu spüren. Sendeanstalten bangen um Zuschauerquoten und beklagen stagnierende Reichweite. Menschen, die früher auf ihrem TV-Gerät herumzappten, verlassen das lineare Programm und nutzen alternative Film- und Videoquellen. Beliebteste Anlaufstellen sind Streaming-Plattformen wie Netflix und Co. – oder eben die **größte Videoplattform der Welt: YouTube**.

So ist YouTube weltweiter Marktführer im Bereich der Onlinevideoportale geworden. Doch das ist noch nicht alles: Wie Bloomberg, WIRED und andere Newsportale im 2016 berichteten, plant YouTube weitere Schritte in Richtung TV-Marktrevolution. Mit dem Dienst **YouTube Unplugged** sollen in ein bis zwei Jahren auch klassische Fernsehprogramme über YouTube empfangen werden können.

In diesem ersten Kapitel lernen Sie wichtige Fakten kennen, die den Wandel im Bewegtbildmarketing betreffen. Diesen heute stattfindenden Wandel zu verstehen, ist für Sie wichtiger denn je. Ihrem Unternehmen eröffnen sich große Marketingchancen, wenn Sie dort präsent sind, wo Ihre Zielgruppe ist.

Lassen Sie sich animieren, für Ihr Unternehmen frühestmöglich von diesen **neuen Werbekanälen** und Formaten zu profitieren. Denn eines ist klar: Der Einfluss von bewegten Bildern auf das Online-Marketing von morgen wird ein großer sein.

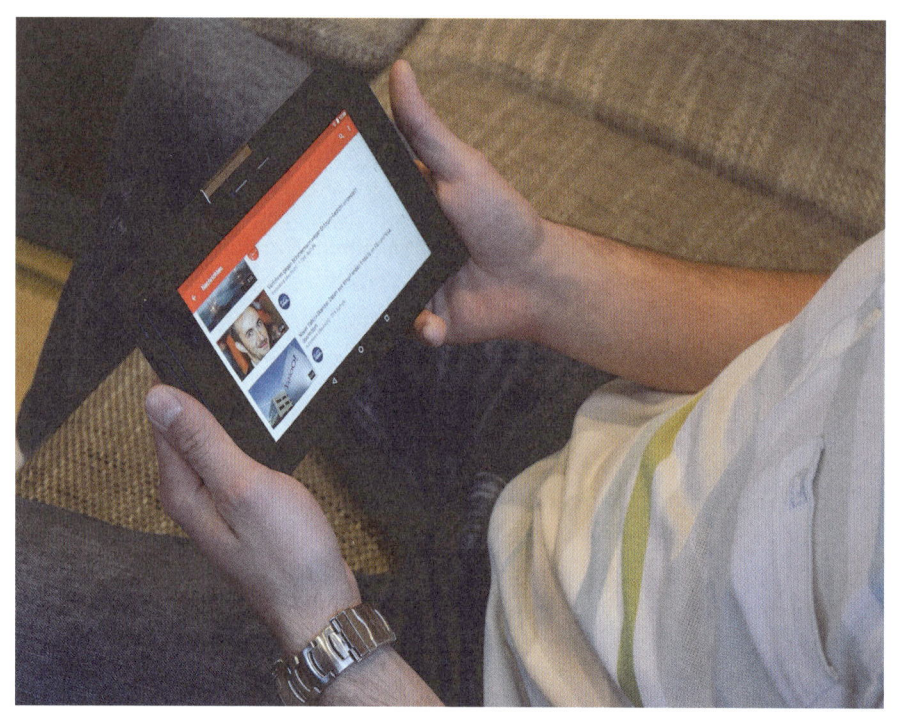

Zuschauer im Wandel: Seien Sie da, wo gesucht wird

Das TV-Programm nervt, was machen wir? Wir zappen. Planloser Programmwechsel mag entspannen, ist aber ein Zeichen dafür, dass wir keinen fesselnden Content finden. Unser Bedarf wird nicht gedeckt! Dank Mediatheken können wir mittlerweile zumindest unsere Wunschbeiträge zu beliebiger Zeit ansehen. Das geht über mobile Endgeräte, PCs oder auch via smarter TV-Geräte. Zusätzlich sind Streamingdienste wie z. B. von Sky, Netflix und Amazon für Film- und Videofans bereits die alltägliche **Alternative zum TV-Programm**.

Sobald wir jedoch spezifische Informations- oder Entertainmentinteressen haben, helfen weder Streamingplattformen noch Mediatheken weiter. Für individuelle **Nischenthemen** gibt es YouTube. Hier warten unzählige Videos für zielgerichtete Unterhaltung und Informationsaufnahme auf Sie. Ob Anleitungen (Heimwerken, Kochen etc.), Lernhilfen (z. B. Instrumente), Beauty-Tipps oder authentische Aufnahmen vom Traumhotel: Bei YouTube wird **Ihr individuelles Videobedürfnis** garantiert gedeckt. Wer hier hilfreichen oder unterhaltsamen Inhalt präsentiert, freut sich über viel Zuspruch.

Durch dieses neue Nutzerverhalten ist **YouTube zur zweitgrößten Suchmaschine der Welt** geworden. Pro Minute entstehen dort über 400 Stunden neues Programm. Täglich werden Videos mit einer Gesamtdauer von vielen Hundert Millionen Stunden wiedergegeben und Milliarden Aufrufe generiert. Die ARD/ZDF-Onlinestudie 2015 deckt auf: 96 % der 14- bis 29-jährigen Männer nutzen zumindest ab und an Videoportale wie YouTube & Co. Laut Statista-Studie sind 40 % der 18- bis 29-Jährigen sogar täglich auf YouTube; bei den über 50-Jährigen sind es immerhin noch 8 %. Damit erkundet die ältere Generation immer häufiger die neue Bewegtbildwelt im Netz. Als Unternehmen sollten Sie dieser Entwicklung Rechnung tragen und selbst zur **Autorität für Ihre »Nische«** werden. Wer seine Zielgruppe mit dem passenden Video-Content auf YouTube und Google erreicht, nutzt einen effektiven Marketingkanal, der neben Branding auch Umsatz und Gewinne verbessern kann (Quelle Statista: *http://goo.gl/5673ck*).

Medienkonsum im Wandel: aktiv statt passiv

Für den Zuschauer von heute ist es selbstverständlich, dass Unterhaltung, Bildung und Antworten auf Fragen direkt auf Abruf zu finden sind. Hinzu kommt, dass wir gern mitmachen: Wir wollen bewerten, erweitern, ergänzen, Feedback geben und mit den Machern der Inhalte ins echte Gespräch kommen.

So bestätigen erfolgreiche YouTuber, dass genau dieser **Dialog mit Fans und Abonnenten** ein wichtiger Erfolgsfaktor ist. Eine Studie von Google von 2016 deckt auf, dass YouTube-Stars durch diese »Nähe« – in Form von direktem Austausch über Kommentare – sogar glaubwürdiger wahrgenommen werden als die »klassischen« Stars und Sternchen (Quelle Google *https://goo.gl/AFS7K6*). Damit sind YouTuber selbst glaubhafte Kommunikatoren für Ihre Zielgruppen. Empfehlungen von ihnen wird gern Folge geleistet, da sie **glaubwürdig** sind. Viele Unternehmen nutzen diese Reputation bereits, indem in den Videos der bekannten YouTube-Stars Produkte platziert und diskutiert werden.

Auch die direkte **werbliche Nutzung von YouTube** bietet Firmen großes Umsatzpotenzial: Unternehmen wie EDEKA – die YouTube extrem erfolgreich fürs Marketing nutzen – erzielen unter ihren »Werbeclips« zum Teil Tausende positive Rückmeldungen ihrer Zuschauer. Dies natürlich nicht nur durch die Tatsache, dass YouTube als Kanal genutzt wird. Nein, auch die Art und Weise, wie Werbung heute funktioniert, hat sich verändert, wie der CEO von Saatchi und Saatchi Christian Rätsch bereits im Vorwort treffend bemerkt.

Ziel ist, YouTube auch als **Interaktionsplattform** zu begreifen, um Bindung zur Marke zu schaffen und damit die Basis für langfristig erfolgreiches Marketing zu legen. Filme sollen zum Dialog einladen und eine zum Nutzerbedürfnis passende **Story** liefern. Gleichzeitig freuen sich Zuschauer, wenn ihr Feedback angenommen und am besten auch in Folgevideos mit einbezogen wird. Damit schaffen Sie das Gefühl von Nähe und Glaubwürdigkeit, was Ihr Unternehmen positiv vom Wettbewerb abheben wird.

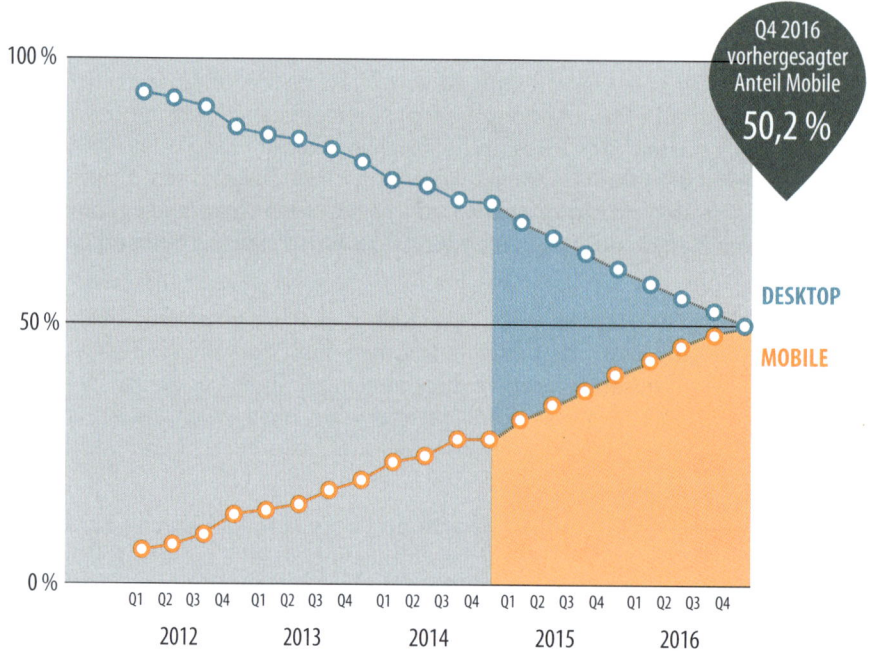

Videos sind das mobile Kommunikations-Tool Nummer 1

Was machen Sie, wenn Ihr Zug eine halbe Stunde Verspätung hat oder die Verabredung auf sich warten lässt? Sehr wahrscheinlich auf Ihr Smartphone schauen und dabei vielleicht auch auf YouTube Videos ansehen.

So ist YouTube zur wichtigen **Informations- und Unterhaltungssuchmaschine** geworden. Die Zuschauer können unterwegs ihren Wunsch-Content suchen und bequem auf mobilen Endgeräten konsumieren. Videos liefern dabei mehr **erlebbare Unterhaltung** als reine Text-Bild-Inhalte auf Webseiten, sofern sie mediengerecht aufbereitet sind.

Die steigende Nutzung mobiler Endgeräte und die **Lust nach Unterhaltung** sind damit wichtige Treiber für steigenden Onlinevideokonsum. So titelt das Portal Adzine: »Mobiler Videokonsum geht durch die Decke«. Die in diesem Artikel aufgestellte Prognose, dass bis Ende 2016 **mehr Videos per Smartphone** konsumiert werden als via Desktop, hat sich erfüllt (siehe links).

Fakten, warum Sie in Ihrem Marketingmix über den Einsatz von YouTube-Videos nachdenken sollten:

- Die Smartphone-Nutzung spricht für den Videoeinsatz (Videos werden auf Smartphones gern angeschaut).
- Immer mehr Menschen suchen ihren Wunsch-Content auf YouTube – hier sollten Sie präsent sein.
- YouTube ist interaktiv: Aus Videos können weiterführende Angebote ohne Medienbruch verlinkt werden.
- YouTube-Videos können gezielt Wunschzuschauern als Werbung angezeigt werden. Streuverluste werden minimiert, und Sie zahlen nur, wenn Ihr Video tatsächlich aktiv angeschaut wurde.
- Durch Retargeting können Sie Nutzer, die Ihre Webseite bereits besucht haben, erneut ansprechen. Damit spielt YouTube eine **wichtige Rolle in der Customer Journey** Ihrer Kundschaft, also auf dem Weg zwischen erster Idee und Kaufentscheidung.

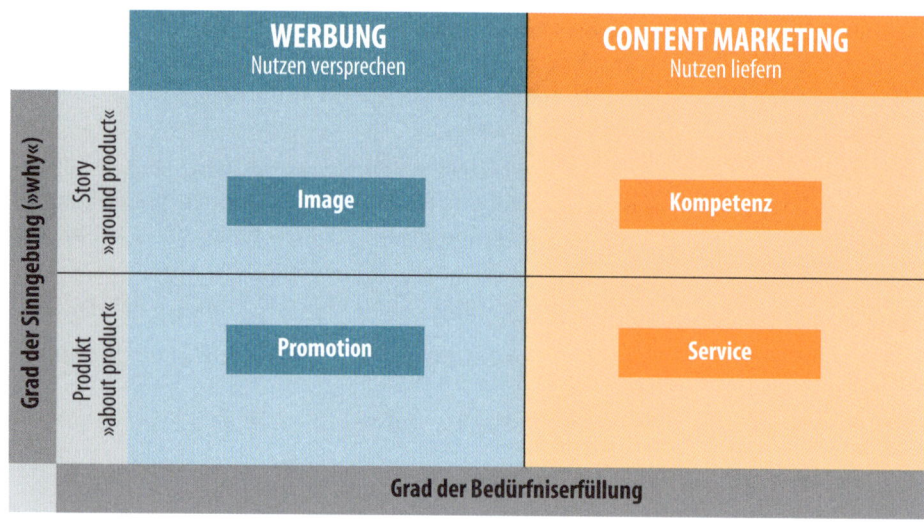

Marketing von heute: helfen statt nur versprechen

Für YouTube als Marketingplattform spricht neben der gigantischen Reichweite und Anpassung an das heutige Mediennutzungsverhalten noch eine weitere Tatsache: die Art, wie wir Werbung akzeptieren und wahrnehmen.

Aufgrund Hunderter Nachrichten, Mails und Facebook-Postings, mit denen wir täglich konfrontiert sind, warten wir nicht auf die eine Unternehmensnachricht, die kurz als Message über unsere Smartphones rauscht. Wir wollen kein Sales, sondern **Storys, Emotion, Unterhaltung**. Wir erwarten Geschichten, Snack- & Help-Content, der leicht konsumierbar und teilbar und ganz nebenbei noch unterhaltsam ist. Mit der richtigen Geschichte und richtig dosierter Emotion weisen selbst Werbevideos auf YouTube messbar positive Performance-Kennzahlen auf.

So sagt Google in einer YouTube-Studie von Anfang 2016: »Auf YouTube werbende Unternehmen beeinflussen nicht nur Markenwahrnehmung und **Kaufabsichten der Zuschauer**. Vielmehr bietet dieser Kanal im Vergleich zum Fernsehen das Potenzial für eine positive Rendite aus den Werbeausgaben« (Quelle Google *https://goo.gl/CBrOfY*).

Für Marketer wird die Videoplattform so zum **wichtigen Kommunikationskanal**, um Informationsbedürfnisse der Kunden wie auch den Wunsch nach Unterhaltung oder Inspiration im richtigen Augenblick zu stillen. Die folgenden Kapitel liefern Ihnen die nötige Inspiration und gute Werkzeuge, um Ihre Zielgruppe mit Videos zu fesseln und diese als Ihr Marketingmedium zielgerichtet auf YouTube zu verbreiten.

> **Tipp**
>
> Das beste Marketing ist jenes, das nicht als solches wahrgenommen wird.

Die TV-Sendeanstalt aus der Hosentasche – Privatpersonen und Unternehmen werden zu Sendern

Bis vor wenigen Jahren hatten nur Sendeanstalten und Konzerne das nötige Budget, um ein Programm zu produzieren und auszustrahlen. Dank technischer Innovationen kann heute jeder Smartphone-Besitzer Videos quasi umsonst erstellen und auf **YouTube kostenlos** weltweit zugänglich machen.

Junge YouTuber, wie z.B. Beauty Queens und Heimwerkerkönige, machen es vor: Hier wird Reichweite aufgebaut, auf die selbst **große TV-Sender** neidisch schielen. Und das »nur« mit einer guten Idee, dem Dialog mit den Zuschauern und stetiger Optimierung. Viele deutsche Unternehmen haben diese Chance bisher verpasst.

Am Anfang steht die Frage: Wie legen wir mit den Videos los? Wird die **Videostrategie** in Eigenregie konzipiert und umgesetzt? Wie teuer ist es, erfahrene Experten ins Boot zu holen? Was ist nötig, damit die Videos die Marketingziele erreichen? Auf diese Fragen erhalten Sie in diesem Buch Antworten. Es liefert Ihnen bestmögliche Frameworks und Checklisten, die Ihnen helfen, mit Videos noch erfolgreicher zu werden.

Vorteil für Sie: Viele YouTube-Inhalte sind von eher zweifelhaftem inhaltlichen Wert. Darin liegt Ihre Chance: Mit **klaren Zielen** und der richtigen Vorarbeit werden Sie gutes Videomaterial erstellen, das Ihre Zielgruppe positiv anspricht und Ihre Marketingziele erfüllt.

Elementarer Unterschied zwischen YouTube und Hochglanz-Hollywoodfilm bzw. TV-Programm ist vor allem die Nutzerschaft. Die will Inhalte passend zu ihren Interessen. In den Clips ist **Authentizität** wichtiger als High-End-Produktion. Auf YouTube darf der Film ruhig mal holpern und verwackelt sein – Hauptsache Kopf und Herz der Zielgruppe werden getroffen, wie Christian Rätsch treffend ausdrückt: Der Inhalt muss berühren!

Die Informationsverarbeitung im visuellen System des Gehirns funktioniert richtig gut!

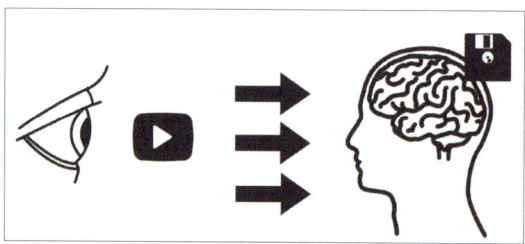

Bewegtbilder werden von unseren Sinnen am besten wahrgenommen und gespeichert.

Quelle: »Bandwidth of our senses«, Tor Nørretranders

Trotz Content-Explosion auffallen – dank Videos

Nicht nur Privatpersonen, auch **Unternehmen veröffentlichen immer schneller immer mehr Inhalte**. Als Folge werden wir von Inhalten schier erschlagen. Die Gefahr für Unternehmen ist groß, dass die eigenen Botschaften in dieser Flut untergehen und ihre Zielgruppe erst gar nicht erreichen. In Sachen Auffälligkeit in der Menge an Botschaften hat das Format Bewegtbild im Vergleich zu Text- und Bild-Content klar die Nase vorn:

- Auf **Facebook** sorgt beispielsweise die **Autoplay-Funktion** dafür, dass Videos aufgrund der Bewegung besser als Text-Postings wahrgenommen werden. Die Wahrscheinlichkeit, dass Fans einer Seite die Posting-Inhalte sehen, ist bei Videos größer als bei Text-Postings – dank des Facebook-Algorithmuses.
- In den **Google-Suchergebnissen** werden YouTube-Videos prominent mit Vorschaubildern angezeigt. Das hebt YouTube-Rankings von anderen Webseitentreffern ab und erhöht die Wahrscheinlichkeit, dass ein Nutzer die Botschaft überhaupt erst wahrnimmt und auch ansieht.
- Im Bereich **Video-Content** ist die Konkurrenz (noch) recht gering. Die Investition in das hochwertige Format Video sichert Ihnen eine individuell **zu Ihrer Marke passende Werbewirkung**. Zusätzlicher Vorteil: Ein YouTube-Video, das in Ihre Webseite integriert (*embedded*) wird, beeinflusst auch die Platzierung der Webseite in den Suchergebnissen positiv.

> **Tipp**
>
> Guter Content ist ein wertvolles Wirtschaftsgut. Anstelle von zwei Blogbeiträgen pro Woche sollten Sie langfristig an Ihren Inhalten arbeiten. So kann in eine gut getextete Seite darüber hinaus noch ein Video integriert werden, was Ihren Besuchern einen zusätzlichen Mehrwert liefert.

Mit Emotionen bleiben Botschaften im Kopf

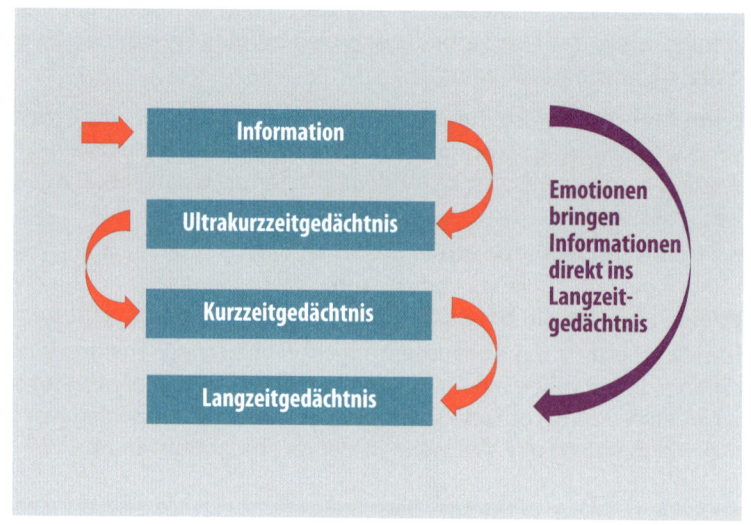

Höchstmögliche Werbewirkung durch Emotion

Die Recherche nach der Anzahl täglicher Werbekontakte zeigt, dass wir in Deutschland jeden Tag zwischen 6.000 bis **13.000 Werbekontakten** ausgesetzt sind. Unser Gehirn schützt uns vor dieser Reizüberflutung, sodass wir kaum eine dieser Meldungen aktiv wahrnehmen. Oder können Sie sich an Plakatwerbungen erinnern, an denen Sie heute garantiert schon vorbeigekommen sind?

Damit Werbung bzw. Botschaften und Inhalte in unser **Langzeitgedächtnis** vordringen, wo sie erst nachhaltig Wirkung entfalten, müssen sie vom Ultrakurzzeit- über das Kurzzeit- ins Langzeitgedächtnis wandern.

Kommt **Emotion** ins Spiel (z. B., wenn wir lachen, uns erschrecken, Trauer spüren), gelangt die Botschaft nachhaltiger ins Gehirn – so das Ergebnis der Studien von Turner und Barlow (1951). Die Untersuchungen haben belegt: Je intensiver die gefühlte Emotion war, desto besser wurde sich an die Inhalte erinnert.

Da mit Videos viel einfacher Emotionen wie Lachen, Überraschung oder Trauer transportiert werden als mit Texten, bieten Videos eine **Werbewirkungsabkürzung** und Hintertür ins Langzeitgedächtnis.

Tipp

Im Rahmen der Entwicklung Ihrer Videostrategie sollten Sie ausgiebig Zielgruppen- und Persona-Recherche betreiben, intensive Vorüberlegungen zum möglichen Storytelling anstellen und unbedingt das emotionale Thema sowie die gemeinsame Klammer für all Ihre Filme erarbeiten. Frameworks und Checklisten dafür finden Sie in Kapitel 4. Denn eine gute Story + Struktur + Emotion sind das Extra der Werbewirkung, das Ihre Videos zu wirksamen Hinguckern machen wird. Ist dies sichergestellt, kann sich Ihr Unternehmen über eine nachhaltige Marketingwirkung freuen.

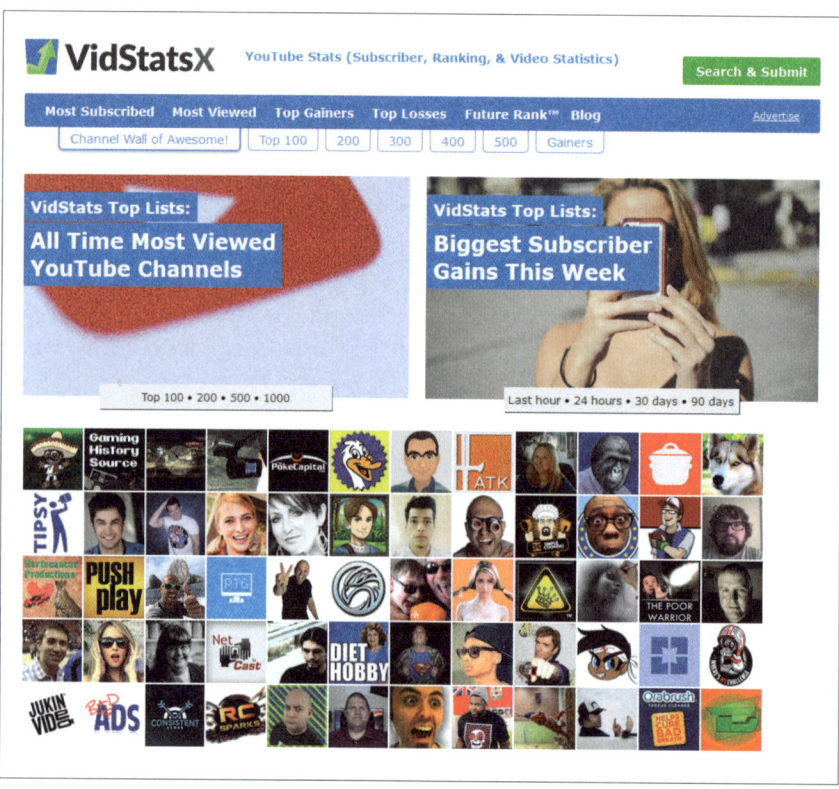

Fakten & Zahlen: YouTube weltweit

Auf dieser Seite lassen wir Zahlen sprechen: Sehen Sie selbst, welch gigantische **Marketingmaschinerie** YouTube für unsere heutige Welt geworden ist:

- YouTube-Nutzer weltweit: über **eine Milliarde**.
- Durchschnittliche Zeit, die Nutzer YouTube über **mobile Endgeräte** nutzen: 40 Minuten.
- Anzahl an **Videostunden**, die auf YouTube minütlich hochgeladenen werden: 400.
- Wiedergabedauer aller Videos, die täglich auf YouTube abgespielt werden: mehrere Hundert **Millionen Stunden** (Trend: stetig steigend).
- YouTube erreicht mehr Nutzer im Alter von 18 bis 34 Jahren und von 18 bis 49 Jahren als jedes Kabel-TV-Netzwerk in den USA und ist damit mit Abstand **reichweitenstärkster Bewegtbildsender**.
- In den letzten drei Jahren ist die YouTube-**Wiedergabezeit** weltweit jährlich um über 50 % gestiegen.
- Die Anzahl der Nutzer, die die YouTube-Startseite aufrufen und ähnlich nutzen wie das klassische **Fernsehprogramm**, ist im Vergleich zum Vorjahr um mehr als das Dreifache gestiegen.
- Der YouTube-Kanal mit den meisten Abonnenten ist **PewDiePie** Subscribers mit über 44 085 223.
- Anzahl der Videos, die auf YouTube mit der Absicht gesehen werden, etwas zu **lernen:** 23 % (Quelle: https://goo.gl/aAYFH2).
- Anzahl an »**How-to**«-**Suchabfragen** (also solche, die das Ziel haben, zu erfahren, wie man etwas macht) nehmen Jahr für Jahr um 70 % zu.
- Menschen sehen viermal lieber ein **Video zu einem Produkt** an, als Text darüber zu lesen.
- Noch mehr **aktuelle Statistiken** sind unter www.youtube.com/press zu finden. Ein weiteres spannendes Tool, mit dem weltweit Statistiken zu verschiedenen Kanälen abgerufen werden können, gibt es unter http://vidstatsx.com (siehe Abbildung links).

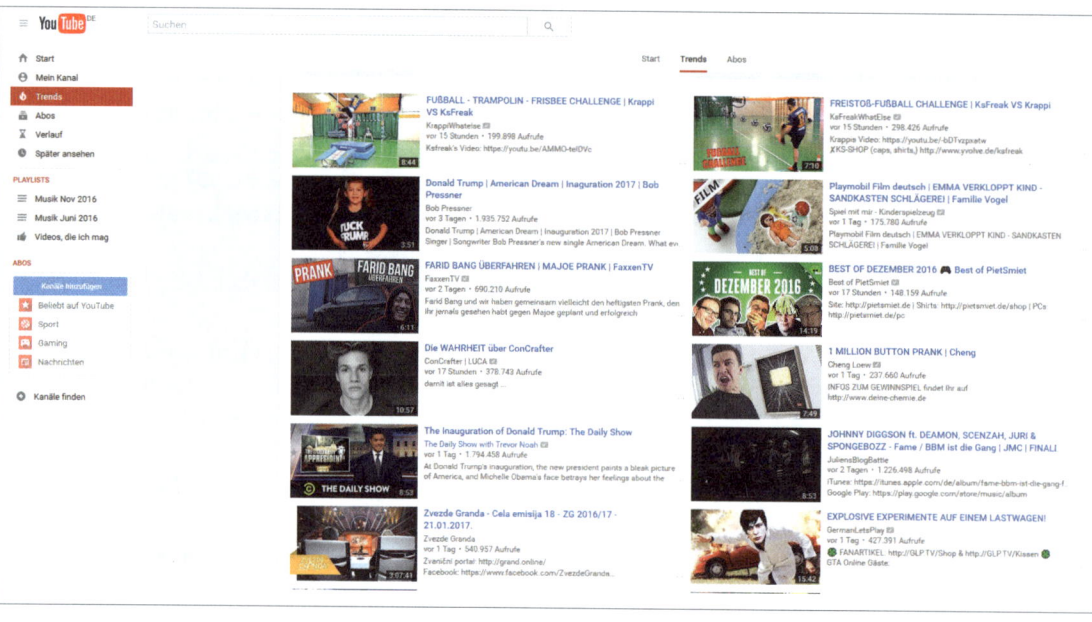

Fakten & Zahlen: YouTube in Deutschland

Auch in Deutschland hat YouTube **massiven Einfluss** auf Menschen. Der folgende Auszug, basierend auf Studien, Statistiken und Angaben von YouTube, zeigt, welche Marktmacht die Plattform in Deutschland hat:

- Anteil der 18- bis 29-jährigen Nutzer, die YouTube mindestens täglich nutzen: 40 % (Quelle Statista *http://goo.gl/HYMbh7*).
- Gemäß **GfK-Crossmedia-Link-Studie** besuchen 68,8 % der deutschen Onliner (das entspricht 37 Millionen Menschen) YouTube über Desktop und/oder Mobilgeräte.
- **Tägliche Nutzung** von YouTube durch 12- bis 14-Jährige in Deutschland: 64 %.
- 12,8 Millionen deutsche Nutzer besuchen YouTube über **mobile Endgeräte** (Smartphone und Tablets).
- Über **24 Millionen** der über 14-Jährigen schauen über ihren PC oder Laptop YouTube-Videos.
- Allein im Februar 2016 erreichte YouTube geräteübergreifend neun von zehn Internetnutzer im Alter zwischen 14 und 19 Jahren (Quelle für diese und die obigen vier Aussagen: *https://goo.gl/L5CyxR*).
- Laut Focus-Studie unter Jugendlichen ist **YouTube noch vor Facebook** das beliebteste Portal in Deutschland (Quelle Focus-Studie: *http://goo.gl/ulTGbZ*) .
- Anzahl an deutschen Internetnutzern, die im Jahr 2015 regelmäßig Inhalte auf YouTube veröffentlichen: 2,9 Millionen (siehe Statista-Studie *http://goo.gl/fhGUWe*).

Mit **YouTube Trend Dashboard** können auch für Deutschland die derzeit am meisten gesehenen Videos gefunden werden. Mit dem Tool können exakt Altersgruppen hinsichtlich ihrer Interessen verglichen werden – siehe Abbildung links und: *https://www.youtube.com/trendsdashboard?gl=DE*.

Ein weiterer **Trick**, um Videos auf YouTube zu bestimmten Themen zu finden: Geben Sie in der Google-Suchmaske ein: intitle:[Wort was Sie Interessiert] site:youtube.com/watch. Ein Beispiel: Wenn Sie Videos zum Thema »Flecken entfernen« suchen, geben Sie bei Google ein: intitle:[Flecken entfernen] site:youtube.com/watch.

Fazit Kapitel 1: Fassen wir zusammen

Die wichtigsten Eckdaten des Kapitels für Sie im Überblick:

- Wir erleben eine **Medienrevolution**: Der alte TV-Markt ist zwar noch groß, aber immer mehr Nutzer wandern ins Netz, um dort Videos anzusehen, die inspirieren, helfen oder einfach unterhaltsam sind.
- Wir wollen Ratgeber-, Help- und **Service-Content** statt marktschreierischer Werbung: Wir suchen nach Nischen-Video-Content in der zweitgrößten Suchmaschine der Welt und erwarten dort Videos zu finden, die unser Bedürfnis nach Information, Unterhaltung oder Inspiration befriedigen.
- Videos sind ein **starkes Werbemedium**: Bewegte Bilder fallen im Netz gut auf (Autoplay, aufmerksamkeitsstarke Vorschaubilder) und vermitteln Inhalte um ein Vielfaches schneller an den Betrachter, als es Bild und Text können.
- **Emotionen im Video** bringen Botschaften viel sicherer ins Gedächtnis als reiner Text-Content. Gute Videos lösen Emotionen aus und bleiben dadurch im Kopf der Zuschauer verankert.
- Die **Reichweite auf YouTube** wird immer größer – viele YouTuber nutzen diese Reichweite bereits. Sorgen Sie dafür, dass Ihr Unternehmen dieses Potenzial abschöpft.
- Der Aufwand für Erstellung und Sendung von Videoinhalten ist viel geringer als noch vor einigen Jahren. Viele Projekte haben gezeigt, dass sich die Ausgaben für Videoproduktion schnell **refinanzieren**.
- Video ist das **hochwertigste Content-Format**. Seien Sie Ihrer Konkurrenz einen Schritt voraus, indem Sie Ihren Kunden, Google und YouTube auch mit Videos zeigen, was Ihr Unternehmen auszeichnet.

KAPITEL 2 | Ihr YouTube-Erfolgsplan

Sie haben nun einige Argumente für den Einsatz von YouTube-Videos kennengelernt. Dennoch gilt: Einfach drauflos zu drehen, ist kein Weg, der zum Erfolg führt. Um YouTube für Ihr Unternehmen lohnend einzusetzen, sollten Sie vorab einige Punkte klären. Dieses Kapitel stellt Ihnen wichtige Fragen, um den **Grundstein für Ihren YouTube-Erfolg** zu legen.

Welche **Ziele** wollen Sie erreichen? Benötigen Sie ein Video, um damit zu werben? Oder ist Ihr Ziel, zum Experten einer Nische zu werden, Abonnenten zu gewinnen und neue Kunden zu erreichen? Und: Wie binden Sie Videos in Ihren Marketingmix ein? Hiervon hängt ab, ob Sie ein langfristig geplantes YouTube-Programm benötigen oder ob ein einzelner Film ausreicht.

Wer ist Ihre **Zielgruppe**? Allgemeine Zielgruppen-Beschreibungen wie »männlich und zwischen 30 und 35 Jahren« reichen dabei nicht aus. Denn damit würden Sie sowohl den Deutsch-Rap-Musiker Sido wie auch Satiriker Jan Böhmermann gleichermaßen ansprechen.

Auf Basis Ihrer **Persona-Beschreibungen** müssen Sie herausfinden, in welcher Situation Sie Ihre Zuschauer erreichen wollen. Befinden sich die Zielpersonen im Entertainment-Modus oder sind sie auf der akuten Suche nach einer Problemlösung? Daraus leiten sich mögliche Videoformate ab.

Welches **emotionale Thema** wollen Sie bedienen? Geht es darum, Fakten zu vermitteln, oder um emotionale Markenbindung? Die emotionale Aufladung Ihrer Filme ist der entscheidende Erfolgsfaktor.

Die Antworten auf diese Fragen sind essenziell, um zu entscheiden, welche Inhalte produziert werden, wann und wie oft diese zu veröffentlichen sind und wie die Videos Ihre Wunschzuschauer und Ziele erreichen können.

Was sind die größten Hürden für den Erfolg von Video-Marketing?

Hürde	%
Eine effektive Strategie fehlt	48 %
Interessante Inhalte fehlen	40 %
Unzureichendes Budget	39 %
Mangel an Produktionsressourcen	38 %
Fehlende Performance-Metriken	30 %
Unzureichende Videostreuung	24 %
Mangelnde interne Unterstützung	16 %
Unzulängliches Video-SEO	15 %

Video Marketing Strategy Survey, N=280
Ascent2 and Research Partners, Published September 2015

Fehlt ein zeitgemäßes Konzept, ist Misserfolg sicher

Im Agenturalltag hören wir oft die Bitte, TV-Werbespots auch auf YouTube zu platzieren. Die Frage allein zeigt, dass das Unternehmen die **Wirkmechanismen** der heutigen Marketingzeit noch nicht richtig verstanden hat. Ein Spot, der für die lineare TV-Einweg-Kommunikation gemacht wurde, wird nicht auf YouTube »funktionieren«. Ein Beispiel für solch **fehlendes Medien-Nutzungsverhältnis** ist die Marke Persil. Im Jahr 1956 war Persil mit dem **ersten TV-Werbespot der Welt** klarer Werbevorreiter. Damals konnte sich die Waschmittelmarke als First Mover über viel positiven Zuspruch und großen Werbeerfolg freuen.

Die YouTube-Suche nach Persil (Stand Mai 2016) liefert – neben dem TV-Spot von 1956 – verschiedensprachige TV-Werbespots und Kanäle der Marke Persil für verschiedene Länder (z.B. Persil France, Persil Deutschland etc.). Etliche dieser Kanäle enthalten nur TV-Spots, die (so lassen die hohen Zugriffszahlen vermuten) zeitweise auf YouTube beworben wurden. Leider **ohne Erfolg**, denn **weder die Abonnentenzahlen noch das Feedback fallen positiv aus**. Wurden Videos kommentiert, bleibt die Marke Antworten schuldig.

Im Persil-Deutschland-Kanal versucht ein drei Jahre altes Video zum Thema »Öl- und Fettflecken entfernen«, den Zuschauer für die Marke zu gewinnen. Zugriffszahlen und das Feedback der Zuschauer lassen dabei nicht auf Werbeerfolg schließen. Einziger Kommentar zum Video wurde von Nutzer TexBlock vor 2 Jahren verfasst und lautet: »Ihr habt echt Potential, hier was auf YouTube zu machen – ihr geht das nur etwas falsch an.« Eine Antwort auf diesen Hinweis hat die Marke bis heute nicht gegeben.

Bei relevanten YouTube-Suchanfragen wie z.B. »Flecken entfernen« ist der Waschmittel-Weltmarktführer nicht zu finden. Hier punkten YouTuber, die entsprechend aufbereiteten Inhalt zu diversen Fleckenfragen liefern. Dabei gehen sie auf Kommentare der Nutzer ein und beziehen die Rückmeldungen aktiv in neue Clips mit ein. Sie sehen also: Selbst ein Weltmarktführer kann ohne Strategie auf YouTube schnell untergehen.

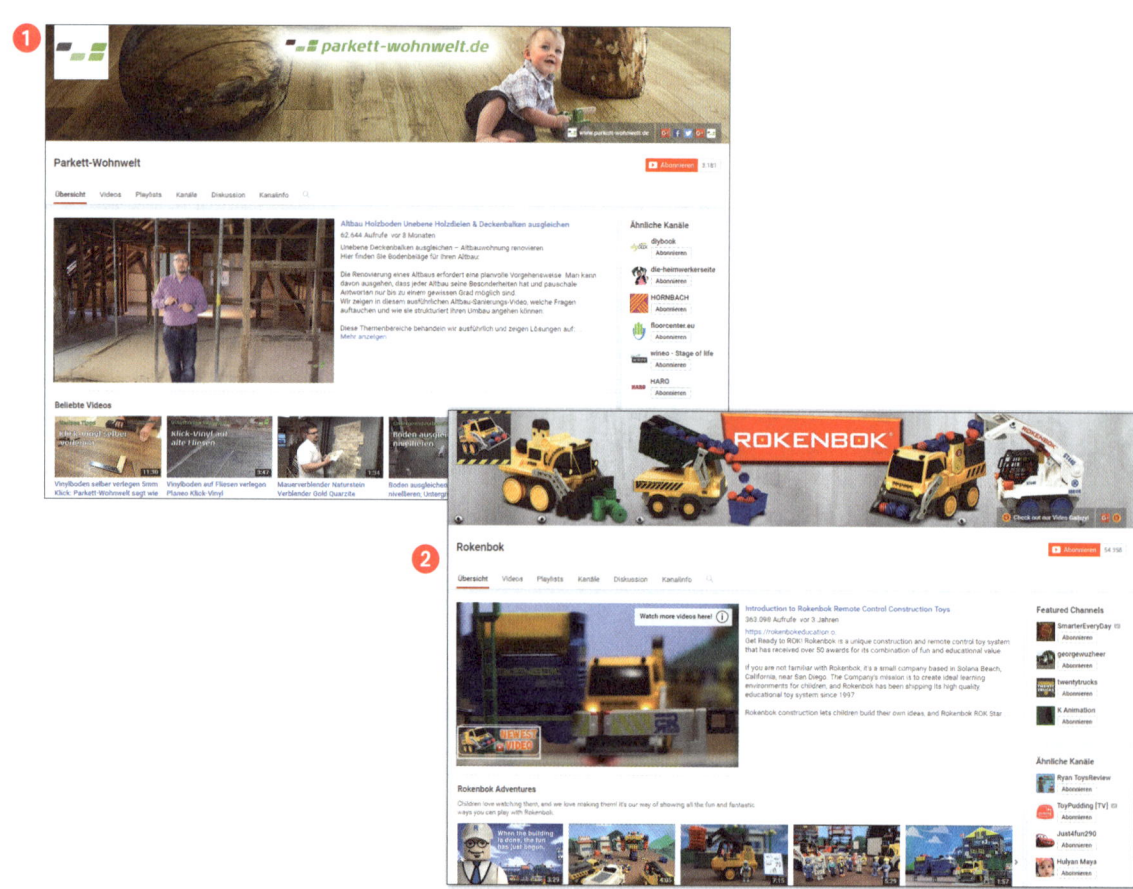

Beispiele für gelungenes YouTube-Marketing

Wie eben demonstriert, tappen selbst internationale Marken im Dunkeln. Zwei **positive Beispiele** zeigen, wie YouTube – richtig angewendet – zur **Marketing-Wunderwaffe** werden kann.

Beispiel eins ist die **Parkett-Wohnwelt** ❶. Geschäftsführer David Fuchs hat das Potenzial von YouTube für seine Branche früh erkannt und genutzt. Mit dem Kanal »parkettwohnwelt« liefert das Unternehmen Antworten auf unzählige **Fragen rund um Fußbodenbeläge**. Zu fast jedem Fußboden-Informationsbedürfnis wird das passende Video geliefert. Suchanfragen wie »Holzboden für Hunde geeignet«, »Altbauparkett erneuern« und Hunderte andere führen via Google- und YouTube-Suchergebnissen zu den Videos. So wurden in nur drei Jahren über 3,5 Millionen Aufrufe generiert. Herr Fuchs bestätigt, dass die Videos die **Zuschauer auch zu Kunden** machen. Mit einer im Juni 2014 erstmalig auf YouTube präsentierten eigenen Produktserie macht der Mittelständler mittlerweile 5,5 Millionen Euro Umsatz – und das vor allem dank seiner YouTube-Videos.

Zweites Beispiel ist die Firma **Rokenbok** ❷. Der Hersteller von Kinderspielzeug kehrte dem klassischen Handel bereits 2010 den Rücken und setzte auf YouTube. Der Kanal zählt mittlerweile über **76 Millionen Zugriffe**, und die Erfolgsstory wurde sogar von der LA Times aufgegriffen. Danach gefragt, was die entscheidenden Treiber für den Erfolg waren, antwortete Marketingleiterin Caitlin Bigelow: »Es gibt kein Allheilmittel, das alle Probleme löst. Wir mussten viele kleine Dinge richtig machen, damit YouTube für uns funktionierte. Dinge wie Anmerkungen, YouTube Cards, Abonnenten aktiv um Likes oder Anmeldungen bitten, Gewinnspiele veranstalten, einnehmenden und **unterhaltsamen Content** schaffen – alles ist wichtig.«

Weiter verrät Caitlin: »Wir haben viel ausprobiert, getestet, gemessen, geändert, verbessert oder alles verworfen und wieder neu angefangen. (…) Man weiß nicht immer, was funktioniert und was nicht. Aber dem Ganzen **eine Chance geben**, macht den Unterschied aus.«

Was ist das Ergebnis Ihres Video-Marketings?

Erfolgreich	Nicht erfolgreich
- Minimale Produktintegration & Branding - Fokus auf Erstellung von wertvollem Content - Keyword-Recherche, um Ideen für Videos zu finden - »Green Screen« vermeiden - Interaktion mit Abonnenten - Verwendung der richtigen Metatags bei Videos - Video-Player ist auf der Homepage eingebunden - Auswertung der Analytics-Daten - Erwartungen der Abonnenten werden übertroffen - Regelmäßige Veröffentlichung von Videos - Erfolge werden wiederholt - Keine Werbung - Nutzung von Video-Sitemaps - Wird zum »Gesicht« des Unternehmens - Kommentare werden schnell beantwortet - Mit Leidenschaft dabei	- Videos sind schwer zu finden - Schwerpunkt aufs Equipment statt auf Inhalte - Hinweise auf Produkt/Marke wirken forciert - Verlangt ein Like, bevor das Video gesehen werden kann - Kommentare werden nicht beantwortet - Erscheint nie im Video - Liest von einem Teleprompter ab - Offensichtliche Werbung - Schlechte Nutzung des Mikrofons - Unregelmäßige Veröffentlichung von Videos - Langweilige Inhalte werden nicht rausgenommen - Schlechte Beleuchtung - Zu viele Produkte in einem Video - Nutzt nicht alle verfügbaren Tags - Die Marke kommt zuerst, Inhalt ist zweitrangig - Liebt den »Green Screen«

Ist Ihr Unternehmen bereit für YouTube?

Misslungene YouTube-Versuche haben ihre Ursache oft in **fehlender Planung**, falschen Erwartungen und Hürden im Unternehmen.

Oft bremsen **gewachsene Unternehmensstrukturen** den YouTube-Erfolg, weil Abteilungen um Verantwortung rangeln. Wenn die Marketingabteilung die Videos produziert, der Vertrieb in YouTube nur ein Tool für Sales sieht und Ihre PR-Experten das Community-Management an sich reißen, ist ein Scheitern des Projekts vorprogrammiert. Budget- und **Entscheidungshoheiten** müssen vorab geklärt sein, damit das Projekt fliegen lernt.

Gewinnen Sie dazu die wichtigen Entscheidungsträger im Unternehmen für sich und zeigen Sie Chancen auf. Machen Sie deutlich, dass Ihr erstes Video nicht direkt zum viral verbreiteten Welthit wird – das käme einem Lottogewinn gleich oder muss SEHR teuer bezahlt werden. Schaffen Sie Verständnis dafür, dass Ihr Unternehmen mit YouTube in einen stetigen **Marketing- und Dialog-Optimierungsprozess** einsteigt. Denn Ihr YouTube-Engagement ist eine langfristige Investition in das digitale Gut »Video«.

Diese **Investition** will geplant sein und muss klare Ziele verfolgen. Die Überwachung der Ziele und das datenbasierte Ableiten von Handlungsempfehlungen sollten bei der Planung berücksichtigt werden. Die Kennzahlen Ihres Kanals und jedes Videos müssen ausgewertet und analysiert werden. Ein korrektes Tracking, die nötige **Personalkapazität** und das Schaffen von Prozessen sind absolute Pflicht.

Mit Projektgruppen und Projektbudgets können mehrere Abteilungen gleichermaßen involviert werden. So verhindern Sie Streit zwischen Entscheidern in Ihrem Haus. Ein **Testprojekt** mit beschränktem Zeitraum (z.B. sechs Monate) und klaren Kommunikations-, Interaktions- und Sales-Zielen kann hier ein guter Türöffner sein.

Schwerpunkte einer YouTube-Strategie

Schnell und flexibel reagieren ist das A und O

Der **Umgang mit Feedback** Ihrer Zuschauer ist ein wichtiger Punkt, der ebenfalls vorab definiert werden muss. Sie sollten mit Kommentaren arbeiten und Hinweise in Folgevideos berücksichtigen. Oft wird diese Aufgabe nicht strukturiert geplant und hängt im Zweifel zwischen verschiedenen Abteilungen bzw. Dienstleistern. Das birgt die Gefahr, dass sich am Ende niemand wirklich darum kümmert. Das Einrichten von **Feedback-Management-Prozessen** sollten Sie bei der Planung also auch berücksichtigen.

In **Community-Management-Guidelines** kann festgelegt werden, wie Sie mit Feedback Ihrer Zuschauer umgehen, also wer wie und in welcher Reaktionszeit auf Kommentare und Hinweise der Zuschauer eingeht. Bedanken Sie sich für jede positive Bewertung? Was machen Sie mit negativem Feedback zu den Videos? Wenngleich zu Beginn Ihrer YouTube-Aktivitäten sicherlich nicht die Masse an Kommentaren zu erwarten ist, sollten Sie umso mehr für **optimale Rückmeldung** an Ihre ersten Feedbackgeber achten. Nur so kann Ihr Videomarketing Clip für Clip besser werden.

Haben Sie die nötige **interne Rückendeckung** und die erforderlichen Kapazitäten, um dieses nutzerzentrierte, dialogorientierte und datengetriebene Marketing durchzuführen? Sind genug **Personalkapazität und Know-how** vorhanden, um Feedback zu managen, Wirkung und Kennzahlen der Videos auszuwerten und bei Folgeproduktionen zu berücksichtigen? Falls nicht, müssen Sie sich das Wissen extern einholen bzw. Ihr Team fit machen. Hierzu müssen Sie die entsprechenden Budgets einplanen.

Beachten Sie also, dass neben den Kosten für Videokonzeption und Produktion auch Verbreitung, Bewerbung, Datenanalysen und **Community-Management** zu Buche schlagen können.

Kampagne	**Kollaboration**	**Content-Marketing**
Mache gute Inhalte, die Menschen sehen wollen	Nutze die Community, um deine Nachricht zu verbreiten	Schaffe eine digitale Content-Strategie
Strategie: Keine Betonung auf Kanal oder Abo, effektiver Vertrieb der Videos	**Strategie:** Sponsoringverträge, Integration mit YouTubern oder erfolgreichen YouTube-Kanälen, Nutzung ihrer Authentizität und Reichweite	**Strategie:** Schwerpunkt auf Kanalentwicklung, strategischer Content-Ablaufplan

Einmaliger Upload oder dauerhaftes Programm

Grundsätzlich können Sie als Unternehmen YouTube auf drei Wegen für sich nutzen:

1. Als Plattform zur Verlängerung zeitlich begrenzter crossmedialer **Kampagnen**, um z.B. auf YouTube weiterführende Informationen zu liefern, die in TV, Print und Onlinekanälen promotet werden.
2. Als **Multiplikatoren**-Plattform, über die Sie reichweitenstarke YouTuber für sich gewinnen und mit ihnen **kollaborieren**, sodass diese Ihre Produkte in ihren Videos promoten und Ihre Marke und Ihren Verkauf fördern.
3. Als Plattform für Ihr eigenes Programm, auf der Ihre **Content**-Strategie erlebbar wird. Sie werden so zum Experten für eine Nische, liefern kontinuierlich Programm und gewinnen stetig neue Abonnenten.

Der einfachste Weg ist, YouTube als Upload-, Hosting- und Abrufplattform für ein Video zu nutzen. Wenn Sie ein Video »nur« auf Ihrer Webseite einbinden möchten, brauchen Sie keine **langfristige YouTube-Strategie**.

Der komplexere Weg ist, YouTube mit langfristigem Programmplan zu bespielen und die Plattform als wichtigen Bestandteil in der **Customer Journey** eng mit Ihrem gesamten Marketingmix zu verzahnen. Das birgt die Chance, dass Sie zum Meinungsmacher für Ihre Produkt- und Marktnische werden, dem Tausende Menschen folgen – das zeigt auch das oben beschriebene Rokenbrok-Beispiel.

Ihr Unternehmen kann mit einer langfristigen YouTube-Strategie die Chance nutzen, Herz und Verstand Ihrer Kunden anzusprechen und mit Ihren Videos **reale Erfahrungen Ihrer Zielgruppe** mit Ihrer Marke oder Ihrem Unternehmen zu ermöglichen. Sie können eine Fangemeinde aufbauen, die emotional und rational zum Befürworter Ihres Unternehmens wird.

Die folgenden Seiten sollen Ihnen helfen, den richtigen Weg für Ihr Unternehmen zu finden.

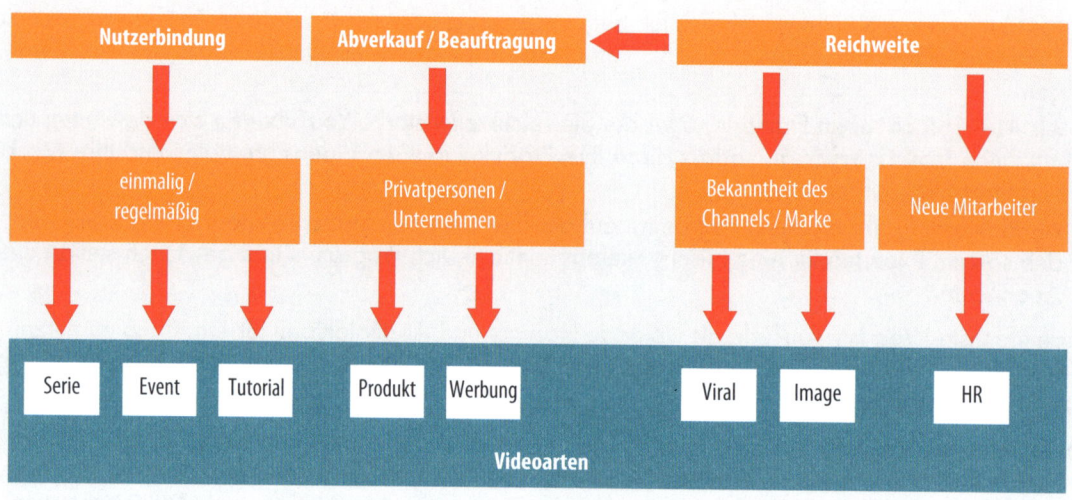

Schritt 1: Definieren Sie Ihre Ziele

Ohne Ziel ist kein Weg der richtige. Das gilt gerade auch für das Marketing. Denn Ihre YouTube-Marketingstrategie ist der Weg, mit dem Sie Ihre **Business-Ziele** erreichen wollen. Je aussagekräftiger und klarer Sie Ziele für Ihr YouTube-Marketing definieren, desto wahrscheinlicher werden Sie diese erreichen.

Definieren Sie Ihre YouTube-Ziele daher so genau wie möglich, um später Videos zu erstellen, die zu 100 % auf das Erreichen dieser Ziele ausgelegt sind. So vermeiden Sie **falsche interne Erwartungen** und verhindern, dass Ihre Videos konträre Ziele (z.B. Sales versus Service) verfolgen. Sie müssen also klären: Was wollen Sie mit YouTube erreichen und wie verflechten Sie den Kanal mit anderen Präsenzen?

Am besten leiten Sie Ihre YouTube-Ziele aus Ihren Unternehmens- bzw. Abteilungszielen ab. Definieren Sie den angestrebten Zustand, der durch die **Erweiterung Ihres Marketingmixes** um YouTube erreicht werden soll. So wird schnell klar, ob YouTube nur ein kleines Puzzlestück für Ihr Online-Marketing sein wird oder in Zukunft der zentrale Baustein für Ihren Werbeerfolg werden soll.

Stellen Sie sich Fragen wie beispielsweise diese: Ist Ihre Marke schon bekannt? Sind Sie in den Suchsystemen von Google und YouTube gut auffindbar? Was finden Kunden, die online nach Ihrem Unternehmen suchen? Können Videos helfen, Ihre Kaufraten zu verbessern, indem Sie Kaufhürden in Ihrem Shop abbauen? Gibt es einen Unterschied zwischen aktueller Wahrnehmung und Ihrem Wunsch, wie Ihre Marke künftig wahrgenommen werden soll? Schärfen Sie Ihre Zieldefinition und legen Sie die richtigen Kennzahlen fest, um Ihr YouTube-Engagement später hinsichtlich des **Erreichens der Ziele** überwachen und nachjustieren zu können.

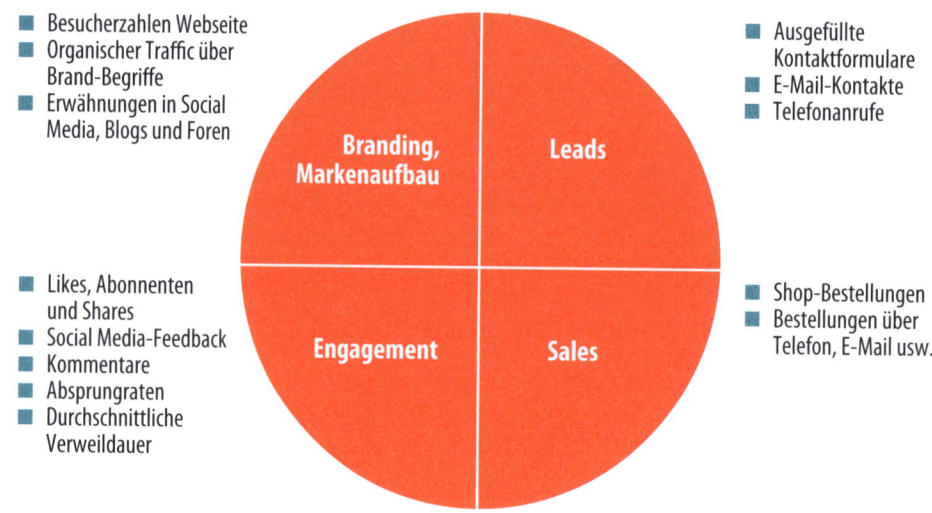

Überblick über mögliche Marketingziele

Es gibt eine Vielzahl von möglichen **Marketingzielen**. Klassisch wird zwischen qualitativen und quantitativen Zielen unterschieden. Ein qualitatives Marketingziel ist z.B. die Verbesserung des Markenimages. Die Kontrolle von **qualitativen Zielen** bedarf vorab genauer Kennzahlendefinitionen, um die zahlenmäßige Überwachung dieser eher »soften« Ziele möglich zu machen.

Quantitative Ziele sind in der Regel deutlich einfacher zu überwachen, und Erfolge beziehungsweise Misserfolge können transparent bewertbar gemacht werden. Ein quantitatives YouTube-Marketingziel ist z.B.: »Mit der Investition in fünf YouTube-Videos möchte ich meinen Onlineumsatz um 5 % steigern.«

Ein pragmatischer Weg zur Zieldefinition ist: Machen Sie eine **Bestandsaufnahme** Ihrer Marketingaktivitäten und beschreiben Sie den Ist-Zustand Ihres Unternehmens. Beantworten Sie sich z.B. die folgenden Fragen: Sind Sie mit Ihrem Umsatz zufrieden? Sind Ihre Produkte oder Dienstleistungen bekannt genug? Welches Image hat Ihr Unternehmen? Wie steht es um die Kundenzufriedenheit? Wie ist die Kosten-Umsatz-Relation (KUR) Ihrer anderen Online-Marketingkanäle?

Diesem **Ist-Zustand** setzen Sie dann Ihre Erwartungshaltung gegenüber – den **Soll-Zustand**. Welche Kommunikations- und **Interaktionsziele** sollen Ihre Videos und Ihr YouTube-Kanal verfolgen? Wie stellen Sie sich die künftige Situation Ihres Unternehmens vor? Wie soll der Umsatz steigen? Welches Image soll Ihr Unternehmen haben? Wie hoch soll die Kundenzufriedenheit sein? Welche Ziel-KUR planen Sie für YouTube ein? Wie viele Abonnenten wollen Sie im ersten Jahr gewinnen, und wie soll der YouTube-Conversion-Funnel für Ihr Unternehmen aufgebaut sein?

Aus der Differenz von Ist- und Soll-Zustand können Sie dann Ihre **Marketingziele für YouTube ableiten**.

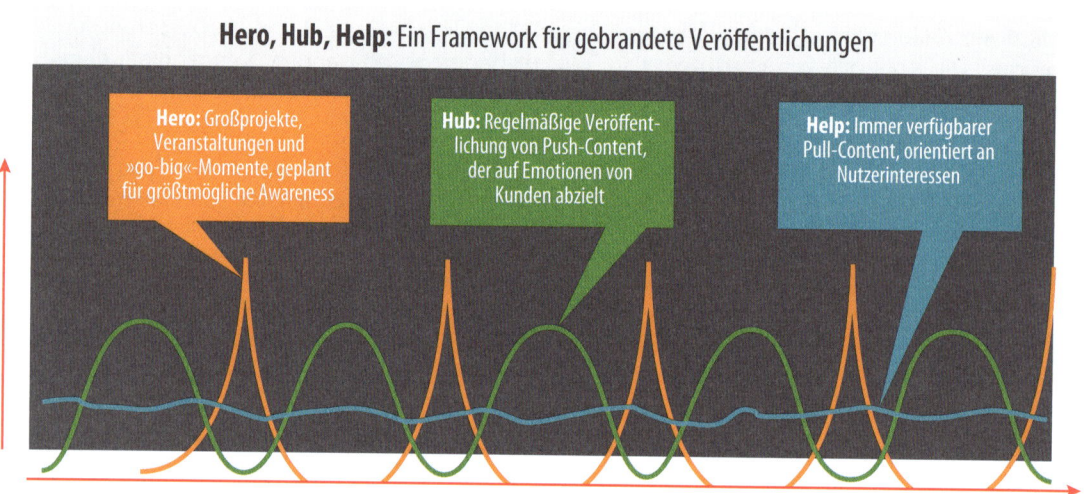

Die drei wichtigsten YouTube-Marketingziele

Da über Marketingziele ganze Bücher verfasst werden, konzentrieren wir uns im Folgenden auf die drei **wichtigsten Marketingzielbereiche**:

- Sales-Ziele
- Branding-Ziele
- Kundenbindungsziele

YouTube kann auch **Nebenziele** verfolgen und damit eine Unterstützerrolle für andere Marketingaktivitäten einnehmen – z.B., um mit Videos die Erfolgsquoten Ihrer E-Mail-Newsletter zu verbessern. Auf eine **untergeordnete Rolle von YouTube** in der Customer Journey gehen wir im Weiteren nicht ein, da es unendlich viele Kombinationsmöglichkeiten von YouTube mit anderen Kanälen (TV, Blog, PR, Newsletter etc.) in der Customer Journey gibt. Diese gilt es individuell zu betrachten und zu evaluieren.

Die Erfahrung aus über sechs Jahren YouTube-Marketing zeigt: Videos sind vielfältig einsetzbar und fungieren an vielen Stellen als **sinnvolles Marketinginstrument**. Ob zur Optimierung der Kaufrate, zur Steigerung Ihres E-Mail-Marketingerfolgs, als Format für Ihr Social-Media-Engagement – wichtig ist ein klares Ziel!

> **Tipp**
>
> Definieren Sie Ziele und sorgen Sie dafür, dass diese mit zu 100 % messbaren Kennzahlen überwacht werden. Neben der reinen Definition der Ziele und Kennzahlen müssen natürlich auch die nötigen Tracking-Tools – wie z.B. Google Analytics – korrekt implementiert und orchestriert werden. Auch das müssen Sie im Vorfeld exakt planen.

Messung markenbezogener Marketingziele mithilfe entsprechender KPIs

MARKENBEZOGENE MARKETINGZIELE	Bekanntheit	Kaufbereitschaft	Aktion
KPIs ZUR MESSUNG DIESES ZIELS	Aufrufe	View-through-Rate	Klicks
	Impressionen	Wiedergabezeit	Anrufe
	Einzelne Nutzer	Steigerung der Markenpräferenz	Anmeldungen
	Steigerung der Bekanntheit	Steigerung der Kaufbereitschaft	Verkäufe
	Steigerung der Anzeigenerinnerung	Steigerung des Markeninteresses	Steigerung der Kaufabsicht

Ziele für das Branding messen

Branding und **Markenbekanntheitsziele** sind qualitativer Natur – umso mehr ist dabei zu berücksichtigen, dass Sie die richtigen KPI (Key Performance Indikators, also messbare Kennzahlen) definieren, um die Ziele überwachen zu können. Hier einige Beispiele für Branding-Ziele und Tipps, wie Sie diese mit YouTube verfolgen und mittels Tools messen können:

- Die veröffentlichten YouTube-Videos erreichen im ersten Jahr in Summe mindestens **eine Million Aufrufe**. Die Messung kann über YouTube Analytics erfolgen und ist einfach, aber nicht sehr aussagekräftig.
- Der auf Ihrer Website eingebettete Image-Videoclip soll von 80 % der Homepagebesucher bis zum Ende geschaut werden. Hierfür liefert YouTube eine Kennzahl: die **relative Zuschauerbindung**.
- In drei Monaten sollen mindestens 10.000 Webseitenbesucher den Image-Clip auf YouTube angezeigt bekommen. Hier kann z.B. mittels **AdWords Remarketing** der Erfolg überwacht werden.
- 10 % der Kunden, die eine negative Bewertung abgegeben haben, sollen den »Sorry-Clip« auf YouTube sehen. Auch dieses Ziel kann mit einer **AdWords-Remarketing-Kampagne** erfasst werden.
- Zuschauer, die eines Ihrer Videos auf YouTube gesehen haben, sollen auf den am Ende erscheinenden Link klicken und Ihr neues Produkt auf Ihrer Webseite bewerten. Mittels **Google Analytics** und **YouTube Analytics** können Sie dieses Vorhaben tracken.

Dies ist nur ein exemplarischer Auszug von Branding-Zielen und möglichen Kennzahlen. Weiteren Input bezüglich YouTube-Kennzahlen und Tipps, wie Sie Ziele messbar machen, finden Sie unter: *https://goo.gl/WHL0fg*.

Videos für die Lead-Generierung einsetzen

Lead-Generierung
Einbinden eines Formulars, um E-Mail-Adressen zu sammeln, entweder am Anfang, in der Mitte oder am Ende.

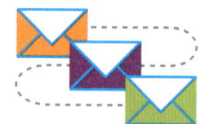

Lead-Pflege
Relevante Videos in Follow-Up-E-Mails an Leads einbinden.

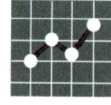

Lead-Auswertung
Bewertung der Leads aufgrund ihrer Interaktion mit Videos

Ziele für Sales und Lead messen

Haben Sie eher den **Abverkauf** im Visier, inspiriert Sie die folgende Übersicht an möglichen **Sales-Zielen** sicher dabei, Ihre individuellen Ziele und KPI für YouTube zu definieren. Auch die Lead-Generierung ist so messbar:

- Ihre für die YouTube-Suche erstellten Videos sorgen dafür, dass 25 % der Nutzer, die die Videos auf YouTube finden, auch ein Produkt in Ihrem Shop kaufen. Die Messung erfolgt über Google Analytics, indem Sie den Verlinkungen aus YouTube auf Ihre Website z.B. UTM-Parameter hinterlegen, die dann in Analytics mittels **E-Commerce-Tracking** überwacht werden.
- Der TrueView-Werbeclip, vor passenden anderen YouTube-Videos platziert, bringt in drei Monaten mindestens 2.500 Nutzer dazu, den **Newsletter** auf Ihrer Webseite zu **abonnieren**. Auch dieses Ziel überwachen Sie am besten mittels YouTube Analytics und Google Analytics sowie UTM-Parametern.
- Der **CPO** (Werbekosten, um einen Verkauf auszulösen) der YouTube-Werbung darf 25 Euro nicht überschreiten. Diese Kennzahl kann mit dem AdWords Conversiontracking analysiert werden.
- Mit allen veröffentlichten Videos sollen in sechs Monaten tausend neue Kunden gewonnen werden. Bei dieser Lead-Generierung gilt es, Klicks auf Links in den Videos zu tracken – das geht mittels **Analytics E-Commerce Tracking**.
- 5 % der Warenkorb-Abbrecher in Ihrem Webshop sollen durch den Remarketing-Clip auf YouTube doch noch zum Einkauf bewegt werden. Daten hierzu liefern die **Google-AdWords-Kampagnendaten**.

Auch diese Übersicht hat keinen Anspruch auf Vollständigkeit, soll Ihnen vielmehr als Anregung dienen, möglichst greifbare Kennzahlen und Ziele für Ihr Videoprojekt zusammenzustellen.

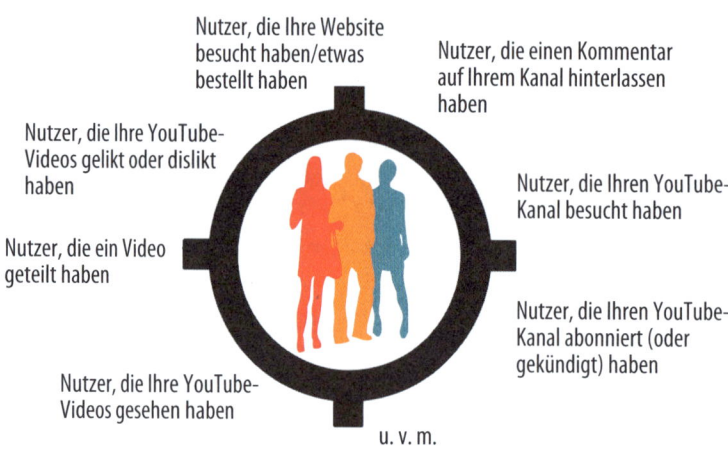

Ziele für Kundenbindung und Upselling

YouTube kann auch helfen, **Kunden zu binden**. Dank ausgeklügelter Remarketing-Funktionen können Sie Nutzer, die in Ihrem Webshop ein Produkt gekauft haben, innerhalb definierbarer Zeiträume **erneut** über YouTube **mit Ihren Videos ansprechen**. Diese Funktion bietet vielfältige Möglichkeiten, Ihre Kundschaft an Ihr Unternehmen zu binden und die **Customer Lifetime** somit positiv zu beeinflussen. Die folgenden Beispiele sollen Ihnen einen Eindruck von möglichen **Kundenbindungszielen** für YouTube geben:

- Kunden, die in Ihrem Shop eingekauft haben, werden zwei bis sechs Wochen nach Kauf mittels Remarketing mit einem Video angesprochen, das die Vorteile des Kunden-Log-in-Bereichs nennt. 25 % der so angesprochenen Käufer sollen sich nach dem Betrachten des Videos im Kunden-Log-in erstmalig anmelden. Die Messung dieser **Log-in-Anmeldequote** erfolgt über Google Analytics Conversiontracking in Verbindung mit UTM-Parametern, die in den Videos unter den Links liegen.
- 25 % der Käufer werden in den ersten drei Monaten nach Kauf über YouTube erneut angesprochen, damit sie über ihre Einkaufserfahrung berichten. Hierbei messen Sie die Anzahl an Onlinekunden und prüfen, wie viele von diesen mittels Remarketing erreicht wurden. Im zweiten Schritt wird dann die Anzahl der erreichten Kunden mit der Anzahl der so generierten **Erfahrungsberichte** ins Verhältnis gesetzt.
- 85 % der Käufer, die Produkt A gekauft haben, werden auf YouTube mit Videos auf Produkt B aufmerksam gemacht. 20 % der so angesprochenen Personen sollen **auf die Verlinkung klicken**, die aus dem Video zu weiterführenden Informationen auf der Webseite führt.

Dies sind nur einige mögliche Ziele, wie die Kundenbindung anvisiert und mittels YouTube erfasst und gemessen werden kann.

Archetypen der Informationssuche

Wenn Nutzerverhalten und Personas nicht zu erforschen sind, kann auf Archetypen zurückgegriffen werden.

Bekanntes Objekt suchen
»Frodo Baggins«

Sie wissen, was sie wollen, wo sie starten, wie man es beschreibt und wann die Suche beendet ist.

Verfeinern & Verengen
»Sherlock Holmes«

Sie haben eine große Auswahl und kennen einige Suchkriterien, um die Auswahl einzuengen.

Erforschen
»Christopher Columbus«

Sie haben eine ungefähre Vorstellung davon, was sie wollen, sind aber unsicher, wo sie starten sollen. Die Suche entwickelt sich aufgrund der Erkenntnisse, Ende ist unklar.

Wiederfinden
»Dorothy«
Zauberer von Oz

Sie suchen nach etwas, was sie schon einmal gesehen haben.

Schritt 2: Greifbare Personas bilden

Haben Sie eine klare Vorstellung davon, welche Rolle YouTube in Ihrem Marketingmix einnehmen soll, und sind Ihre YouTube-Marketingziele klar umrissen, folgt Schritt 2: Lernen Sie Ihre Zielgruppe so gut wie möglich kennen und definieren Sie möglichst genau die **Persönlichkeitsmerkmale Ihrer Zielgruppe**.

Die Angaben von Geschlecht, Alter und Wohnort aus dem klassischen Marketing helfen hier nicht weiter. Sie sollten exakt bestimmen, in welcher **Lebenssituation** sich Ihre Zielpersonen befinden. Wird beispielsweise unterwegs per Smartphone eine schnelle Lösung für ein Problem gesucht? Oder werden daheim im Vorfeld einer **Kaufentscheidung Informationen** gesammelt (z. B: Urlaubs- und Hotelplanung)? Oder ist **Entertainment** gefragt, da die Wunschkäufer in ihrer Freizeit nach kurzweiliger Unterhaltung suchen?

Lassen Sie uns dies vereinfacht am Beispiel der Waschmittelmarke Persil durchgehen. Die klassische Zielgruppendefinition der Marke Persil könnte lauten: Hauptzielgruppe ist weiblich, zwischen 20 und 60 Jahren alt und für die Haushaltsführung und Einkäufe zuständig.

Um auf YouTube die Wunschpersonen zu erreichen, könnte folgende **Persona-Beschreibung** entwickelt werden: Susanne ist 31 Jahre alt, berufstätig, liiert und lebt in ihrer 2-Zimmer-Wohnung. Sie investiert viel Zeit in ihre Karriere und kauft oft online ein. Abends tauscht sie sich mit Freunden über Facebook aus. Lösungen für Probleme sucht Susanne über Google, z.B., wenn sie einen Rotweinfleck von ihrer neuen Leinen-Sommerhose entfernen möchte. Marketingziel ist, dass Susanne bei Suchanfragen zu Tipps, um Flecken von Stoffen zu entfernen, den Persil-YouTube-Kanal und die Fleckentfernungsvideos findet.

Diese exemplarisch aufgezeigte Vorarbeit hilft, Ihre Zielgruppe exakter in unterschiedliche Typen zu unterteilen, um **passendere Inhalte erstellen** zu können. Tiefergehende Erläuterungen zum Buyer-Persona-Aufbau hat das Team von Julian Dziki hier veröffentlicht: *http://www.seokratie.de/buyer-personas/*.

Der Prozess des Autokaufs zeigt Chancen für das Marketing

Welches-Auto-ist-das-Beste-Momente	Ist-es-das-richtige-Auto-für-mich-Momente	Kann-ich-es-mir-leisten-Momente	Wo-sollte-ich-es-kaufen-Momente	Mache-ich-ein-Schnäppchen-Momente

Top 3 Video-Content für Autokäufer:

Probefahrt   Funktionen & Optionen   Besichtigung

Die Zeit, die Nutzer damit verbringen, sich solche Videos anzusehen, hat sich im letzten Jahr

verdoppelt.

Was bewegt Ihre Wunschkäufer?

Basierend auf Zielen und Personas beginnt nun die Recherche nach deren Interessen. Folgende »Werkzeuge« sollen Ihnen helfen, die Wünsche, Sorgen und Ansprüche Ihrer Personas und Zielgruppen zu verstehen:

- Fragen Sie Ihre **Support-, Callcenter- und Vertriebsmitarbeiter**, was Interessenten wissen möchten oder wobei sie Hilfe benötigen. So finden Sie heraus, was Ihre Kunden bewegt.
- Nutzen Sie **Google Trends**. Damit können Sie Google- und YouTube-Trends aufspüren. Die kostenlosen Tools verraten Ihnen eine Menge darüber, welche Themen wann von wem gesucht werden.
- Auch **YouTube ist eine gute Recherchequelle**: Welche Videos tauchen bei relevanten Suchabfragen auf? Mit welchen Inhalten sind Mitbewerber präsent und welche Videos erhalten den meisten Zuspruch (Aufrufzahlen, Bewertungen und Kommentare)? Links sehen Sie als Beispiel eine Analyse des Entscheidungsprozesses von potenziellen Autokäufern, die Chancen für das Marketing auf YouTube aufzeigt.
- Auch Facebook kann helfen, künftig erfolgreiche YouTube-Videos zu erstellen. Ein Blick auf die **Fanpages von Mitbewerbern** deckt auf, welche Posting-Inhalte und Formate guten Zuspruch erhalten.
- Was suchen Kunden über die **Suchfunktion Ihrer Webseite**? Die Ergebnisse lassen Rückschlüsse über Informationsdefizite zu. Ebenso kann die Untersuchung Ihrer Google-AdWords-Kampagnen helfen, wichtige Themen zu identifizieren: Was suchen Nutzer in Verbindung mit Ihrer Marke bei Google?

Dies ist nur ein Auszug an Tools und möglichen Fragestellungen. Nehmen Sie sich für diese Analysen Zeit, denn die Ergebnisse sind Voraussetzung dafür, dass Ihre Videos künftig Kopf und Herz der Zuschauer erobern.

Die Geheimnisse des Markenerfolgs

1. Entwickle langlebige, nicht virale Inhalte – virale Erfolge sind nicht planbar
2. Finde heraus, wer die Influencer sind
3. Mobilisiere deine Community und kenne deine Zielgruppen
4. Lege mehr Wert auf Promotion, nicht auf Produktion der Videos – bei YouTube geht es um Authentizität
5. Weniger Planung, mehr Wiederholung – Versuch und Irrtum

Erarbeiten Sie Ihre YouTube-Strategie

Mit der Marketingzieldefinition, der Beschreibung Ihrer Personas sowie der Recherche nach deren Interessen, Sorgen und Problemen haben Sie die Basis für die mögliche inhaltliche Ausrichtung Ihrer Videos geschaffen. Nun kommt der wichtigste Schritt: Sie legen mit der Strategie im Detail Ihren **Weg zum Ziel** fest. Ihre Strategie beschreibt die einzelnen Arbeiten, Abläufe und Verantwortlichkeiten, um Ihre Kommunikations- und Interaktionsziele zu erreichen. Zum Start hilft ein **Projektplan**, in dem der Ablauf zum Erreichen der Ziele nach einzelnen Arbeitspaketen unterteilt aufgeführt wird.

Ein gut konzipierter YouTube-Kanal ist die Grundlage für den **Erfolg Ihrer Videos**. Mit mehreren thematischen Säulen in Ihrem Kanal können Sie verschiedene Personas gezielt ansprechen und für Abwechslung sorgen. Nachdem Sie die Story für Ihren Kanal erarbeitet haben, geht es an die Entwicklung konkreter Themen für die Videos.

Entwerfen Sie eine **inhaltliche und emotionale Klammer** für Ihren gesamten Bewegtbildauftritt. Daraus können Sie thematische Säulen für Ihre Videoformate ableiten, passend zu den Persona-Bedürfnissen. Daran anknüpfend werden die Konzepte für die Videoformate entwickelt. Danach gilt es, den Veröffentlichungsturnus zu definieren und festzulegen, wie viele Filme Sie vorproduzieren. Anschließend folgen das Briefing für die Detailclips inklusive Produktion und Postproduktion sowie weitere Abstimmungen und schließlich der Upload der Filme und die Vernetzung mit anderen Arbeiten.

Achten Sie darauf, dass die Videos auf das Medium, das Format und den Veröffentlichungskanal getrimmt werden. YouTube ist ganz klar ein **Dialogmedium**, das Ihren Kunden einen Kanal zurück zu Ihrer Marke bietet, über den Sie Feedback, Stimmungen und eine Menge Rückmeldung zu Marke, Inhalten und Produkten aufnehmen können. Wichtig ist, dass Sie **auf das Feedback reagieren**, sodass es nicht ins Leere läuft – nur so halten Sie den Dialog am Leben.

Eine SWOT-Analyse zu YouTube als Marke

Stärken
- YouTube ist der führende Online-Videomarkt
- Schaffung von Fan-Communitys und Bindung mit Content
- Schutz vor Nutzer-Content
- Zweitgrößte Suchmaschine der Welt
- Bietet die Möglichkeit, Content zu teilen
- Lange Lebensdauer von Content
- Verfügbar auf vielen unterschiedlichen Endgeräten

Schwächen
- Markenidentität
- Google ist zu dominant
- Sicherheitsbedenken
- Lebt ausschließlich durch das Internet
- Werbung ist zeitweise zu aufdringlich

Chancen
- Die Fähigkeit, sich eine Community zu schaffen
- Starke Marke
- Synergieeffekte mit eigener Webpräsenz
- Partnerschaft mit anderen Marken und Content Creators

Risiken
- Konkurrenz von anderen Online-Videoplattformen (Facebook, Vimeo, Vine etc.)
- Copyright-Probleme
- Kapazität der mobilen Bandbreite
- Smart-TV

Führen Sie eine SWOT-Analyse durch

Haben Sie Ihre Strategie erarbeitet, sollten Sie eine SWOT-Analyse durchführen. SWOT ist ein Akronym für »Strengths, Weaknesses, Opportunities, Threats«. Bei der SWOT-Analyse werden also die **Stärken, Schwächen, Chancen und Risiken** Ihrer Strategie gegenübergestellt. Wichtig ist, dass die Strategie und somit Ihre Ziele bereits feststehen, wenn Sie die Analyse durchführen – nur so können Sie die Faktoren im Hinblick auf den Soll-Zustand analysieren.

Überlegen Sie, wo Ihre Strategie Schwächen haben könnte. Was könnte z. B. der schlimmste Fall sein, der eintritt, und wie gehen Sie damit um? Können beispielsweise Deadlines für die Fertigstellung der Videos nicht eingehalten werden? Erzielen die Videos nicht die gewünschten Reaktionen bei der Zielgruppe? Werden die definierten Ziele gar nicht erreicht? Wie werden Sie darauf reagieren? Planen Sie Ihr **Risikomanagement** und wie Sie Risiken minimieren können.

Im Gegenzug überlegen Sie, welche Chancen Ihre Strategie bietet. Was bedeutet es für Ihr Unternehmen, wenn Ihre Strategie erfolgreich wird? Vielleicht übertreffen Sie sogar Ihre Marketingziele. Das kann Folgen haben, auf die Sie vorbereitet sein sollten – z.B. ein größerer Personalbedarf oder die Erweiterung Ihrer Lagerfläche.

Egal, welche Richtung für Ihr Unternehmen die richtige ist: **Umfangreiche Vorabuntersuchungen** über Ziele, Stärken und Schwächen der Strategie helfen bereits im Vorfeld, Chancen und Risiken Ihrer Investition in YouTube zu berechnen. Indem Sie alle Szenarien durchspielen, sind Sie ideal **auf jegliche Eventualitäten vorbereitet** und können entsprechend reagieren.

Fazit Kapitel 2: Fassen wir zusammen

Die wichtigsten Eckdaten des Kapitels für Sie im Überblick:

- Oft stellen unternehmensinterne Strukturen Hürden für eine erfolgreiche YouTube-Arbeit dar. Schaffen Sie intern im Vorfeld Klarheit über **Entscheidungsbefugnisse**, Zuständigkeiten und Budgets. Vergessen Sie dabei nicht, dass nach der Veröffentlichung der ersten Videos die eigentliche Arbeit beginnt: Seeding der Videos, Umgang mit Feedback, Analyse der Interaktionsdaten etc. Dies sind wichtige Treiber für Ihren langfristigen Erfolg.
- Mit einem einzelnen Video auf YouTube können Sie z.B. gezielt Werbung vor fremde Videos schalten. Ist Ihr Werbeziel, nur Traffic auf eine Zielseite zu lenken oder ein neues Produkt bekannt zu machen, dann ist dieser Weg der richtige. Möchten Sie Befürworter für Ihre Marke gewinnen und langfristig zum Experten eines Themas werden, müssen Sie eine **langfristige Strategie** für YouTube erarbeiten.
- Versäumen Sie nicht, **klare Ziele** für Ihre Arbeit mit YouTube zu definieren. Es ist ein großer Unterschied, ob Sie lediglich einzelne Bestandteile von YouTube nutzen oder für das Erreichen Ihrer Ziele einen langfristigen Programmplan aufbauen müssen.
- Beschreiben Sie Ihre Zielzuschauer so genau wie möglich. Differenzieren Sie klassische alte Zielgruppendefinitionen in unterschiedliche **Persönlichkeitstypen** aus. Wenn Sie wissen, wen Sie ansprechen möchten, starten Sie die Recherche, um möglichst gut zu verstehen, welche Inhaltsarten und welche Aufbereitung Ihrer Zielgruppe gefallen.
- Abgleich zwischen Ist- und Soll-Zustand sowie die **SWOT-Analyse** helfen, Ihr YouTube-Investment zu planen und Risiken sowie Chancen zu bewerten.

10 Möglichkeiten, YouTube-Videos für Ihr Unternehmen zu nutzen

1	Antworten auf FAQs
2	Erklärvideos
3	Kunden-Q&A
4	Produktbeschreibungen
5	Werbung/Promotion
6	Hinter den Kulissen
7	Kundenrezensionen & Bewertungen
8	Experteninterviews
9	Unternehmensevents oder die Gründungsgeschichte des Unternehmens
10	Markttipps & Tricks

KAPITEL 3 | Der Channel als Grundlage

Sobald Sie auf YouTube das erste Video hochgeladen haben, stellt der **Kanal** (englisch: Channel) den zentralen **Dreh- und Angelpunkt** Ihrer Präsenz auf YouTube dar. In diesem Kapitel erfahren Sie, wie Sie Ihren Kanal auf Ihre Marketingziele und Zuschauer ausrichten können.

Wir erläutern wichtige **Grundeinstellungen** und zeigen Ihnen, wo Sie welche Funktionen in der YouTube-Benutzeroberfläche finden und wie Sie diese einstellen sollten. Auch tief in den Einstellungen Ihres Kanals versteckte **Zusatzfunktionen** werden Ihnen vorgestellt. Denn nur, wenn Sie tatsächlich alle »Hebel« richtig bedienen können, ist Ihnen der Erfolg auf YouTube sicher.

Tipps zur optischen und strukturellen **Gestaltung** helfen, Ihre Präsenz auf YouTube ansprechend anzulegen. Sie lernen Instrumente kennen, die Ihren Kanal auffindbar machen und Sie in der YouTube-Welt vernetzen. Dies sind Grundpfeiler dafür, dass Sie im YouTube-Universum sichtbar sind und Zuschauer zu Ihren Fans werden. Dazu sind z.B. Playlisten, die Vernetzung mit anderen YouTubern und **Kanaltrailer** hilfreich.

Zuletzt verraten wir Ihnen, wie Sie Ihren Kanal mit anderen **Google-Diensten** wie z.B. Google Analytics, Ihrer Website und Google AdWords verknüpfen, um das Maximum an (Werbe-)Möglichkeiten für sich zu nutzen.

> **Tipp**
>
> Legen Sie Ihre Kanaleinstellungen in jedem Fall in Ruhe und mit Sorgfalt fest! Fehlt Ihnen die Zeit dazu: Kein Problem, auch bei einer späteren Anmeldung bei YouTube haben Sie die Möglichkeit, weitere Einstellungen an Ihrem Kanal vorzunehmen.

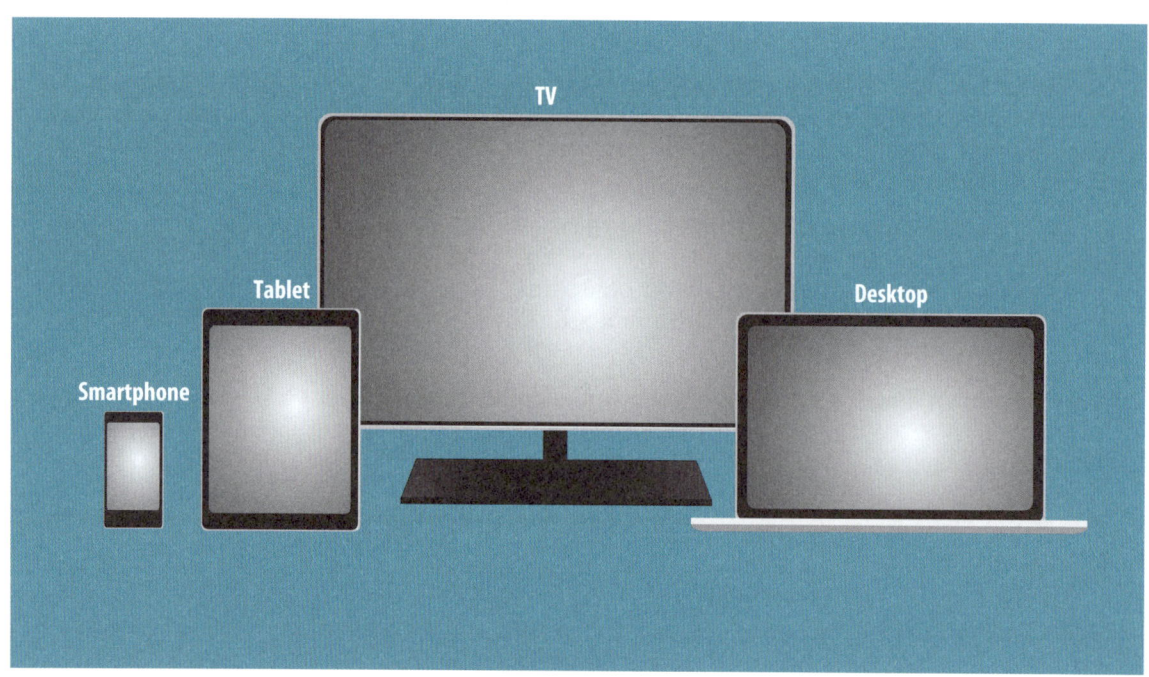

Optimale Präsenz auf allen Gerätetypen

Dank **Responsive Design** stellt YouTube sicher, dass Ihr YouTube-Kanal auf Fernsehgeräten, len Endgeräten wie Tablets und Smartphones und auch auf Desktop-Computern im jeweils passe den Format angezeigt wird. Hierzu passen sich das Layout und die Gestaltung Ihrer YouTube-Startseite automatisch den unterschiedlichen Displayformaten der Geräte an. Achten Sie daher darauf, die Darstellung Ihres Kanals auf **unterschiedlichen Gerätetypen** zu prüfen.

So ist bei der Gestaltung Ihres Kanalbilds (der Hauptgrafik Ihres YouTube-Kanals) wichtig, dass Schriften und die Platzierung von Elementen auch bei einem Aufruf über ein Smartphone gut lesbar sind. Auch der Aufbau Ihrer **Kanalstartseite variiert je nach Gerätetyp**.

Ein auf dem Desktop-Computer prominent angezeigter Kanaltrailer wird auf Smartphones beispielsweise nicht auf die gleiche Art und Weise angezeigt. Gleiches gilt auch für die Verlinkung Ihres Kanals mit Webseiten und Ihren Profilen auf Facebook, Twitter und Google+. Je nach Gerätetyp und Displayformat sind sie sichtbar oder eben nicht.

Tipp

Testen Sie die Darstellung Ihres YouTube-Kanals unbedingt auf unterschiedlichen Endgeräten. Vergleichen Sie den Aufbau und das Design Ihrer Kanalstartseite bei einem Aufruf über Desktop-Computer, Tablet-PC, Smartphone und auch über Ihr Fernsehgerät. Stellen Sie sicher, dass Ihre zentrale Botschaft in allen Darstellungsvarianten gut vermittelt wird. Damit schaffen Sie die Basis für Ihren professionellen YouTube-Auftritt.

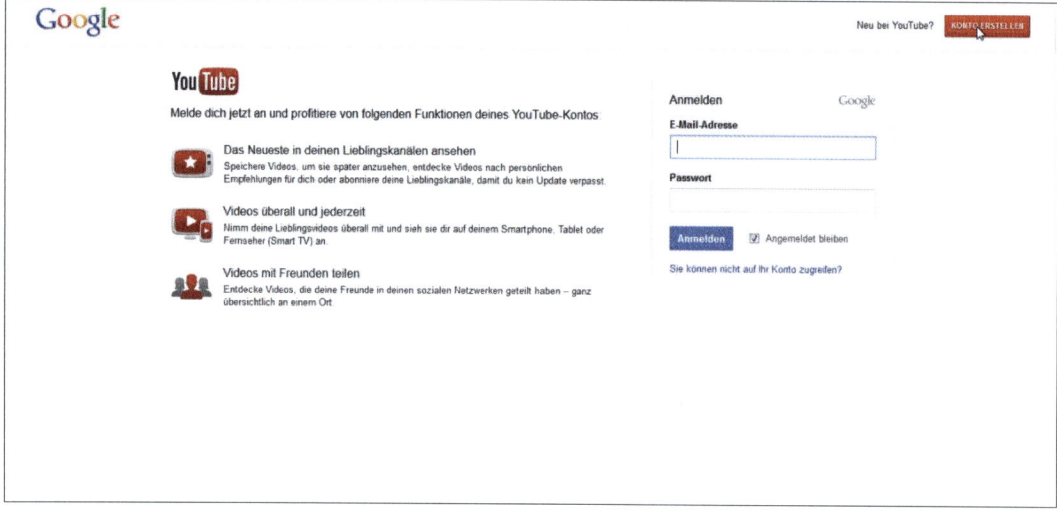

Anlegen Ihres YouTube-Kanals – worauf ist zu achten?

Der Kanal ist Ihr **Hauptquartier auf YouTube**. Um ein Video auf YouTube zu veröffentlichen, ist das Anlegen des Kanals eine Grundvoraussetzung. Beim ersten Videoupload unter einem neuen Account legt YouTube automatisch einen Kanal für Sie an. Bis 2014 gab es noch unterschiedliche Arten von YouTube-Kanälen – heute haben alle YouTuber gleiche Rahmenbedingungen: den **One-Channel**. Dieser ist von Haus aus auch für die Darstellung **auf allen Gerätetypen** optimiert.

Bevor Sie einen **Kanal anlegen,** stellt sich die Frage: Nutzen Sie ein bereits existentes Google-Konto (z.B. das, über welches Sie Google AdWords, Google Analytics oder einen sonstigen Dienst von Google nutzen) oder legen Sie einen neuen Nutzeraccount an?

Am bequemsten ist es, alle Google-Dienste über **ein Google-Konto** zu nutzen. Wie das geht, erläutern wir Ihnen auf den Folgeseiten. Sie können unter einem Log-in auch mehrere YouTube-Kanäle anlegen. So ist die spätere Kopplung der Dienste (z.B. Google AdWords mit Ihrem YouTube-Kanal) schnell gemacht. Ein einziger Zugang für alle Google-Dienste ist bei größeren Unternehmen jedoch nicht immer sinnvoll – so z.B., wenn die Verantwortlichen für die Google-Werbeschaltung nicht auch **Zugriff auf YouTube** oder die Umsatzdaten aus Google Analytics erhalten sollen.

Sind Sie in einem Unternehmen externer Dienstleister oder Mitarbeiter, sollten Sie für YouTube ein neues Google-Konto anlegen. So können Sie später anderen Kollegen **Zugriffsrechte** erteilen (siehe dazu auch Kapitel 7) und auch wieder entziehen. Wenn Sie als Agentur für Kunden neue Kanäle anlegen, sollten Sie dazu ein neues Google-Konto einrichten, damit die nachgelagerte Übergabe einfacher funktioniert. Die Entscheidung liegt ganz bei Ihnen: Entweder Sie machen es sich einfach und nutzen alle Google-Dienste mit einem Log-in, oder Sie nutzen je Kanal bzw. Google-Dienst separate Log-ins für mehr Flexibilität.

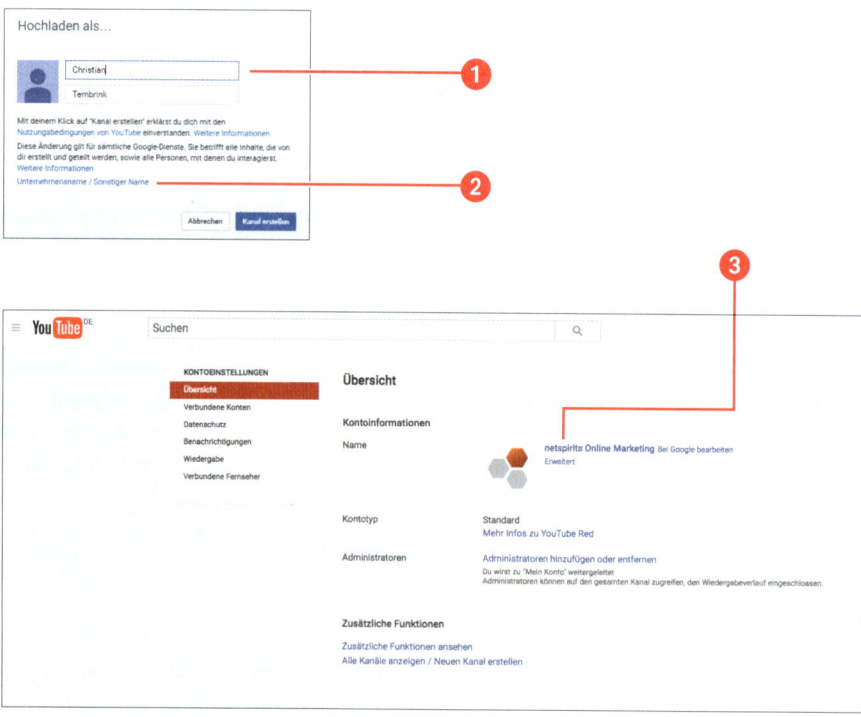

YouTube-Kanal mit neuem Google-Konto anlegen

Sie haben ein **neues Google-Konto** angelegt? Dann sind Sie nun bereit für die Erstellung Ihres YouTube-Kanals. Loggen Sie sich dazu bei YouTube mit Ihren Google-Zugangsdaten ein und navigieren Sie zu dem Reiter »Creator Studio«. Nun erscheint der Schriftzug »**Erstelle einen Kanal**«. Wählen Sie diesen klickbaren Schriftzug aus, und die Erstellung Ihres eigenen YouTube-Kanals beginnt.

Im Folgenden müssen Sie nun einen Namen für Ihren Kanal vergeben. Hier bieten sich zwei Möglichkeiten an:

- Sie verwenden YouTube mit Ihrem Vor- und Nachnamen ❶, wie YouTube es im ersten Schritt vorschlägt. Diese Variante ist jedoch nur für **Privatpersonen**, die einen Kanal erstellen wollen, sinnvoll und nicht für Unternehmen – hierbei greift YouTube auf Ihr persönliches Google+-Profil zu.
- Sie gehen auf den angezeigten Reiter »Unternehmensname/Sonstiger Name« ❷, können einen **beliebigen Namen** für Ihren Kanal vergeben und gleichzeitig die entsprechende Kategorie Ihres Kanals auswählen.

Für Unternehmenskanäle und Kanäle, die keine Vor- und Nachnamen im Titel enthalten sollen, ist die zweite Variante die richtige Wahl. Navigieren Sie also zu »Unternehmensname/Sonstiger Name«. Schon können Sie Namen und die entsprechende Kategorie vergeben. Sollten Sie sich hierbei verklicken, können Sie diese Entscheidung auch später noch ändern ❸.

Weitere **Tipps** zur Vergabe des Kanalnamens finden Sie in diesem Kapitel unter »**Vergeben Sie einen guten Kanalnamen**«.

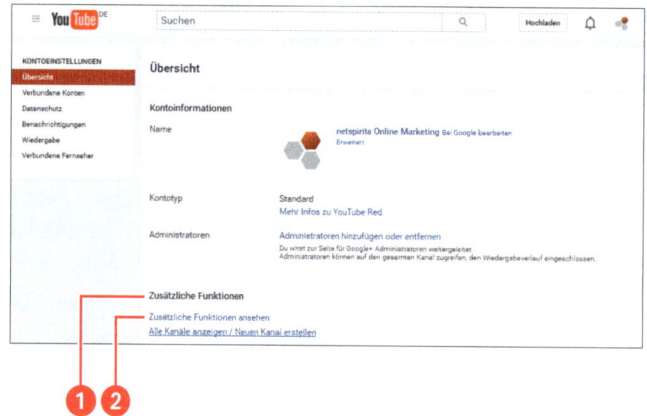

YouTube-Kanal mit bestehendem Google-Konto anlegen

Sie haben bereits einen Google-Account, in dem gegebenenfalls sogar schon mehrere Kanäle hinterlegt sind? Kein Problem, denn Sie können jederzeit **neue Kanäle hinzufügen**. Loggen Sie sich dazu einfach mit Ihren Google-Zugangsdaten ein und geben Sie in die Adresszeile Ihres Browsers youtube.com/account ein.

Nun öffnet sich der Bereich »**Kontoeinstellung**«. Wählen Sie hier unter »zusätzliche Funktion« ❶ den Reiter »Alle Kanäle anzeigen/Neuen Kanal erstellen« ❷. Nun gelangen Sie zu einer Übersicht Ihrer bestehenden YouTube-Kanäle, die mit diesem Google-Account verknüpft sind. Hier haben Sie die Möglichkeit, einen **neuen Kanal anzulegen**.

Tipp

Insbesondere, wenn Sie einen alten Google-Account nutzen, der bereits mit vielen anderen Google-Diensten im Einsatz ist, kann die Namensvergabe bzw. die Kopplung mit dem Google+-Profil, die Vergabe von neuen Namen bzw. die Erteilung von Administratorenrechten an Dritte ein wenig »holprig« sein. Verzweifeln Sie nicht, wenn etwas nicht direkt so klappt, wie Sie es wünschen, im Zweifel finden Sie online im YouTube-Support-Blog unter *https://goo.gl/pS3wJ8* eine Lösung.

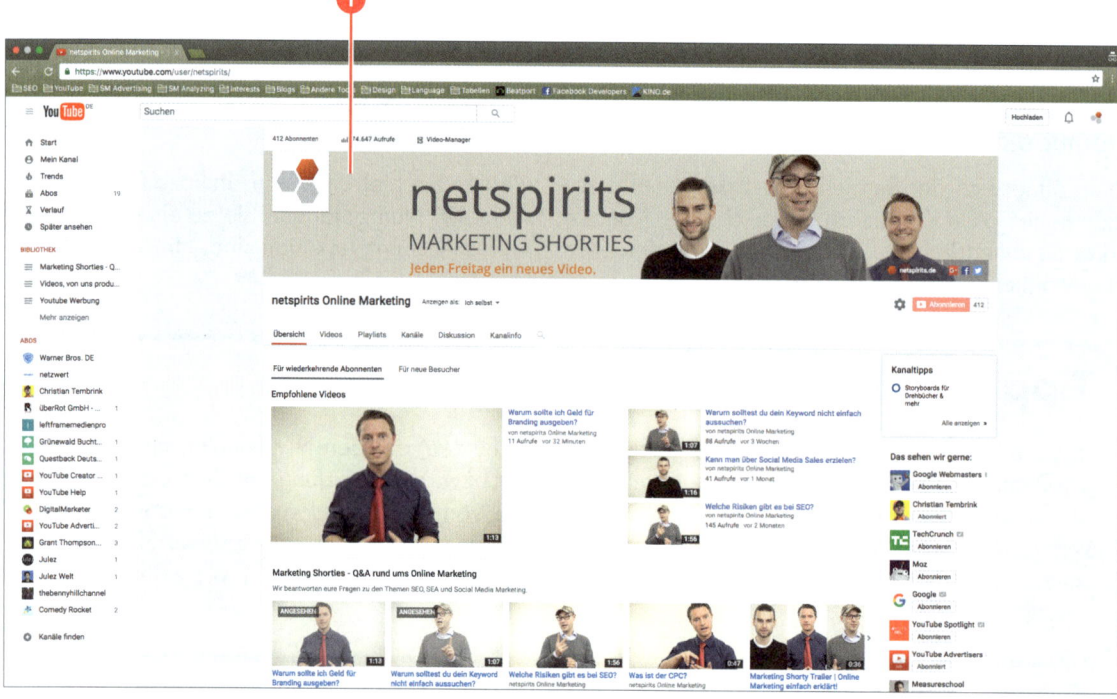

Planung und Aufbau Ihres YouTube-Kanals

Sie haben Ihren Kanalnamen vergeben? Bevor Sie jedoch den ersten Film hochladen, sollten Sie noch folgende Bereiche Ihres YouTube-Kanals planen:

1. Inhalt und Gestaltung Ihrer **Kanalgrafik** (Headbanner) ❶: Wie kann das Headbanner Ihres Kanals dazu beitragen, Ihre YouTube-Marketingziele zu unterstützen? Wie wollen Sie dieses gestalterische Element langfristig nutzen? Die prominente Fläche bietet Ihnen den nötigen Raum, um die Message Ihres Kanals mit Ihren Zuschauern zu teilen. Wollen Sie darin auf eine Rufnummer hinweisen oder ein spezielles Angebot platzieren? Erwähnen Sie dort die Erscheinungstermine neuer Filme? Oder promoten Sie hiermit wöchentlich neue Aktionen? Tipps zum Vorgehen finden Sie auf den Folgeseiten.
2. **Struktur Ihres Kanals**: YouTube bietet Ihnen ein Set an Elementen, die Ihren Kanal zu einem einzigartigen Erlebnis machen können. Dazu gehören Playlisten, verschiedene Sortierreihenfolgen (horizontal vs. vertikal) und der Einsatz eines speziellen Kanaltrailers, der Besuchern, die noch keine Abonnenten sind, über Vorteile eines Abonnements Ihres Kanals aufklärt. Machen Sie unbedingt von diesen Einstellmöglichkeiten Gebrauch. Wie das geht, erläutern wir ebenfalls auf den nächsten Seiten.
3. Auch die **Anwendung Ihrer CI und CD** muss definiert werden – eine einmalig definierte Gestaltung der Vorschaubilder Ihrer Videos im Vorfeld hilft, spätere Auseinandersetzungen mit Ihrer Marketingabteilung zu verhindern. Fragen über Fragen, die wir auf den Folgeseiten beantworten wollen.

Tipp

Berücksichtigen Sie die oben genannten Arbeiten bei Ihrer Planung, damit Sie nicht mit einem halbfertigen Kanal ins Rennen gehen.

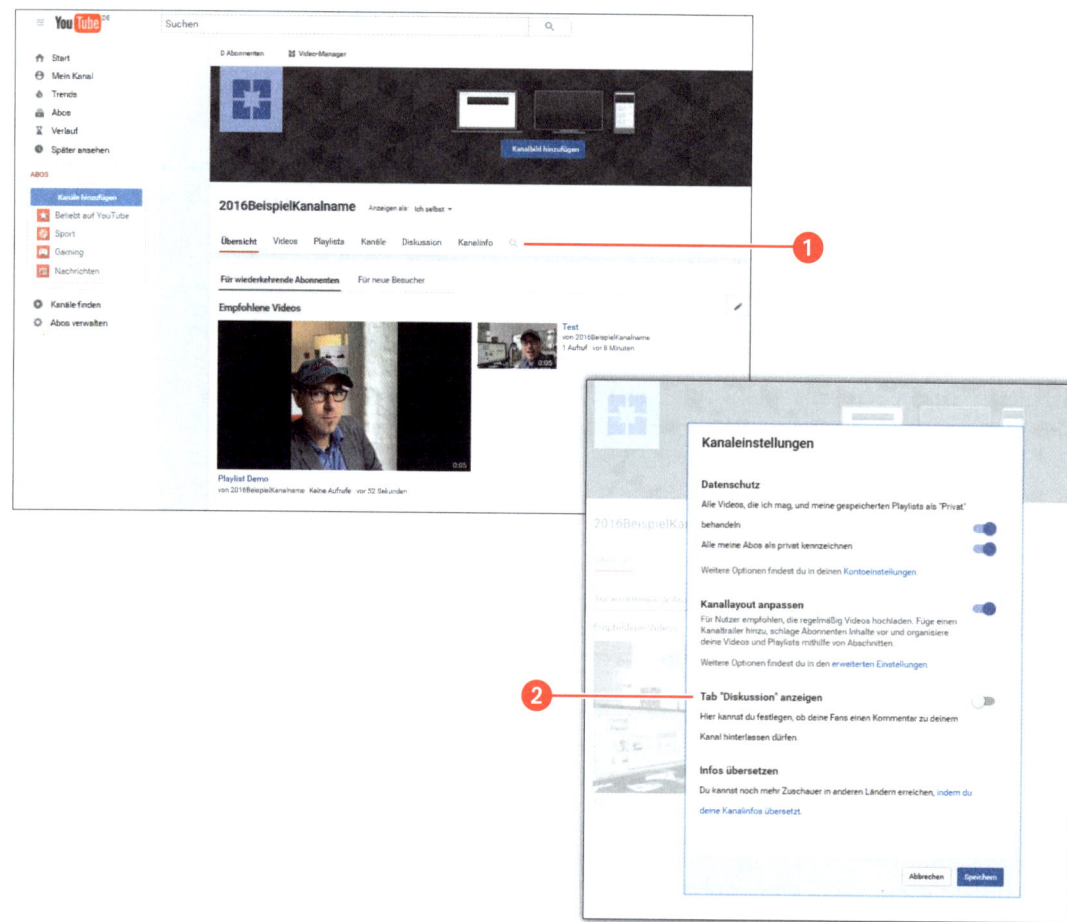

YouTube-Frontend – was ist das?

Das **Frontend** bezeichnet den für die Öffentlichkeit **sichtbaren Bereich**. Ihr YouTube-Frontend – also Ihr gesamter YouTube-Kanal – besteht aus der Kanalstartseite (der »Übersicht«) und weiteren Unterseiten. Einige können Sie anpassen, andere nicht. Folgende **Unterseiten** können als Tabs erreichbar gemacht werden ❶:

Übersicht: Die Kanalübersicht ist die Startseite Ihres Kanals. Diese Seite empfängt alle Zuschauer, die Ihren YouTube-Kanal aufrufen. Aufbau und Gestaltung dieser Seite können Sie vielfältig anpassen. Siehe dazu Details auf den Folgeseiten.

Videos: Hier finden Sie die Übersicht über all Ihre Videos. Es können Videos vom Nutzer nach Aktualität oder Beliebtheit sortiert werden. Sie können hier nichts optisch verändern.

Playlists: Auf dieser Seite können Sie eigene oder fremde Videos in Playlisten bündeln. Hier setzen Sie die thematischen Schwerpunkte Ihres Kanals und schnüren interessante »Videopakete« für Ihre Zuschauer.

Kanäle: Hier sollten thematisch passende oder weitere eigene Kanäle verlinkt werden. Sie können andere YouTuber empfehlen.

Diskussion: Sie können entscheiden, ob Sie diesen Reiter nutzen wollen, dies geht über die erweiterten Einstellungen ❷. Hier können Nutzer Fragen und Anmerkungen hinterlassen – ein sehr nutzerfreundliches Feature, das auch Transparenz und Offenheit Ihres Unternehmens widerspiegelt.

Kanalinfo: Hier liefern Sie Ihrem Nutzer alle relevanten Informationen über Ihren Kanal. Die Inhalte dieser Unterseite sind wichtig für Ihre Auffindbarkeit bei Google und YouTube.

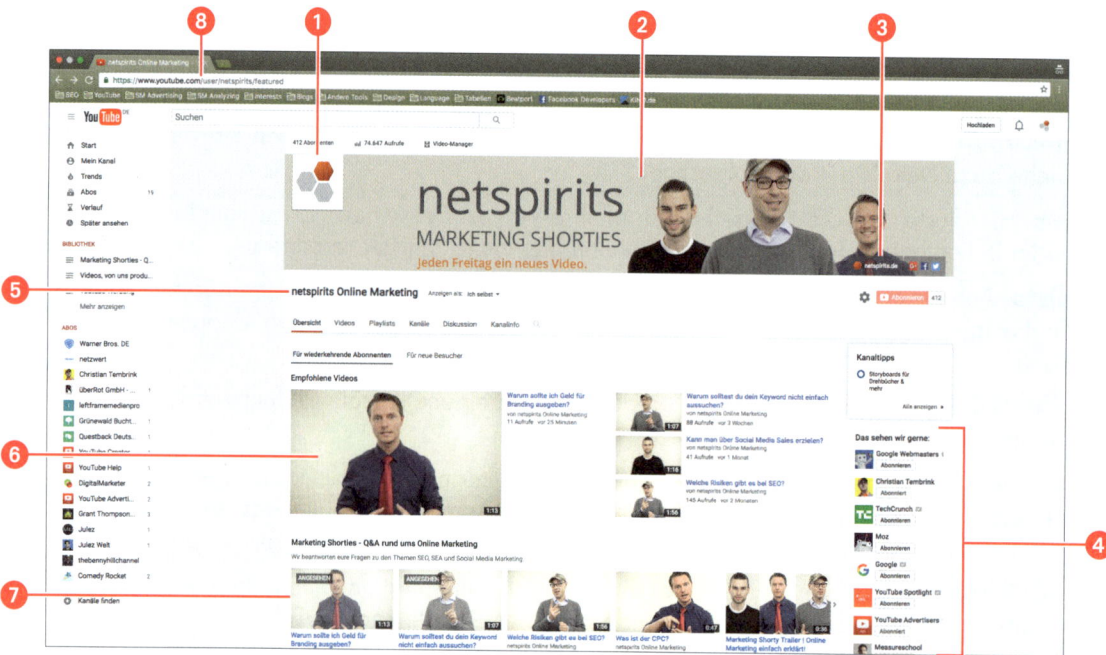

Gestalten Sie die Elemente auf Ihrer Übersichtsseite

Links sehen Sie, welche Elemente auf Ihrer **Kanalstartseite angepasst** werden können. Zu allen änderbaren Elementen Ihres YouTube-Kanals werden Sie auf den Folgeseiten exakte **Detailanleitungen** erhalten. Diese Übersicht gibt Ihnen einen ersten Gesamtüberblick über die Elemente des Kanals: Welches Element heißt wie, und wo ist es platziert?

Individualisierbare Elemente für die Gestaltung Ihres YouTube-Kanals sind:

❶ Kanalsymbol

❷ Kanalbild

❸ Verlinkungen

❹ Angesagte Kanäle

❺ Kanalname

❻ Kanaltrailer (sowohl einen für Abonnenten als auch einen für Noch-nicht-Abonnenten)

❼ Playlists

❽ Kanal-URL (erst ab 100 Abonnenten zu vergeben)

> **Tipp**
>
> Wie Sie welches Element nutzen können und welche Einstellungen sinnvoll sind, verraten wir Ihnen auf den Folgeseiten zu jedem einzelnen Element. Richten Sie Ihr Augenmerk zum Start also nicht nur auf die zu erstellenden Videos. Überlegen Sie vorab auch, wie Sie Aufbau und Gestaltung Ihrer Kanalübersichtsseite auf die **Erwartungen Ihrer Zielgruppe** ausrichten können.

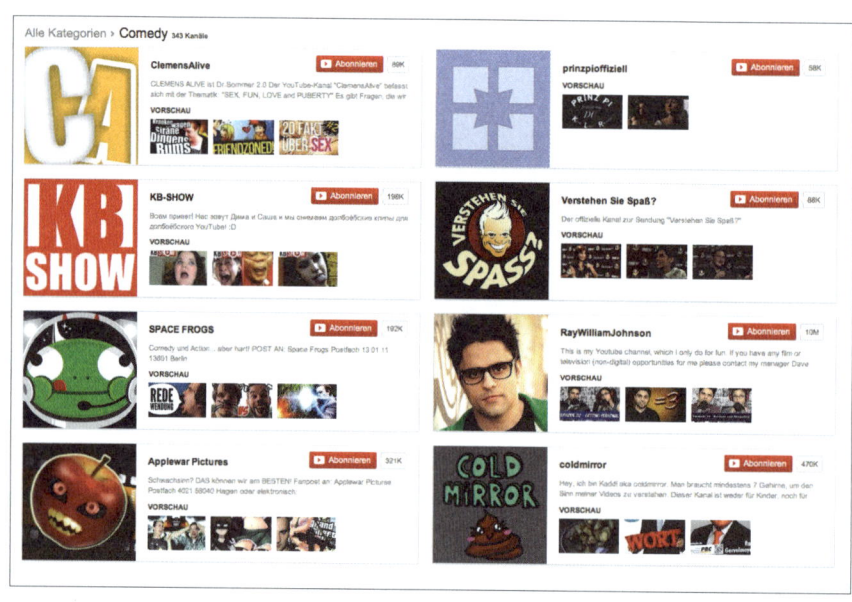

So vergeben Sie das optimale Kanalsymbol

Ihr **Kanalsymbol** ist mit einem **Markenstempel** für YouTube vergleichbar, mit dem Sie Videos, Kommentaren und Ihrem Kanal eine individuelle Note geben. Sie können das Kanalsymbol ändern, indem Sie in Ihrem Kanal einfach oben links darauf klicken und der Menüführung folgen. Ihr Kanalsymbol wird an folgenden Stellen innerhalb von YouTube sichtbar:

- Oben links auf der Übersichtsseite und allen Unterseiten Ihres YouTube-Kanals
- Wenn Ihr Kanal in den YouTube-Suchergebnissen erscheint
- Neben Kommentaren, die Sie unter YouTube-Videos hinterlassen
- Unter jedem Ihrer Videos, wenn diese abgespielt werden
- Als klickbares Wasserzeichen, das in all Ihren Videos wahlweise eingebunden werden kann

Wir empfehlen Ihnen, das Kanalsymbol in einer Größe von **800 x 800 Pixeln** anzulegen. Speichern Sie die Grafik im JPG-, GIF-, BMP- oder PNG-Format mit einer maximalen Dateigröße von 1 MB. Achten Sie aufgrund der kleinen Darstellung auf gute Lesbarkeit und vermeiden Sie zu kleine Schriften und Elemente.

Verwenden Sie ein einfach wahrnehmbares Symbol, z.B. Ihr Logo. Experimentieren Sie mit unterschiedlichen **Darstellungsvarianten**, wie z.B. quadratischen oder runden Formaten, die mit 98 x 98 Pixeln gerendert werden. Prüfen Sie anschließend auf allen Gerätetypen, ob die Inhalte z. B. auch auf Smartphones gut sichtbar sind. Hier finden Sie Infos zu **Vorlagen** und Anforderungen an das Kanalsymbol: *https://goo.gl/KuZhJk*.

❶

❷

Das Kanalbild – das Schaufenster Ihres Kanals

Das **Kanalbild** ist das Erste, was Besuchern Ihres Kanals ins Auge fällt. Durch die prominente Platzierung steht und fällt Ihr erster Eindruck beim Besucher. Legen Sie mit einem für alle Endgeräte optimierten Kanalbild den wichtigsten Grundstein für Ihren professionellen YouTube-Auftritt. Zwar haben Sie bei der grafischen Darstellung freie Hand, folgende Wegweiser sollten Sie dennoch berücksichtigen:

Rücken Sie Ihre Leistung, den Nutzen für den Betrachter oder Ihre Marke in den Vordergrund ❶. Verleihen Sie Ihrem YouTube-Kanal einen **individuellen Gesamtlook**. Bei der Erstellung des Kanalbilddesigns sollten Sie darauf achten, passende Farben und Gestaltungselemente zu verwenden. Platzieren Sie z. B. Ihre Marke, Ihren Kanalnamen, die Kanal-URL oder den **Slogan** prominent auf dem Titelbild.

Das Hervorheben von Informationen und Details kann die **Aufmerksamkeit** beim Publikum erhöhen. Die Beispiele links zeigen Ihnen unterschiedliche Schwerpunkte in Kanalbildern. So können Sie auch Ihre **Kontaktinformation** in das Titelbild integrieren. Dies lenkt die Wahrnehmung beim Betrachter auf die Kontaktaufnahme (**Telefonnummer**). Alternativ können Sie eine aktuelle Sendung oder ein Produkt in den Vordergrund der Kanalgrafik stellen ❷. Auch einzelne **Produktabbildungen** und Beschreibungstexte sind integrierbar. Dadurch wird beim Betreten Ihres Kanals ein besonderer Fokus auf die **hervorgehobene Information** gelegt.

Achtung: Testen Sie die **Lesbarkeit** immer auch auf den kleineren Smartphone-Displays – damit stellen Sie sicher, dass Nutzer aller Geräte Ihre Botschaften gut lesen können!

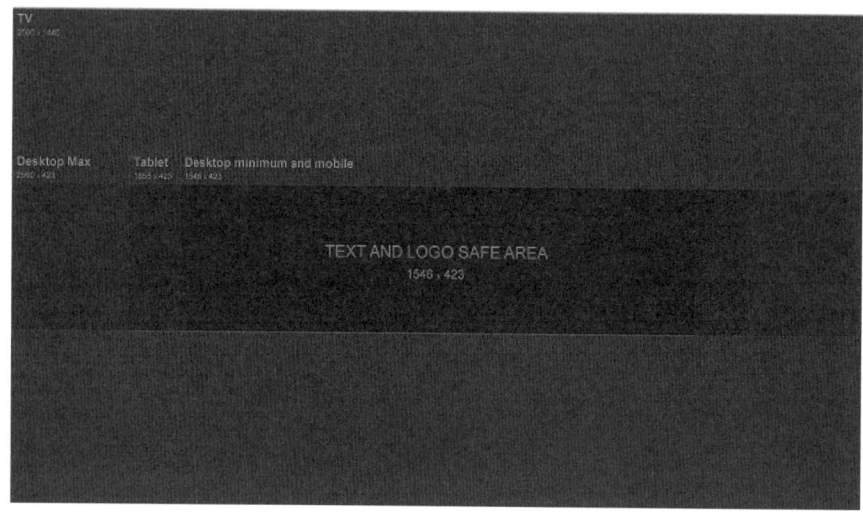

So gestalten Sie das optimale Kanalbild

Ihr **Kanalbild** sollte in einer Auflösung von 2.560 x 1.440 Pixeln angelegt werden. So stellen Sie – geräteübergreifend auf Fernsehgeräten, Desktop-Computern und auch Smartphones – eine optimale Darstellung sicher. Verwenden Sie als **Dateiformat** JPG, GIF, BMP oder PNG und speichern Sie die Datei nicht größer als mit 2 MB ab.

Die Abbildung links zeigt die sichtbaren Bereiche in Abhängigkeit von verschiedenen **Bildschirmformaten**. Die wichtigsten Informationen zu Ihrem Kanal (Rufnummer, Slogan, Logo etc.) sollten Sie im mittleren Bereich platzieren. Dieser **Sicherheitsbereich** im Titelbild (1.546 x 423 Pixel) ist auch in kleinster Anzeigevariante auf Smartphones sichtbar. Nutzen Sie diese Fläche also, um die zentralen Botschaften zu vermitteln.

Achten Sie bei der Erstellung auf gute **Lesbarkeit** und vermeiden Sie zu kleine Schriften und Bilder. Sie werden auf mobilen Endgeräten schnell unlesbar. Testen Sie abschließend Ihr Erscheinungsbild auf mehreren Geräten. Stehen Ihnen nicht alle Gerätetypen für Ihren Test zur Verfügung, hilft z.B. die Software Opera Mobile Generator, mit der Sie unterschiedliche Aufrufformate simulieren können.

Ein Tipp zum Schluss: Halten Sie sich an die **Community Guidelines** von YouTube. Verwenden Sie keine urheberrechtlich geschützten Abbildungen von Prominenten, künstlerische Darstellungen, für die Sie keine Nutzungsrechte haben, oder pornografische Inhalte in Ihrem Kanalbild. YouTube kann Ihren YouTube-Channel mit sofortiger Wirkung löschen.

Mehr Tipps für die **Gestaltung** Ihres Kanalbilds unter: *https://goo.gl/mTsr93*.

Verknüpfte Website

Teile uns mit, wenn dein Kanal mit einer anderen Website verknüpft ist. Dadurch können wir die Qualität unserer Suchergebnisse verbessern und deinen Kanal als offizielle Darstellung deiner Marke auf YouTube bestätigen.

http://www.netspirits.de   Hinzufügen

Verlinken Sie Ihre Webseite und Social-Media-Profile

Im rechten Bereich Ihres YouTube-Titelbilds können Sie **Verlinkungen** zu Ihrer Website, Ihren Social-Media-Profilen oder Ihren Blogs einsetzen (diese Links sind auf mobilen Endgeräten nicht sichtbar). Um die angezeigten Links zu bearbeiten, klicken Sie in Ihrem Titelbild auf das Stiftsymbol ❶ – hier können Sie die Links bearbeiten und festlegen. Sofern Sie eine Webseite besitzen, nehmen Sie in jedem Fall eine Website-Verlinkung vor. Lesen Sie hierzu unbedingt auch die Hinweise zur **Impressumpflicht** im Abschnitt »Die Impressumpflicht bei YouTube« auf Seite 357.

Der Nutzer hat über die Links die Möglichkeit, zu Ihrer **Homepage** oder einem **Angebot** auf Ihrer Webseite zu gelangen. Sie können als Linktext zu Ihrer Seite z.B. »Zur Webseite«, »Zum Onlineshop« oder eine beliebige andere Beschreibung einsetzen. Ihnen stehen dazu maximal 30 Zeichen zur Verfügung.

Bedenken Sie also vorab, wie Sie Ihren YouTube-Kanal mit Ihren anderen Internetpräsenzen und Angeboten verlinken. Welche **Interaktionsziele** verfolgt Ihr Kanal dabei? Soll YouTube Ihrem Facebook-Auftritt zu neuen Fans verhelfen? Oder möchten Sie Ihren YouTube-Traffic lieber auf Ihre Webseite lenken?

> ### Tipp
> Stellen Sie eine Verknüpfung zwischen Ihrem YouTube-Kanal und Ihrer Webseite her: Legen Sie die angezeigten Links in Ihrer Kanalgrafik so an, dass das Ziel Ihres YouTube-Kanals unterstützt wird (z.B. direkter Link zum Shop, Link auf Terminvereinbarung, Link zu XING, Facebook, Twitter, zur Abo-Funktion von YouTube etc.).

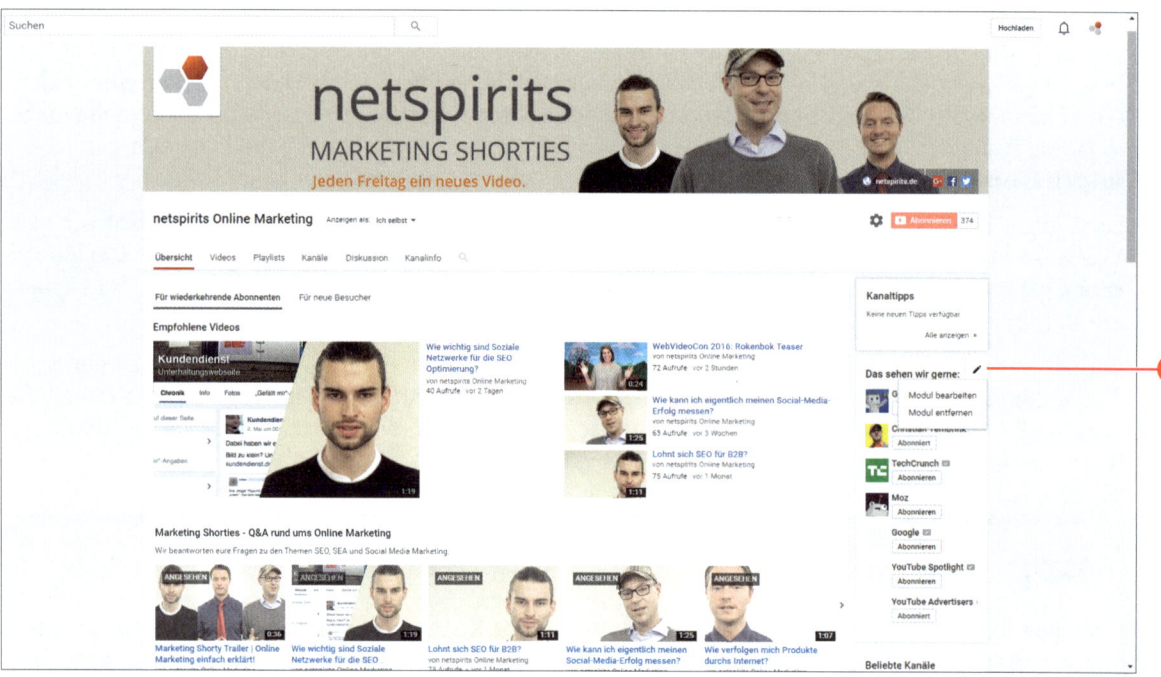

Andere Kanäle verlinken und empfehlen

Im rechten Bereich Ihrer YouTube-Kanalstartseite integriert YouTube automatisch **ähnliche andere Kanäle**. Diese Vorschläge basieren auf den Beschreibungstexten, Angaben auf Ihrer »Über-uns-Seite« ebenso wie auf den Titeln, Beschreibungen und Inhalten Ihrer eigenen Videos. Im schlimmsten Fall kann es passieren, dass der YouTube-Algorithmus entscheidet, hier sogar Kanäle der Konkurrenz zu empfehlen. Da Sie dies sicher nicht wollen, empfehlen wir Ihnen die »**angesagten Kanäle**« selbst zu definieren und diese Entscheidung nicht YouTube zu überlassen.

Dies können Sie tun, indem Sie die »Vorschlagsbox« ❶ bearbeiten und darin selbstbestimmt Kanäle auswählen, die fortan Benutzern dort präsentiert werden.

Einerseits können Sie andere erfolgreiche YouTuber kontaktieren und ihnen vorschlagen, sich dort gegenseitig zu verlinken. Andererseits können Sie für Ihre Branche wichtige Kanäle und weitere Kanäle Ihres Unternehmens präsentieren. Damit bietet das Element »Weitere Kanäle« die Möglichkeit der **gegenseitigen Vernetzung** mit anderen erfolgreichen YouTube-Kanalbetreibern, und Sie haben die Chance, durch richtige Auswahl Ihrem Publikum zu zeigen, welche Inhalte Ihr Unternehmen selbst ansieht bzw. für ansehenswürdig erachtet.

Tipp

Verhindern Sie, dass YouTube rechts in Ihrem Kanal Wettbewerber-Kanäle auflistet, indem Sie selbst entscheiden, welche Kanäle dort promotet werden. Machen Sie davon Gebrauch, um das Erlebnis Ihrer Besucher bei Aufruf Ihres Kanals optimal zu gestalten und ein Abwandern zur Konkurrenz zu verhindern.

Vergeben Sie einen guten Kanalnamen

Neben dem Kanalbild ist der **Kanalname** ein weiteres wichtiges Element Ihres Kanals. Der Kanalname verrät Ihren Besuchern, wer Sie sind und was Sie machen und anbieten. Auch für die **Auffindbarkeit** Ihres Kanals spielt der Name eine Rolle. Wählen Sie daher Ihren Kanalnamen mit Bedacht aus!

Der Kanalname kann z.B. der Name Ihres Unternehmens sein oder **frei gewählt werden**. Hierzu ein Beispiel: Heißt Ihr Unternehmen Meier GmbH, sollten Sie zusätzlich noch im Kanalnamen ergänzen, was Ihr Unternehmen anbietet (z.B. Meier-Grillfleisch-Rezepte). Links sehen Sie, dass wir unseren Kanal nicht einfach netspirits GmbH & Co. KG genannt haben, sondern uns für »netspirits Online Marketing« entschieden haben. Das dient der verbesserten Auffindbarkeit bei relevanten Suchanfragen wie z.B. »Online-Marketing-Agentur« etc.

Sie können den Kanalnamen zwar **jederzeit ändern**, sollten dies aber nicht zu häufig tun. Versuchen Sie, den Namen so zu wählen, dass Nutzer schnell verstehen, wer Sie sind und was Sie bieten.

Berücksichtigen Sie, dass Ihr Kanalname in den YouTube- und Google-**Suchergebnissen** auftauchen wird, er erscheint in den Suchergebnislisten als blaue Überschrift. Internationale Unternehmen mit mehreren YouTube-Kanälen können mit dem Kanalnamen verraten, für welche Zielgruppe der Kanal steht. Ein Beispiel für die Kanalnamenvergabe bei mehreren YouTube-Präsenzen für unterschiedliche Sprachräume wäre:

- Meier-Grillfleisch-Versand Deutschland
- Meier BBQ Meat Shop UK
- Meier BBQ Meat Shop US

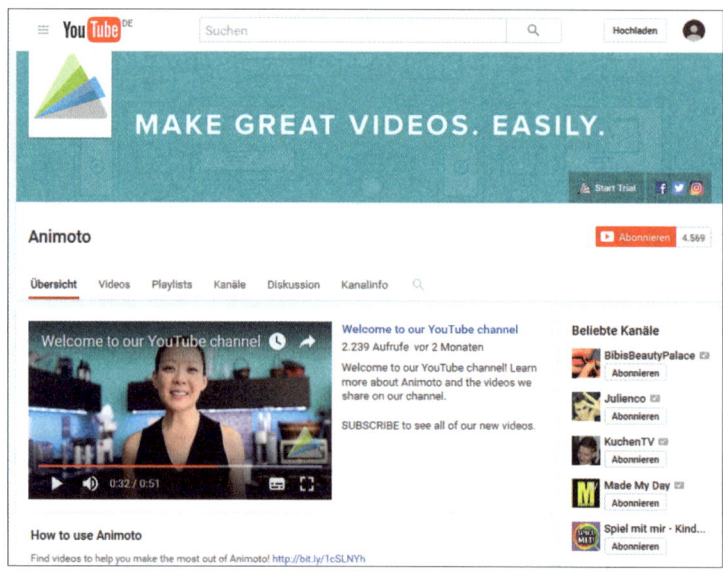

Ihr Kanaltrailer – wichtiges Welcome-Element

Der Kanaltrailer ist wie das **Eingangsschild** zu Ihrem Geschäft, das Besucher empfängt. Der Kanaltrailer wird ganz **oben in Ihrem Kanal** angezeigt und ist allein durch die Größe der Darstellung ein gutes Mittel, um ein Video bzw. eine Message ganz klar in den Fokus zu rücken. Sie sollten dabei unterschiedliche Varianten einsetzen: Ist der Besucher bereits Abonnent Ihres Kanals, kann eine andere Trailerversionen abgespielt werden, als wenn sie ihn erst noch als Abonnenten gewinnen wollen.

Es steht Ihnen frei, ob Sie nur eine Version oder **zwei Versionen** anlegen. Eine wäre **für Nicht-Abonnenten** und damit speziell **für neue Besucher**, die Ihren Kanal noch nicht kennen. Darin sollten Sie die Vorteile und **Mehrwerte Ihres Kanals hervorheben** und dem Zuschauer damit Argumente für ein Abonnement Ihres Kanals vorstellen. Als zweiten Trailer für Zuschauer, die bereits Abonnenten sind, können Sie einen weiteren Trailer anlegen. Das kann z.B. stets Ihr neustes Video sein oder spezielle Vorteile, die Sie nur an Abonnenten kommunizieren wollen.

> **Tipp**
>
> Zeigen Sie Nutzern, die noch nicht Abonnent Ihres Kanals sind, worum es auf Ihrem Kanal geht. Weisen Sie auf die Vorteile eins Abonnements hin. Dies steigert Ihre Abonnentenzahlen, wodurch Sie eine wachsende Fanbase aufbauen und Ihrem Kanal auch Ranking-Vorteile verschaffen. – Besuchen Sie den Kanal von Jamie Oliver unter *www.youtube.com/user/JamieOliver*. Dieser Kanaltrailer zeigt Ihnen, wie Sie neue Abonnenten generieren können.

Neueste Videos

FREIKARTEN dmexco 2013 OS Party - 10 Tickets gewinnen!
vor 1 Tag · 196 Aufrufe
netspirits nimmt DICH mit!
Die OS-Party zur dmexco 2013 rockt am 18.09. die...

Gute Werbung bei Youtube schalten
vor 2 Monaten · 4.179 Aufrufe
netspirits Online Marketing Agentur:
http://www.netspirits.de...

Die YouTube Stars von morgen?!
vor 6 Monaten · 204 Aufrufe
Seht ihr hier die YouTube Stars von morgen ?!...

Facebook Markting Tipps von Social Media Experten
vor 1 Jahr · 355 Aufrufe
Facebook Marketing ist der ideale, soziale Nährboden für die Gewinnung neuer Kunden. Der...

Youtube Video Marketing Tipps
vor 1 Jahr · 981 Aufrufe
Warum ist YouTube Video Marketing wichtig? In diesem Video erklärt Youtube Experte Hendrik U...

Google Adwords Remarketing Profi Julian
vor 2 Jahren · 675 Aufrufe
Remarketing Kampagnen werden von unserem Google Adwords Profi Julian speziell auf Kunden a...

Positive Bewertungen

Stellenangebote Marketing Köln - Jetzt bewerben!
von Christian Tembrink · 284 Aufrufe
CC

Youtube Video Marketing Tipps
von netspirits · 981 Aufrufe

Suchmaschinenmarketing Agentur Köln - netspirits
von netspirits · 14.454 Aufrufe

Verse iTal - "Selassie I"
von Verse iTal · 12.544 Aufrufe

Ijahman Levi
von Bwoy Ruff · 280.998 Aufrufe

Wie Sie Playlisten in der Übersicht nutzen

Playlisten helfen Ihnen, **Struktur** in Ihre Veröffentlichungen zu bringen. Mit der Anzeige von Playlisten bieten Sie Zuschauern eine geordnete Videosortierung auf der Startseite Ihres Channels an. Sofern Sie bereits einige Videos produziert und in Playlisten sortiert haben (siehe auch den Abschnitt »Mit Playlisten Struktur schaffen und auffindbar werden« auf Seite 245), können Sie diese Playlisten auf Ihrer Startseite anzeigen lassen.

Hierzu können Sie auf Ihrer Kanalübersicht Ihre eigenen Playlisten als sogenannte Abschnitte bzw. Bereiche integrieren. Wie das funktioniert, erfahren Sie auf den nächsten Seiten.

Die **Anzahl** und **Reihenfolge** von Playlisten auf Ihrer Startseite können Sie völlig beliebig festlegen – wahlweise können Sie einzelne oder mehrere Playlisten z. B. mit neusten Videos, beliebten Videos, speziellen Videothemen oder Playlisten nach Schlagwörtern sortiert auf Ihrer Kanalstartseite hervorheben.

Die Ansicht einer Playlist auf Ihrer Startseite kann dabei als **vertikale** oder als **horizontale** Leiste eingerichtet werden (siehe Abbildungen links). Bei einer vertikalen Liste können bis zu sechs Videos nebeneinander dargestellt werden. Ergänzend zum Videovorschaubild werden der Videotitel, die **90 ersten Zeichen** der Videobeschreibung, der Uploadzeitpunkt und die Anzahl der Aufrufe angezeigt.

Bei einer horizontalen Leiste werden beliebig viele Videos in einem horizontalen Slider-Band angezeigt. Gleichzeitig sind bis zu fünf Videos in der Startansicht der horizontalen Leiste sichtbar. Zu jedem Video werden dabei ergänzend Videotitel, Kanal sowie Uploadzeitpunkt angezeigt. **Testen Sie** einfach, was für Ihren Kanal am besten passt.

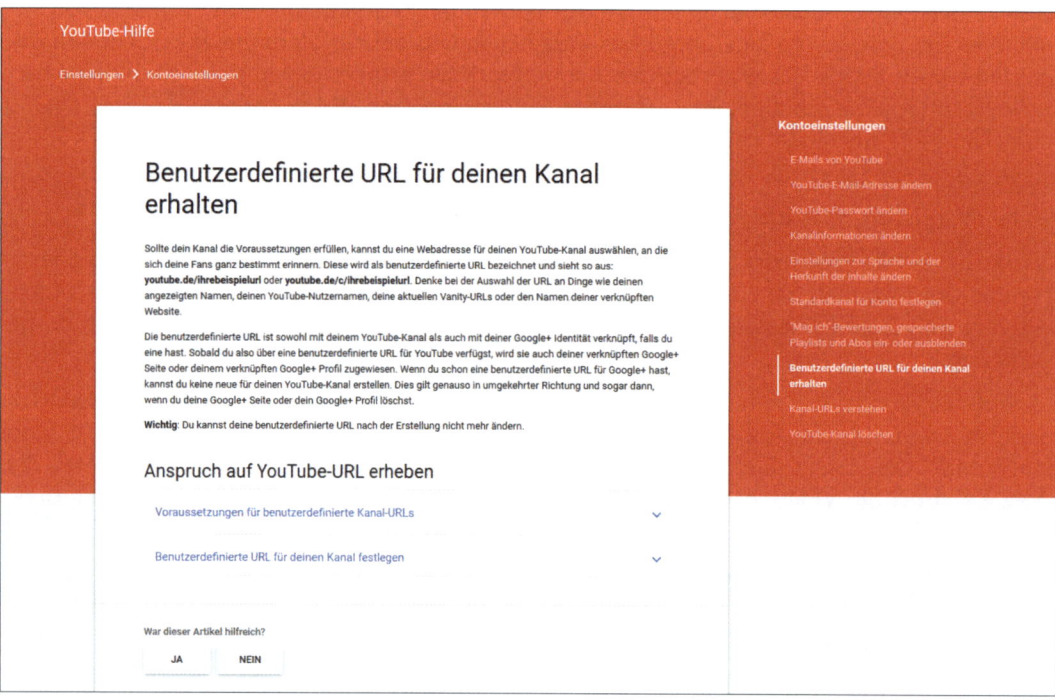

Die Kanal-URL kann nur einmal festgelegt werden

Bei einem neu angelegten YouTube-Kanal sieht die **URL zum neuen Kanal** beispielsweise so aus: *https://www.youtube.com/channel/UCK1rtXN0GbY0-X7C6ikzqvA*.

Die lange Zahlen- und Buchstabenkombination am Ende der URL ist die ID Ihres Kanals. Wollen Sie den Kanal an Ihre Kunden kommunizieren, ist eine solch kryptische URL nicht gut geeignet. Daher bietet es sich an, eine sogenannte **Custom-URL** (benutzerdefinierte URL) zu nutzen, die dann so aussieht: **youtube.com/IhrName**.

War es vor einigen Jahren noch möglich, direkt eine **Custom-URL** festzulegen, geht dies heutzutage erst, nachdem der Kanal **mehr als 100 Abonnenten** gesammelt hat, der Kanal älter als 30 Tage ist und sich im einwandfreien Zustand befindet. Da diese Kanal-URL **nur einmal festgelegt** werden kann und anschließend nicht mehr veränderbar ist, sollten Sie gut überlegen, welche Logik Sie hier anwenden. Gerade internationale Unternehmen können mit der Kanal-URL dafür sorgen, dass hier z. B. klar wird, welche Sprache der Kanal bedient.

So setzt die Bayer AG das z. B. so um:

Deutschsprachiger Kanal: *https://www.youtube.com/user/BayerAustria*
Internationaler Kanal: *https://www.youtube.com/user/BayerTVinternational* usw.

> ## Tipp
>
> Die von YouTube vorgegebenen Bedingungen für die Nutzung einer Custom-URL können Sie umgehen, indem Sie Ihren Kanal mit Ihrer Webseite verknüpfen (siehe Abschnitt »Verknüpfung Ihres Kanals mit anderen Diensten« auf Seite 133).

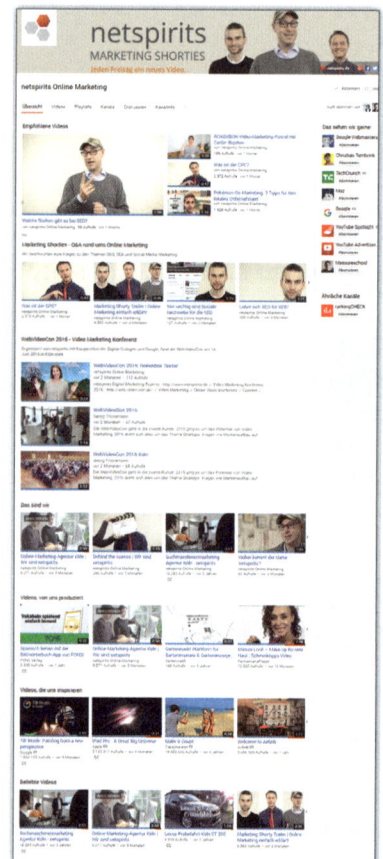

Vorhang auf: Machen Sie Ihre Startseite zum Star

Nun kennen Sie die Elemente, mit denen Sie Ihrer Startseite auf YouTube zu einem professionellen Eindruck verhelfen. Als Leitlinie für die Zusammenstellung und Gestaltung der **Startseitenelemente** gilt die Regel: Das **finale Gesamtwerk** muss am Ende optimal auf Ihre **Zuschauer** zugeschnitten sein. Je klarer Sie Ihre Inhalte strukturieren, desto zielgerichteter prägen Sie den ersten Eindruck beim Publikum.

Verraten Sie mit Ihrem **Kanalnamen** und Ihrem **Kanalbild**, wer Sie sind und was der Zuschauer bei Ihnen auf YouTube erwarten kann. Strukturieren Sie Inhalte gut verständlich in **Playlisten**, die sich am Nutzerinteresse orientieren. Zeigen Sie neuen Besuchern mit einem **Kanaltrailer** für Nicht-Abonnenten, welche Vorteile ein Abonnement Ihres Kanals mit sich bringt.

Zu guter Letzt haben Sie die Möglichkeit, auf Ihrer Kanalstartseite noch weitere **Kanalabschnitte** anzuzeigen. Das können eigene Videoplaylists, Ihre zuletzt positiv bewerteten Videos oder verknüpfte YouTube-Kanäle sein. Oder Sie heben Ihre neuesten Videos, Veranstaltungen oder **Live-Streams** in einem Kanalabschnitt hervor.

Das Ziel beim Einrichten von Abschnitten ist, Ihre Videos für die Zuschauer gut sortiert anzuzeigen und klarzustellen, in welcher Richtung Sie sich auf YouTube engagieren. Alles, was Ihnen hilft, sich als Experte und Fachmann für ein Thema darzustellen, ist erlaubt! Vermeiden Sie eine **Überladung** Ihrer Startseite mit zu vielen Abschnitten. Das kann zur Überforderung des Users führen. Optimal sind fünf bis acht Abschnitte. Durch den Einsatz von aktuellen und relevanten Videos können Sie den Klickappeal Ihrer Startseite stärken und dafür sorgen, dass Nutzer viele Ihrer Videos ansehen.

Links zeigen wir Ihnen als Inspiration drei verschiedene Arten von Übersichtsseiten.

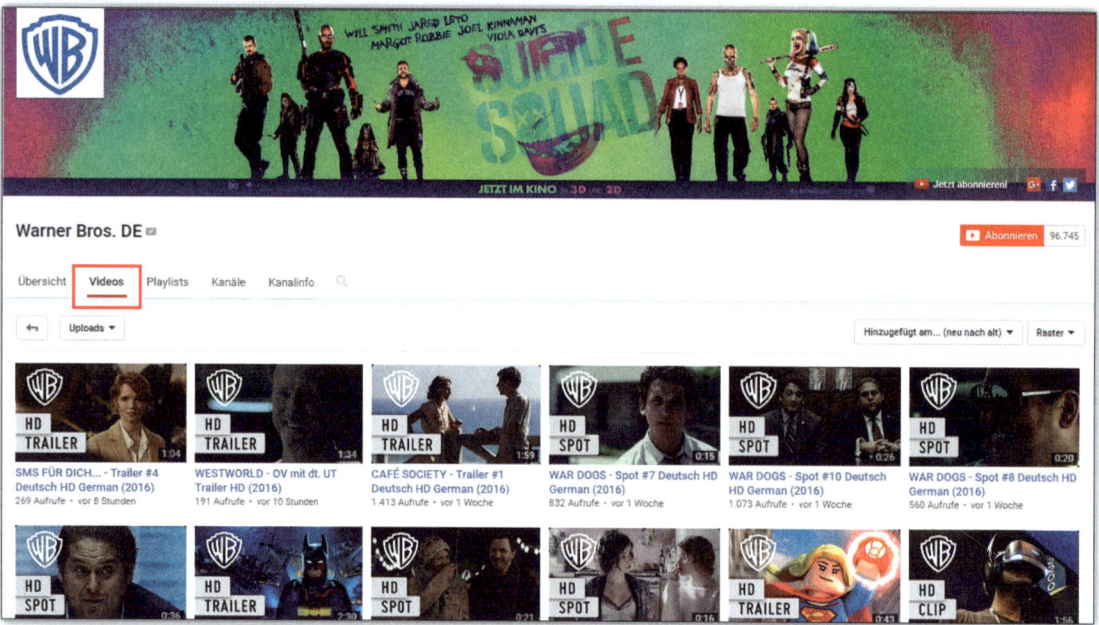

Kanal-Navigationstab »Videos« richtig konfigurieren

Im Bereich »Videos« sehen Ihre User **alle Videos Ihres Kanals** auf einen Blick. Hier werden Ihre Filme in einer Gesamtübersicht chronologisch aufgelistet. Diese Seite ist wichtig, damit Ihr Publikum einen guten Überblick über Ihre Filme erhält.

Die **Ansicht Ihrer Videos** auf dieser Seite generiert YouTube automatisch, daher können Sie die Übersicht Ihrer Videos auf der Seite nur indirekt beeinflussen. Verwenden Sie eine transparente Titelstruktur für Ihre Videos, damit die Nutzer schnell verstehen, welches Video zu welchem Thema gehört. Wenn Sie mehrere Folgen zu einem Thema anbieten, sollte dies aus dem Videotitel hervorgehen.

Auch die Vorschaubilder (Thumbnails) Ihrer Videos können dabei helfen, die Videos auf der Videoübersichtsseite gut zu strukturieren. Durch einen einheitlichen Stil im **Video-Thumbnail** entsteht optisch eine Ordnung. Lassen Sie eine Zusammengehörigkeit bzw. eine Serie Ihrer Videos erkennen. Setzen Sie hierfür Elemente der Wiedererkennung ein: Farbe, Branding und Position. So kann der Nutzer schnell eine Übersicht erhalten.

Achten Sie auch auf CD-Konformität: Damit es später keinen Ärger mit Ihrer Marketingabteilung gibt, sollten Sie am besten einmalig mit Ihren Kollegen ein allgemeingültiges Raster für den Aufbau und die Gestaltung von Video-Thumbnails abstimmen. Welche Farben oder Schriften dürfen die Kollegen nutzen? Was ist erlaubt und was nicht?

Haben Sie die nötigen Abstimmungen hinter sich, sollten Sie sich überlegen, wie Sie passend zu Ihren verschiedenen Videoformaten oder Themen unterschiedliche Thumbnail-Optiken anwenden können.

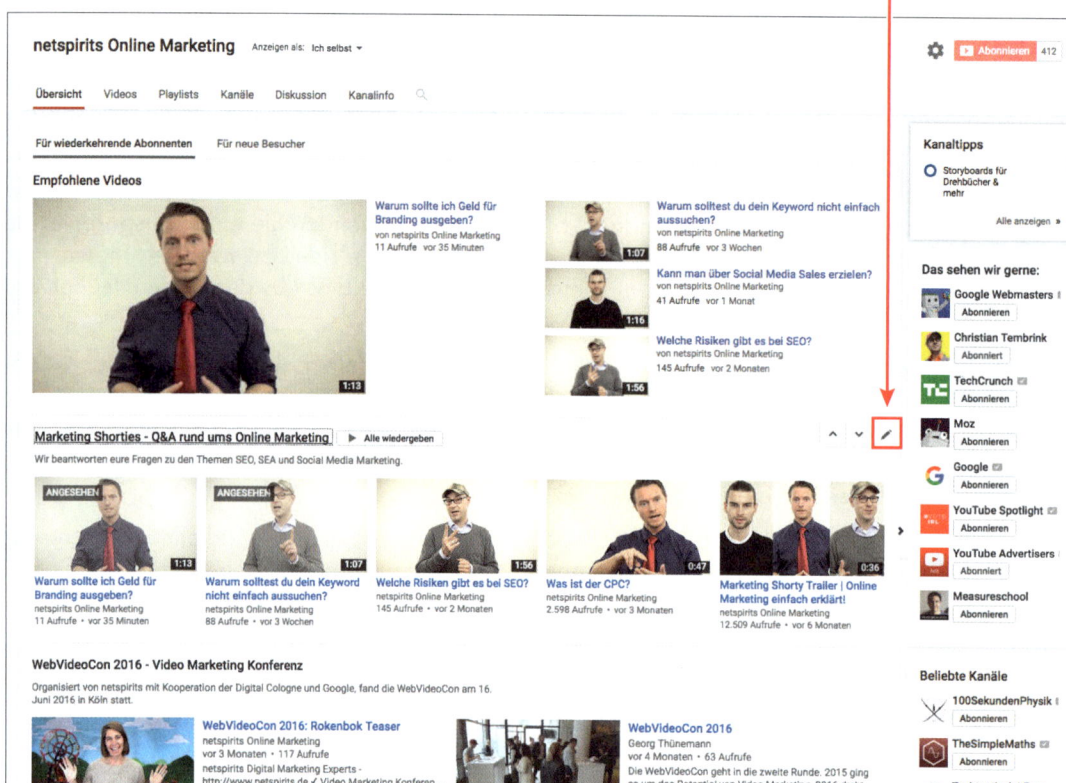

Kanal-Navigationstab »Playlists« richtig konfigurieren

Damit Sie Playlisten auf Ihrer Startseite in **Bereichen** anzeigen können, müssen Sie diese zuerst erstellen. Angelegte Playlisten werden automatisch auf der Playlist-Seite angezeigt. Sie haben auf dieser Seite nicht nur die Möglichkeit, beliebige Playlisten anzulegen und aufzulisten, sondern auch die **Darstellung** der Playlistinhalte zu beeinflussen.

Nach welcher Logik Sie Playlisten zusammenstellen können und wie der Aufbau funktioniert, erklären wir im Abschnitt »Mit Playlisten Struktur schaffen und auffindbar werden« auf Seite 245. Wichtig für die Playlist-Unterseite ist an dieser Stelle: **Strukturieren** Sie unterschiedliche Formate bzw. Content für unterschiedliche Zielgruppen in einfach und klar benannten Playlisten. Das hilft Ihrem Publikum, die Inhalte Ihrer Filme schnell zu erfassen und leicht zu den gewünschten Videos zu navigieren.

Wichtig zu wissen ist, dass Ihre YouTube-Playlisten sowohl in Google als auch in der YouTube-Suche selbst **auffindbar sind**. Es bietet sich also an, Ihre Playlisten nach Themen zu strukturieren, die gesucht werden, damit nicht nur Ihr Kanal und einzelne Videos daraus, sondern gleich ganze Playlisten auffindbar werden. Der Vorteil einer Playlist ist: Wenn diese aufgefunden wird, wird die ganze Sammlung an Filmen beim Aufrufenden abgespielt. Er wird folglich direkt eine **ganze Serie** Ihrer Inhalte ansehen können.

Tipp

Sie können Playlisten auch mit fremden Videos erstellen. Gibt es YouTube-Content, den Sie Ihren Zuschauern gern zeigen möchten, können Sie Videos von Dritten ebenfalls darin aufnehmen. Achten Sie darauf, dass zumindest der erste Clip Ihr Clip ist. Damit stellen Sie sicher, dass Menschen, die die Playlist auf Google oder YouTube entdecken, ganz sicher Ihren Film sehen, denn Playlisten starten immer mit dem ersten darin enthaltenen Video.

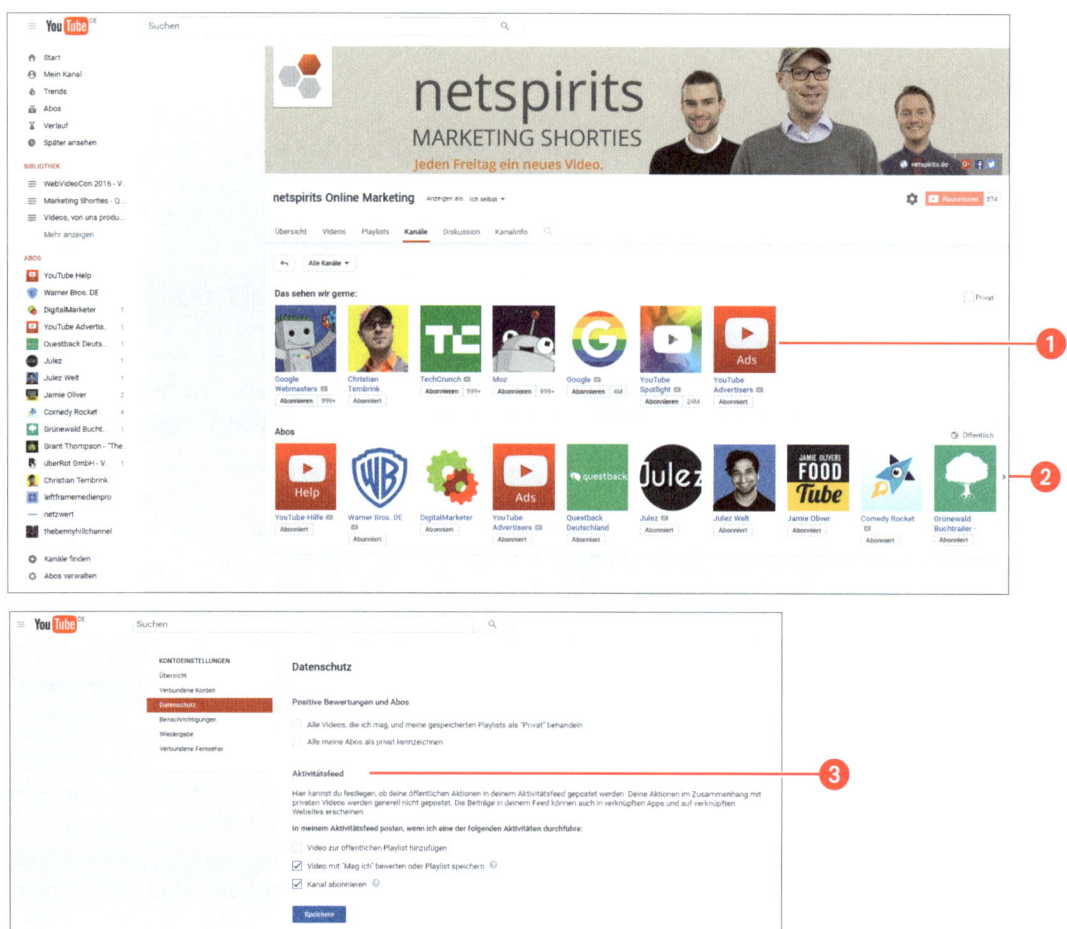

Kanal-Navigationstab »Kanäle« richtig konfigurieren

Damit auf Ihrer YouTube-Startseite durch YouTube nicht automatisch andere Kanäle abgebildet werden, haben wir Ihnen bereits weiter oben empfohlen, dort selbst **Kanäle zu empfehlen oder gegebenenfalls Vorschläge zu unterbinden** (siehe den Abschnitt »Andere Kanäle verlinken und empfehlen« auf Seite 99). Sobald Sie eine Auswahl an Kanälen getroffen haben, werden diese sowohl auf der Kanalübersichtsseite im rechten Bereich angezeigt als auch auf der Unterseite »Kanäle«. Wie links in den Grafiken erläutert, können Sie auf dieser Seite die von Ihnen vorgestellten Kanäle anzeigen ❶ und auch entscheiden, ob die Kanäle, die Sie selbst abonniert haben, hier angezeigt werden sollen ❷ – das können Sie in den YouTube-Kontoeinstellungen unter den Datenschutzeinstellungen einrichten ❸.

Tipps zur Auswahl von Kanälen, die Sie empfehlen:

- Gerade bei großen internationalen Firmen sollten hier natürlich alle eigenen Kanäle vom Unternehmen aufgeführt werden. So können unterschiedliche Kanäle für **verschiedene Sprachen** hier integriert werden.
- Auch zum **Netzwerken** und für die Zusammenarbeit mit Influencern, Partnern und Multiplikatoren kann diese Funktion und Seite genutzt werden. Vereinbaren Sie mit **passenden Partnern** eine gegenseitige Verlinkung Ihrer Kanäle auf dieser Seite. Das inspiriert Ihre Zielgruppe, zeigt, mit wem Sie kooperieren, und liefert beiden Parteien zusätzliche Besucher und Aufrufe.
- Zeigen Sie, was Sie interessiert: Kommen die beiden oben genannten Ansätze für Sie nicht infrage, können Sie auf dieser Seite Kanäle empfehlen, die Sie selbst interessieren. Das können z.B. bekannte **Wissensplattformen** für Ihre Branche sein oder anderweitige Quellen, die positive **Reputation** auf Sie abstrahlen.

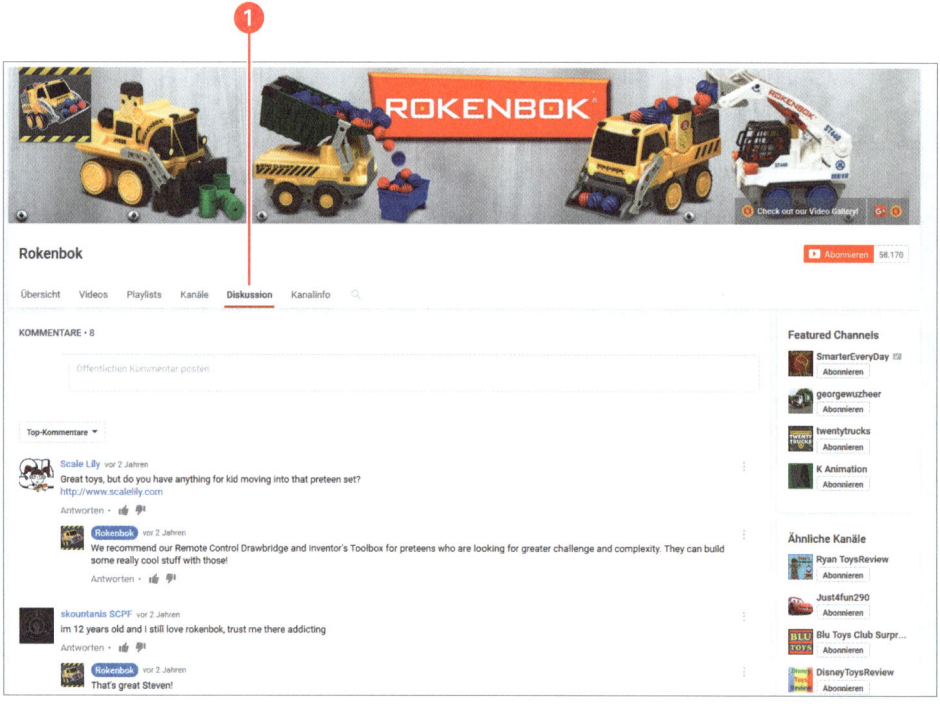

Kanal-Navigationstab »Diskussion« einbinden

Die Unterseite »Diskussion« kann **optional** eingebunden werden ❶. Hier können Nutzer **Kommentare**, Fragen und Feedback zu Ihrem Kanal hinterlassen. Sie können selbst entscheiden, ob Sie Ihren Zuschauern und Besuchern diese Funktion anbieten möchten. Unser **Tipp**: Aktivieren Sie den Diskussionstab in Ihrem Channel, um dem Zuschauer Transparenz und Glaubwürdigkeit zu demonstrieren. Dieser Bereich ist dazu gedacht, dass sich die YouTube-Community über Ihren Kanal und Ihre Inhalte austauscht und mit Ihnen eine Diskussion führt.

Ist die Funktion aktiviert, müssen Sie darauf achten, dass Sie diese Seite **regelmäßig pflegen**, Kanalkommentare lesen und **beantworten**. Ob negativ oder positiv: Kommentare, die z.B. Spam enthalten, können Sie als Spam melden, entfernen oder den Nutzer für zukünftige Kommentare sperren. Überlegen Sie dennoch genau, bevor Sie einen Kommentar löschen, der negative Kritik enthält. Die **Reaktionen** des Nutzers sind nicht zu unterschätzen, denn er kann sich in seiner freien Meinungsäußerung gestört fühlen.

Tipp

Lassen Sie nur Kommentare zu, die Sie vorher freigegeben haben. Diese Funktion können Sie in den Kanaleinstellungen konfigurieren. Es geht nicht darum, kritische Kommentare wahllos auszusortieren, denn das kann sich in der Nutzerwahrnehmung negativ auswirken. Vielmehr ist es an dieser Stelle wichtig, sich vor Spam und vulgärer Sprache zu schützen.

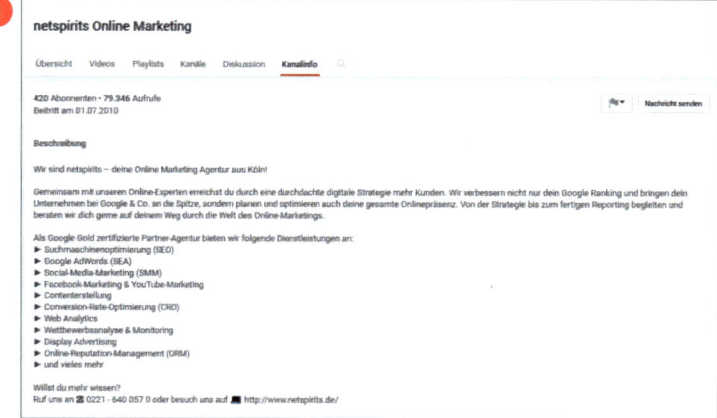

Kanalinfo – wichtig für Ihre Auffindbarkeit

Viele Unternehmen vernachlässigen die Inhalte, die auf der **Über-uns-Kanalinfo-Seite** ❶ veröffentlicht werden. Dabei hat der Inhalt **Einfluss auf die Auffindbarkeit** Ihres Kanals bei YouTube und Google. Stellen Sie hier Ihr Unternehmen und das, was Sie auf YouTube bieten, in einem Beschreibungstext von **maximal 1.000 Zeichen** vor. Geben Sie Zuschauern Auskunft über Ihren Kanal, über Ihre Videos und über den Mehrwert Ihres Contents. Auch Hintergründe zu Ihnen selbst oder Ihrem Unternehmen (Ansprechpartner, Kontaktrufnummern etc.) können Besuchern einen hilfreichen Mehrwert liefern.

Achten Sie darauf, dass die **ersten Wörter** die wichtigsten Informationen enthalten. Geben Sie hier einen kurzen und prägnanten Überblick über Ihren Kanal und über Ihre Marke. Machen Sie sich selbst interessant, indem Sie Ihrer Zielgruppe zeigen, warum gerade Ihr Kanal unter 1.000 anderen Kanälen den größten **Mehrwert** bietet.

Zudem werden die ersten 145 Zeichen des Texts auch in den **Google- und YouTube-Suchergebnissen** angezeigt, wenn nach Ihrem Kanal gesucht wird. Prüfen Sie nach Vergabe des Texts unbedingt, wie Ihr Kanal in den Suchergebnisseiten dargestellt wird, und justieren Sie notfalls nach ❷.

Verwenden Sie auch auf alle Fälle **relevante Keywords** in Ihrem Beschreibungstext für die Über-uns-Seite. Dies ist ein Rankingfaktor für Ihren Channel. Geben Sie dem Nutzer einen Grund, warum er gerade Sie abonnieren sollte. Verweisen Sie auf Uploadzeiten, insbesondere wenn Sie regelmäßige Uploads einer Serie auf Ihren Kanal hochladen. Nutzen Sie den Reiter »Links«, um im Über-uns-Bereich auf die wichtigen Rubriken Ihrer Webseite und andere Social-Media-Kanäle hinzuweisen.

Des Weiteren sollten Sie im Reiter »Details« Ihre E-Mail-Adresse eintragen, um direkt auf geschäftliche Anfragen reagieren zu können.

Watermark – Ihr interaktives Logo im Video

Das sogenannte **Watermark** bei YouTube (im Filmbereich auch als **Senderfliege** bezeichnet) ist Ihnen wahrscheinlich schon aus dem Fernsehen bekannt. Wenn Sie einen Fernsehsender einschalten, schwebt meistens oben rechts oder links im Bild das Logo des Senders. Genau das kann YouTube auch, mit dem Unterschied, dass es hier **interaktiv** nutzbar und **klickbar** ist.

Was bedeutet es, wenn Ihre Senderfliege interaktiv ist? Sobald ein Nutzer Ihr YouTube-Watermark anklickt, hat er die Möglichkeit, Ihren Kanal mit einem Klick direkt zu abonnieren. Einstellen können Sie dies, wenn Sie folgenden Link in die Adresszeile Ihres Browsers eingeben: *www.youtube.com/branding*. Hier schlägt YouTube Ihnen nun vor, ein Watermark hinzuzufügen.

Wie Sie Ihr Watermark gestalten, ist Ihnen überlassen. Eine Möglichkeit wäre das Logo Ihrer Marke, ähnlich wie im Fernsehen. Da das Watermark interaktiv ist, können Sie hier auch etwas Ausgefalleneres nutzen und beispielsweise eine **Handlungsaufforderung** wie »Hier abonnieren« einsetzen.

> ## Tipp
>
> Laden Sie als Watermark ein **transparentes PNG** hoch, damit das Video im Hintergrund nicht allzu stark vom darüberliegenden Watermark überlagert wird. Wenn Sie Handlungsaufforderungen in Textform im Watermark unterbringen, achten Sie darauf, dass diese auch gut lesbar sind.

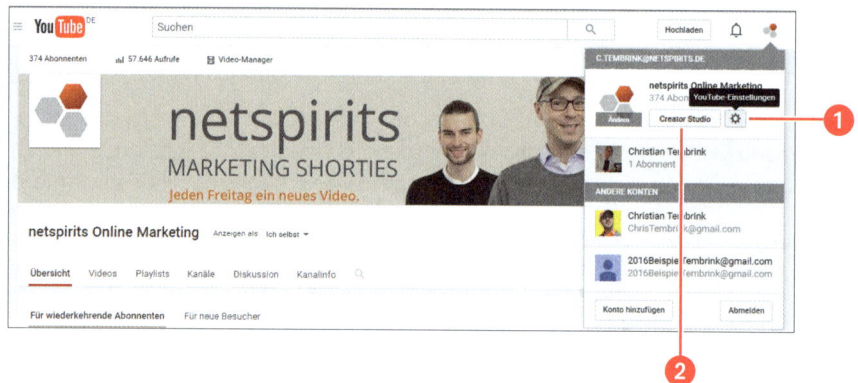

YouTube-Backend – Ihr Schaltpult im Überblick

Nachdem Sie einen Überblick über die Individualisierungsmöglichkeiten Ihres YouTube-Kanals erhalten haben, lernen Sie nun die **Benutzeroberfläche** kennen – das sogenannte **YouTube-Backend**. Da Sie in der YouTube-Hilfe unter *https://goo.gl/9Ly6ki* eine gute Dokumentation der Benutzeroberfläche finden, beschränken wir uns hier auf die Erläuterung der wichtigsten Bereiche und Funktionen, die Sie für Ihre tägliche Arbeit mit YouTube kennen sollten.

Grundsätzlich gibt es **zwei unterschiedliche Einstellungsbereiche** für Ihren YouTube-Kanal und Ihr YouTube-Konto.

- Alles, was den Inhalt und die Konfiguration Ihres Kanals und das Hochladen und Vermarkten Ihrer Videos angeht, erledigen Sie über Ihr **Creator Studio** ❶. Hier können Sie das Aussehen, die Elemente, Texte und Grafiken Ihres Kanals konfigurieren und zusätzliche Einstellungen für Ihre hochgeladenen Videos vornehmen.

- Übergeordnete Einstellungen nehmen Sie in Ihren **YouTube-Einstellungen** vor ❷. Sie können hier den Kanalnamen ändern, neue YouTube-Kanäle anlegen und Admin- sowie Datenschutzeinstellungen vornehmen. Ein Klick auf das Zahnradsymbol bringt Sie in Ihre YouTube-Kontoeinstellungen.

Schauen Sie sich beide Menüs in Ruhe an, damit Sie lernen, wo welche Einstellungen verborgen liegen. Im Folgenden beschreiben wir Ihnen die wichtigsten Menüpunkte und Funktionen der beiden Backend-Bereiche.

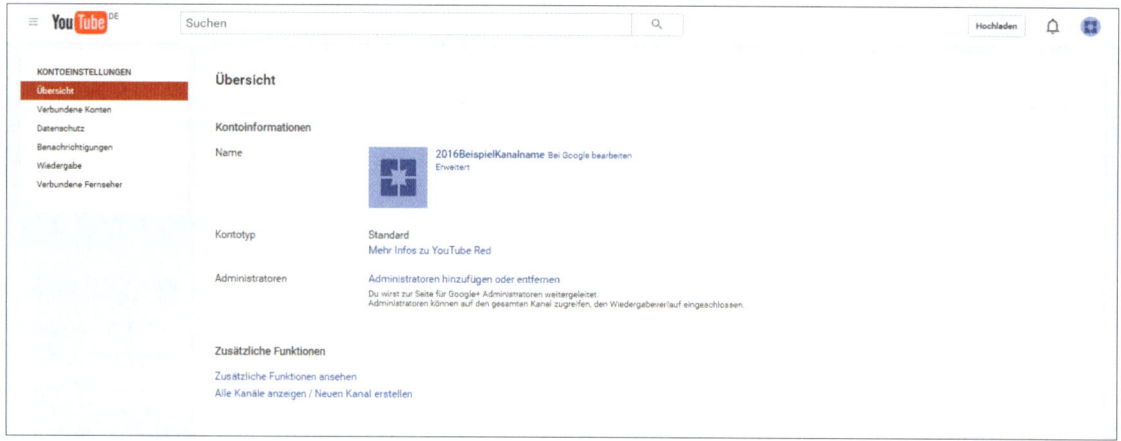

YouTube-Kontoeinstellungen

Grundlegende, weitestgehend administrative Einstellungen finden Sie in Ihren allgemeinen Kontoeinstellungen – diese erreichen Sie am einfachsten durch die Eingabe der URL *www.youtube.com/account*. Hier können Sie an folgenden Stellschrauben Ihres Kanals drehen:

- **Übersicht**: Adminrechte und Co. vergeben – Wichtig: Lesen Sie dazu auch die nächste Seite!
- **Verbundene Konten**: Hier können Sie Twitter verbinden und Videos nach jedem Upload dort automatisch teilen.
- **Datenschutz**: Hier stellen Sie ein, ob und in welchem Umfang man Ihre Aktivitäten auf YouTube nachvollziehen kann – so z.B., ob Besucher erfahren, welche Videos Ihnen gefallen bzw. welche Kanäle Sie abonniert haben. Achtung: Überlegen Sie gut, ob Sie diese Aktivitäten mit fremden Besuchern teilen wollen.
- **Benachrichtigungen**: Immer auf dem neuesten Stand bleiben! Stellen Sie hier ein, ob Sie bei Kommentaren oder Ähnlichem von YouTube informiert werden möchten. Hier können Sie den YouTube-Newsletter abonnieren, der Sie über Änderungen und Updates stets auf dem Laufenden hält.
- **Wiedergabe**: Diese Einstellungen betreffen nicht Ihren Kanal, sondern erleichtern Ihnen selbst das Anschauen von Videos. Geben Sie hier Präferenzen bezüglich Untertiteln und Anmerkungen an.
- **Verbundene Fernseher**: Sofern Sie YouTube auf Ihrem Smart-TV ansehen möchten, können Sie unter diesem Menüpunkt den Fernseher mit Ihrem YouTube-Account koppeln.

Berechtigung	Inhaber	Administrator	Kommunikationsadministrator
Administratoren hinzufügen und entfernen	✓		
Einträge entfernen	✓		
Informationen zum Unternehmen bearbeiten	✓	✓	
YouTube-Videos und Hangouts On Air verwalten	✓	✓	
Rezensionen beantworten	✓	✓	✓
Die meisten anderen Aktionen ausführen	✓	✓	✓

Administratoren- und Zugriffsrechte verwalten

Wenn Ihr Kanal wächst und gedeiht, möchten Sie eventuell neue Zugriffsrechte und Administratorenrollen vergeben, damit Sie mit mehreren Personen Zugriff auf den Kanal haben. Dies ist auch ein einfacher Weg, um Dienstleister wie Agenturen hinzuzufügen, da Sie auf diese Art Ihre Log-in-Daten nicht aus der Hand geben müssen.

Um weitere **Administratoren** hinzuzufügen, geben Sie in die Adresszeile Ihres Browsers **www.youtube.com/account** ein. Nun finden Sie im Bereich »Übersicht« den Link »Administratoren hinzufügen oder entfernen«. Navigieren Sie zu diesem Link, und schon können Sie Administratorenrollen und **Zugriffsrechte vergeben** und als Inhaber natürlich jederzeit auch entfernen. Sie können auch die Rolle »Kommunikationsmanager« vergeben: Dieser hat nur beschränkten Zugriff und darf keine Videos auf den Kanal hochladen (siehe auch die Übersicht der Google My Business-Hilfe links).

Tipp

Wenn Sie in Ihrem Browser www.youtube.com/account eingeben und gleichzeitig in Ihrem YouTube Account eingeloggt sind, können Sie direkt weitere Nutzer für den Zugriff auf Ihren Kanal einladen. Vergeben Sie, wenn möglich, nicht zu viele Administratorrollen, um die volle Kontrolle über Ihren Kanal zu behalten.

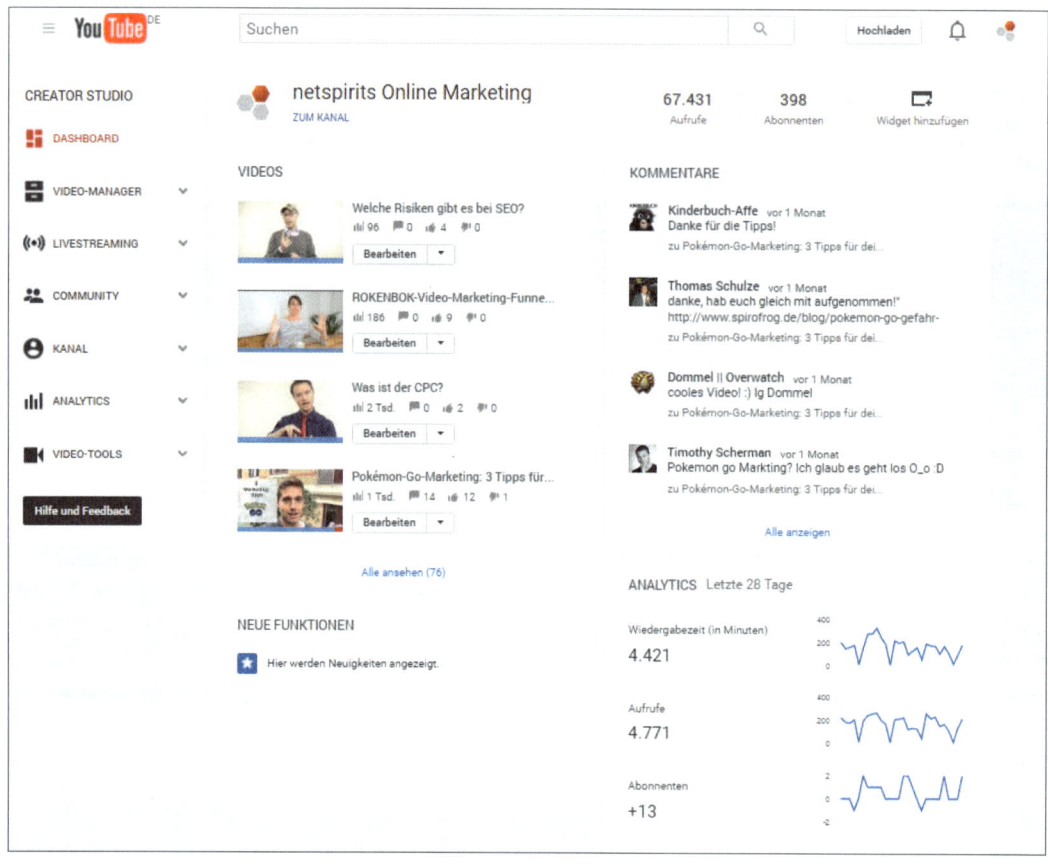

Ihr Creator Studio und die wichtigsten Menüs

Creator Studio ist das Tool, um Ihren Kanal professionell zu betreuen. Sie finden es, indem Sie oben rechts auf »Dein Kanalbild« klicken und »Creator Studio« auswählen. Folgende Reiter können Sie hier nutzen:

- **Dashboard**: Hier finden Sie Benachrichtigungen von YouTube und einen Überblick über Ihren Kanal.
- **Video-Manager**: Auf diesem Reiter organisieren Sie Ihre Videos und nehmen Einstellungen wie Titel, Beschreibung und Co. vor.
- **Community**: Dies ist ein Tool, in dem Sie einfach und unkompliziert mit Ihren Fans kommunizieren können.
- **Kanal**: Hier können Sie die Einstellungen an Ihrem Kanal anpassen und Zusatzfunktionen freischalten.
- **Analytics**: YouTube Analytics ist ein YouTube-eigenes Tool, das dazu dient, die Erfolge Ihres Kanals zu messen. Schauen Sie hier vorbei so oft es geht, um die Performance zu überprüfen und damit Ihre Maßnahmen steuern zu können.
- **Video-Tools**: Dieser Bereich enthält eine Audio-Bibliothek, die Sie für Ihre Videoproduktion nutzen können, und ein kleines Schnittprogramm. Dieses Schnittprogramm ersetzt jedoch keine professionelle Desktoplösung.

Machen Sie sich mit dem Creator Studio vertraut, klicken Sie sich durch alle Reiter, schauen Sie sich die **Funktionen** an und überlegen Sie, was Ihrem Projekt helfen könnte.

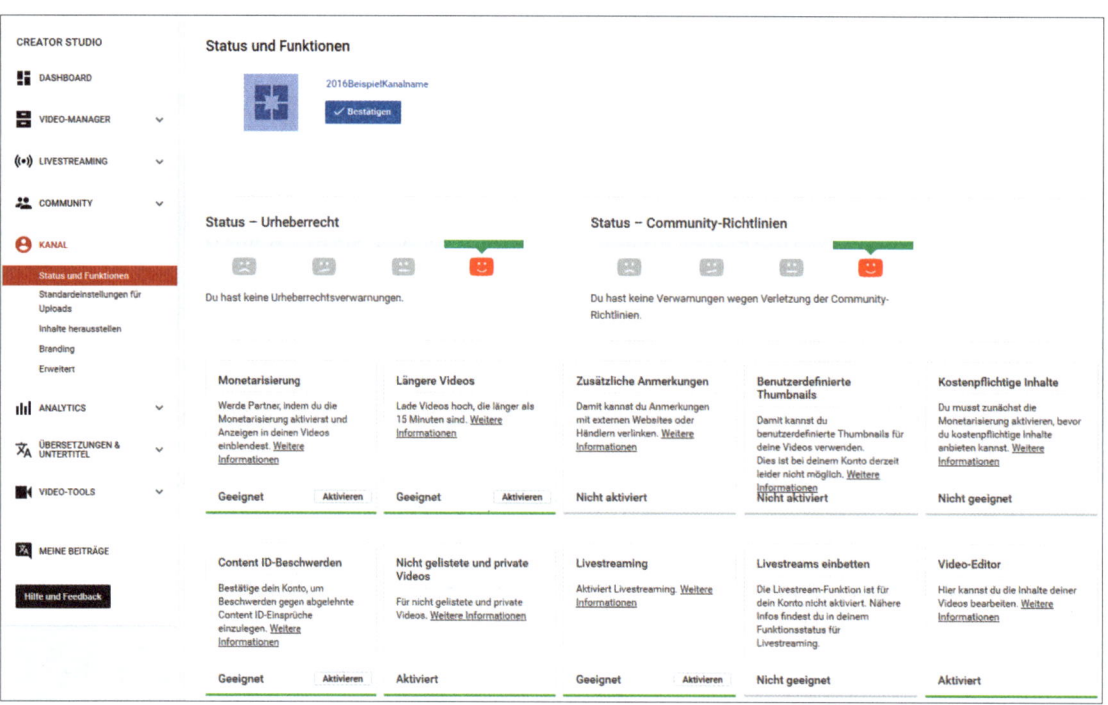

Ihren Kanal verifizieren

Viele **hilfreiche Funktionen** auf YouTube sind erst möglich, nachdem Sie Ihren **Kanal verifiziert** haben. Um dies zu tun, müssen Sie über das Creator Studio unter »Kanal« → »Status und Funktionen« den Button »Bestätigen« anklicken.

Ist Ihr Kanal noch nicht verifiziert, können Sie das nun ganz einfach erledigen. Klicken Sie darauf und geben Sie Ihre Mobilfunknummer an. Bei größeren Unternehmen stellt sich hier natürlich direkt die Frage, ob die private Rufnummer eines Mitarbeiters aus der Marketingabteilung hier einfach hinterlegt werden kann. Seien Sie beruhigt, ja, Sie können das einfach tun. Denn die Angabe der Mobilfunkrufnummer dient nur einem Zweck: YouTube zu beweisen, dass ein echter Mensch hier am Werke ist.

Nachdem Sie das erledigt haben, erhalten Sie eine SMS mit einem **Freischaltcode**. Diesen geben Sie in den Einstellungen ein, und Ihr Kanal ist verifiziert. Nun haben Sie Zugriff auf weitere Funktionen wie z. B.:

- Sie können Videos hochladen, die eine Länge von mehr als 15 Minuten haben.
- Sie können benutzerdefinierte Thumbnails hochladen (eigene Vorschaubilder, nicht die, die von YouTube vorgeschlagen werden).
- Sie können Live-Streaming anbieten.
- Sie können die Monetarisierung aktivieren und auf Ihrem Kanal Werbung zulassen.

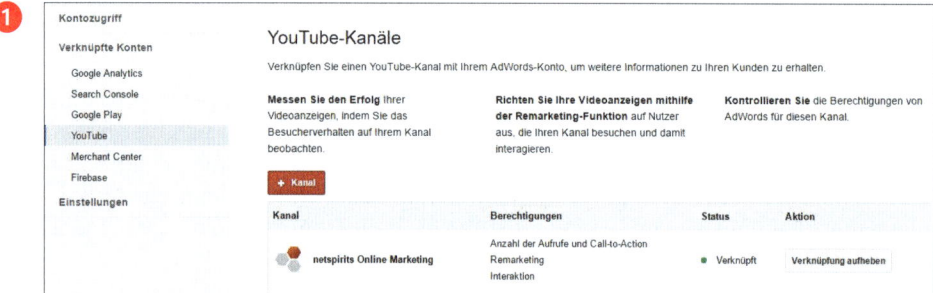

Verknüpfung Ihres Kanals mit anderen Diensten

Damit Sie das Maximum an Werbe-, Verlinkungs- und Vermarktungsfunktionen von YouTube nutzen können, sollten Sie Ihren Kanal mit anderen **Google-Diensten koppeln** und verknüpfen.

Im Folgenden sehen Sie die wichtigsten Dienste, die Sie koppeln können, mit kurzer Erläuterung, wie es funktioniert:

1. Um die Videos aus Ihrem YouTube-Kanal als Werbevideo mittels **Google AdWords** bewerben zu können, sollten Sie Ihren Kanal mit AdWords koppeln. Dies funktioniert über das AdWords-Werbeprogramm. Die Anleitung dazu finden Sie hier: *https://support.google.com/youtube/answer/3063482?hl=de*.
Links sehen Sie den Menüpunkt, unter dem Sie die Verknüpfung überprüfen und auch wieder entfernen können ❶. Folgen Sie einfach den Anweisungen. Ist alles erledigt, können Sie via AdWords zusätzliche Verlinkungslayer in Ihre Videos einbinden, die z.B. auf Ihre Website führen.

2. Kopplung von YouTube mit **Analytics**: Um noch genauer die Performance Ihres Kanals in Verbindung mit der Webseite zu messen, empfiehlt sich die Verknüpfung zu Ihrem Google-Analytics-Profil ❷.
Da dies ein relativ komplizierter Prozess ist, sollten Sie diesen Schritt am besten erst dann gehen, wenn YouTube in Ihrem Online-Marketingmix eine sichere, beständige Säule darstellt. Wie die Verknüpfung funktioniert, sehen Sie hier: *https://goo.gl/B3pH0x*

3. Den YouTube-Kanal mit Ihrer Webseite verknüpfen: Das ermöglicht Ihnen, über Infokarten und Anmerkungsfenster aus Ihren Videos heraus auf Ihre Webseite zu verlinken. Dies geht erst, wenn Sie Ihre Webseite mit Ihrem Kanal koppeln ❸. Wie es im Detail funktioniert, erfahren Sie hier: *https://goo.gl/PDx4X4*.

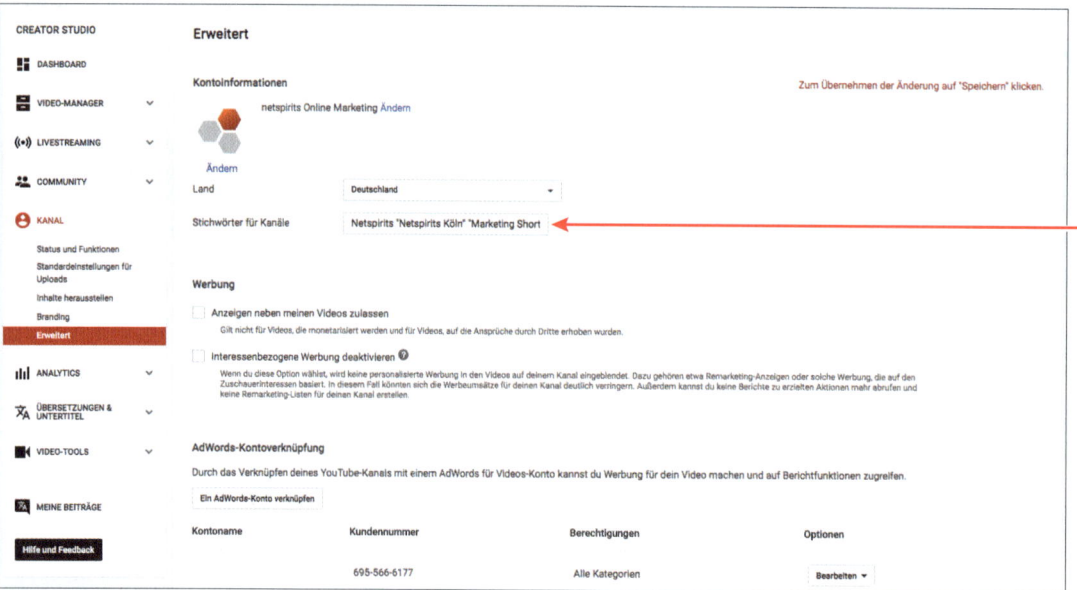

Kanal-Tags – richtig hinterlegt sind diese goldwert

Die Abbildung links zeigt Ihnen, an welcher Stelle im Creator Studio-Menü Sie die für Ihren Kanal wichtigen **Tags** vergeben können. Tags sind **Stichwörter**, die Einfluss auf die **Auffindbarkeit** Ihres Kanals in Google und YouTube haben.

Hinterlegen Sie am besten zuerst einige **Branding-Tags** – also Stichwörter, die Bezug zu Ihrer Marke bzw. Ihren Produkten haben. Seien Sie dabei möglichst spezifisch und vergeben Sie neben Ihrem Unternehmens- bzw. Markennamen auch in jedem Fall den Namen Ihres Kanals und den letzten Teil Ihrer Kanal-URL.

Neben den sogenannten Branding-Tags sollten Sie zusätzlich all jene Stichwörter hinterlegen, die für die **Auffindbarkeit Ihres Kanals** relevant sind. Um noch einmal das Beispiel der Waschmittelmarke Persil zu benutzen: Soll der Persil-Kanal auf YouTube künftig auffindbar werden, wenn Nutzer nach »Reinigungstipps«, »Fleckenentfernung«, »Kleidung reinigen« suchen, dann wären folgende Tags sinnvoll: Persil, Waschmittel, Flecken entfernen, Kleidung reinigen, Reinigungstipps, Textilien reinigen, Rotweinflecken entfernen, Ölflecken entfernen etc.

> ## Tipp
> Vergeben Sie Branding-Tags, damit Ihr YouTube-Kanal bei relevanten Marken und Produktsuchabfragen Ihres Unternehmens gefunden wird. Zusätzlich sollten Sie Tags für Suchanfragen vergeben, bei denen Ihr Kanal auffindbar werden soll. In der Summe sollten Sie 15 bis 20 Tags vergeben.

Fazit Kapitel 3: Fassen wir zusammen

Die wichtigsten Eckdaten des Kapitels für Sie im Überblick:

- Sprechen Ihre Marketingziele dafür, YouTube als langfristigen Baustein für Ihr Marketing einzusetzen, ist der erste Schritt, Ihren Kanal auf YouTube zu planen.
- Inhalte und Gestaltung Ihrer Kanalgrafik haben großen Einfluss auf den Eindruck der Besucher. Achten Sie darauf, dass der gestalterische Aufbau Ihrer Kanalgrafik eindeutig Ihren Marketingzielen entspricht.
- Vieles spricht dafür, dass Sie einen Kanaltrailer erstellen, der Erstbesucher animiert, Abonnenten Ihres Kanals zu werden.
- Denken Sie daran, die in Ihrem YouTube-Kanal abgebildeten »anderen« Kanäle selbst zu definieren und diese Entscheidung nicht YouTube zu überlassen.
- Erarbeiten Sie klare Strukturen für die Veröffentlichung Ihrer Videos. Machen Sie Gebrauch von Playlisten und sorgen Sie mit individuellen YouTube-Vorschaubildern für eine aufmerksamkeitsstarke Wirkung Ihrer Videos.
- Verifizieren Sie Ihren Kanal und schalten Sie damit weitere Funktionen frei, die Ihnen helfen, Ihren Marketingerfolg mit YouTube zu steigern.
- Sorgen Sie für einen guten Über-uns-Text, inklusive der Verlinkung auf weitere Präsenzen Ihres Unternehmens.

KAPITEL 4 | Wertvolle Inhalte erzeugen

Täglich werden in der Online-Marketing-Welt neue **Methoden** zur Entwicklung wertvoller und **wirksamer Inhalte** veröffentlicht. Dabei weichen die in Unternehmen gelebten Prozesse zur Planung, Erstellung und Verbreitung von Inhalten in sehr vielen Fällen noch weit ab von dem, was schlaue Theorien fordern.

Der Aufbau von Inhalten wird oft als **lästige Pflicht** der Marketingverantwortlichen wahrgenommen. Da werden Texte, Bilder und Videos möglichst schnell und günstig bestellt, damit bloß genug »Leben« in die Webseite, den Blog oder die Social-Media-Kanäle kommt. Mit dieser Sichtweise verkommen Inhalte zur **Einmal- oder Wegwerf-Ware**, die kurzzeitig im Netz aufflackert und dann schnell in den Untiefen des Netzes versinkt. Solch liebloses Erzeugen von Inhalten bringt fast immer langweilige Inhalte hervor, die kaum bis **keine Reaktionen beim Nutzer** auslösen.

Dabei erfüllt guter Inhalt eine **Schlüsselrolle** für das digitale Marketing: Im Gegensatz zu Werbung, die Versprechen liefert, erschafft guter Content **echten Nutzen**. Denn Menschen suchen online keine Werbung, sie suchen Lösungen, Nachrichten, Inspiration und Unterhaltung – kurz: gute Inhalte! **Redaktionell** aufgebaute Inhalte ersetzten das »Kauf mich«-Marketinggeschreie. Gute Inhalte informieren, unterhalten oder berühren den Kunden von heute. Content schlägt damit die Brücke zwischen Marke und Konsumenten. Die Inhalte geben Lesern und Zuschauern eine Idee davon, mit wem sie es zu tun haben, »wer« diese Marke eigentlich ist.

Gute Inhalte befriedigen damit nicht nur rationale **Bedürfnisse**; denn über die **emotionale Ebene** sorgen sie für Differenzierung von der Konkurrenz und machen die »Unternehmens-DNA« erlebbar. Dieses Kapitel liefert die **Landkarte**, die Ihnen den Weg zu guten Inhalten für YouTube aufzeigen soll. Sie lernen erfolgreiche YouTube-Formate kennen und wie Sie damit langfristig nicht nur Aufrufe erzielen, sondern nachhaltig wirksam **wertvolles Kapital** für Ihr Unternehmen aufbauen.

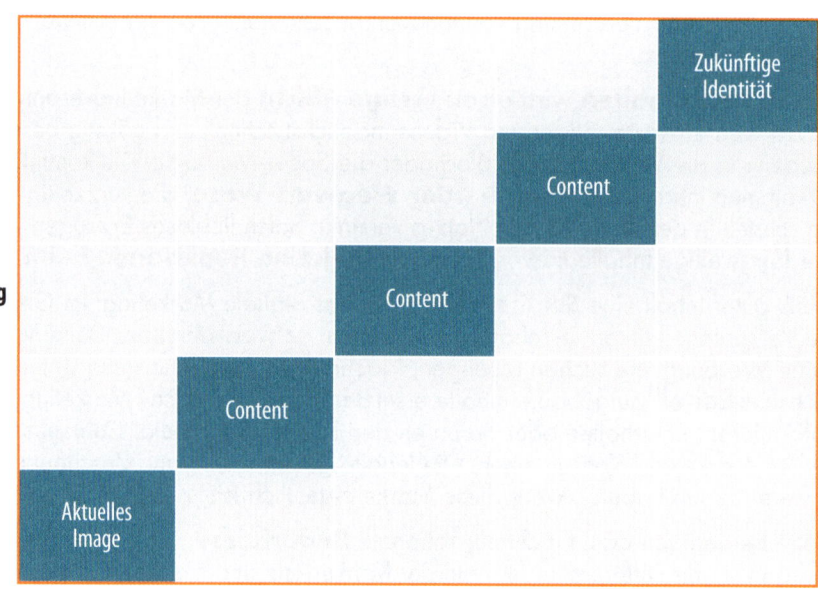

Die Content-Strategie gibt die Marschrichtung vor

Gute Inhalte sind ein **unternehmerisches Kapital**, das eine nachhaltige Wirkung auf Ihren Geschäftserfolg haben kann. Herausragende Texte, Bilder und Videos prägen Ihre Marke nämlich noch Jahre später. Oft wird erwartet, dass gute Inhalte per Knopfdruck entstehen. Das ist falsch! Sie müssen **erarbeitet**, hinsichtlich der Wirkung beim Nutzer analysiert und weiter optimiert werden. So lange, bis Ihre Zielgruppe begeistert ist und dies Ihnen und der digitalen Welt mitteilt. Die Produktion von Inhalten ist damit keine zeitlich begrenzte Kampagne, sondern ein **steter Prozess**, den es zuerst im Unternehmen aufzubauen gilt.

Es reicht nicht, dafür zu sorgen, dass Ihre Onlinepräsenzen regelmäßig mit neuem Futter versorgt werden. Sie sollten alle Inhalte, also Texte, Bilder, Meldungen und Videos, klar aus **Nutzerperspektive** heraus planen, erstellen, verbreiten und anhand messbarer Kennzahlen weiter optimieren.

Zu Recht wollen Sie jetzt sicherlich wissen, wie Sie solch wertvollen und wirksamen Content erzeugen. **Content Marketing** ist das Erfolgsgeheimnis und Ihre Content-Strategie der Schlüssel zu mehr **Erfolg**. In Ihrer Content-Strategie erarbeiten Sie en détail, **welche Inhalte** in **welchem Format** mit welcher persönlichen Note über **welchen Kanal** für Ihre **Zielgruppe** sichtbar werden. An dieser Stelle sei auf den Blog des Content-Strategen **Mirko Lange** verwiesen, der unter: *http://www.talkabout.de/blog/* hilfreiche **Wegweiser** für Sie bereitstellt, um **gute Inhalte für Ihre Zielgruppe aufzubauen**.

Im Folgenden helfen wir Ihnen, Ihre Content-Strategie für YouTube zu finden und damit außergewöhnlichen Video-Content zu erstellen. Dabei lernen Sie, Ihren Video-Content an den Nutzerbedürfnissen auszurichten, ihm eine individuelle emotionale Note zu geben und Ihre Inhalte damit **nachhaltig** und wirksam für Ihr Unternehmen und Ihre zukünftigen Kunden zu gestalten.

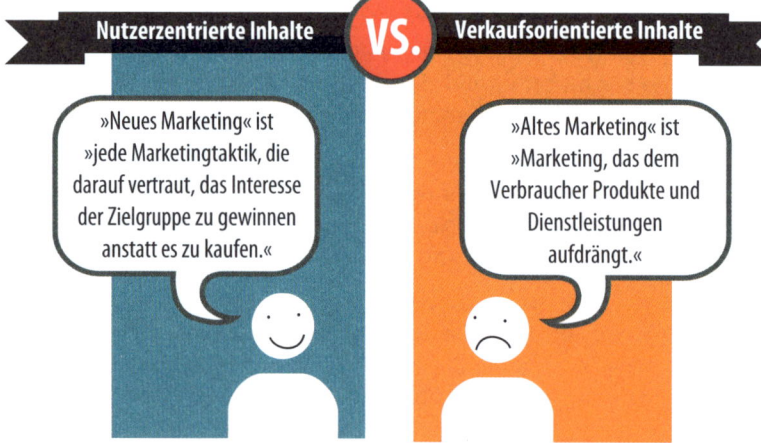

Nutzerzentrierte Inhalte erstellen

Basis Ihrer Content-Strategie sind Ihre Marketingziele, die Definition Ihrer **Zielgruppen und das Erkennen von Bedürfnissen ebendieser.** Sie haben die Chance, Ihre Zielgruppe zu beschreiben, sogenannte **Buyer Personas** zu erstellen und anknüpfend Fragen, Probleme und Wünsche zu erkennen, die Ihr Video-Content beantworten, lösen und erfüllen soll (siehe hierzu auch Seite 65).

Dies möchten wir Ihnen an einem Beispiel demonstrieren: Sie verkaufen Pumps in Ihrem Onlineshop? Dann sind Frauen Ihre Zielgruppe. Doch welche Frauen? Welcher Arbeit gehen diese Frauen nach, und welchen Zweck erfüllen die Pumps für diese Frauen? Zu welchem Anlass tragen sie die Pumps? Was genau ist der **Auslöser** für den Wunsch nach neuen Schuhen? Ist es ein Plausch zwischen Freundinnen, das Stöbern im Internet oder ein bevorstehender Anlass wie eine Jahresfeier, eine Hochzeit oder ein Bewerbungsgespräch? **Was passiert, bevor** Ihre Zielgruppe den tatsächlichen Kauf neuer Pumps durchführt? Wo informiert sie sich? Fragen, die Sie beantworten sollten.

Wenn Sie wissen, was Ihre Zielgruppe bewegt, können Sie darauf aufbauend Ihre YouTube-Idee entwickeln. Auch hierzu ein Beispiel: Sie wissen, dass Ihre Zielgruppe ihre Pumps bei der Arbeit trägt. Hier könnte ein **Problem der Zielgruppe** sein, dass das lange Tragen von Pumps nicht gerade bequem ist. Ein Videoformat kann diese Tatsache zum Thema machen und Ideen liefern, das tägliche Tragen angenehmer zu gestalten.

Sie merken, dass sich diese **Herangehensweise** deutlich von der reinen Darstellung von Produkten, die Sie verkaufen, unterscheidet. Sie lösen Probleme Ihrer Kundschaft und werden zum Sprachrohr in Ihrem Fachgebiet (Schuhe verkaufen). Was dann passiert, ist relativ einfach: Sie helfen Menschen, und die bedanken sich mit Loyalität und durch einen (nachgelagerten) Kauf in Ihrem Shop. YouTube **fördert damit Ihre Verkaufszahlen indirekt und nachhaltig.**

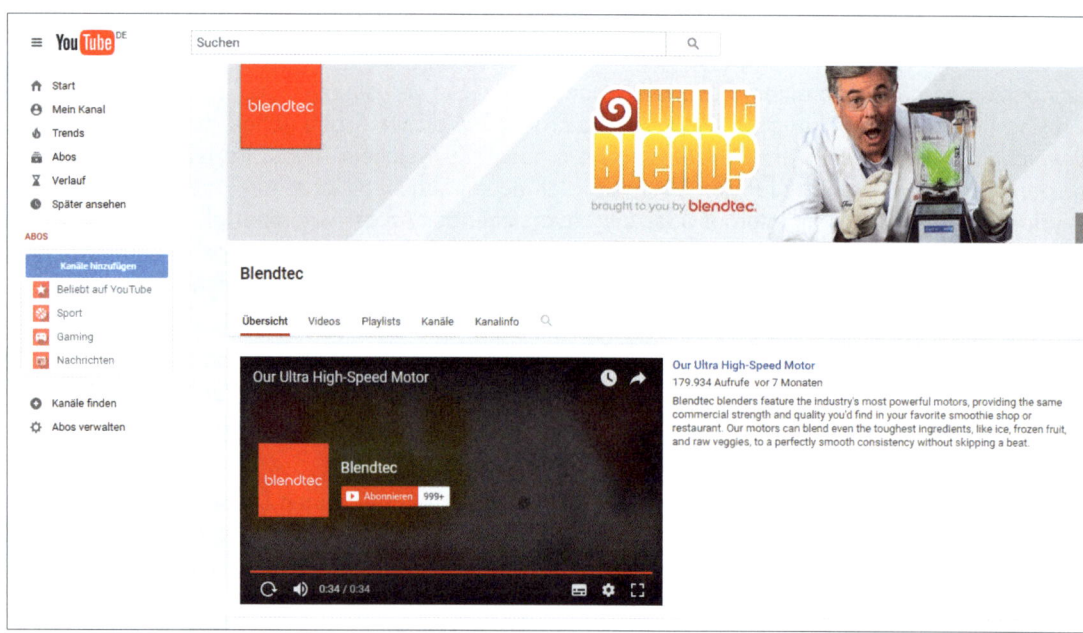

YouTube reichert Ihre Content-Strategie mit Emotion an

Wie oben demonstriert, ist das Ziel Ihrer Inhalte – egal ob Texte oder Videos –, die **Bedürfnisse** Ihrer Kunden zu erkennen und zu befriedigen. Neben **rationalen Überlegungen** (Welche Bedürfnisse befriedigen Ihre Videos?) sollte die **emotionale Komponente** erarbeitet werden: Wie stellen Sie Ihren Inhalt vor? Denn gefällt dem Nutzer Ihre persönliche emotionale Note, wird er sich bestimmt an Sie erinnern.

YouTube ist optimal dafür geeignet, diese emotionale Komponente erlebbar zu machen. Denn Bewegtbild kann bequem **passiv konsumiert** werden und Emotionen viel leichter transportieren. Videos bündeln unsere **Aufmerksamkeit** ohne Anstrengung, die zum Beispiel beim Lesen erforderlich ist. Während wir uns berieseln lassen, bilden wir uns eine Meinung, lernen Dinge, lösen Probleme und lassen uns inspirieren.

So können Ihre Videos rationale Bedürfnisse befriedigen und gleichzeitig ein »gutes Gefühl« erzeugen. Damit ist die Wahrscheinlichkeit größer, dass Ihre Inhalte im Kopf der Zuschauer haften bleiben. Das gelingt besonders gut, wenn sich Ihr Inhalt von der breiten Masse abhebt und Ihrer Marke ein **individuelles Gesicht** verleiht. Definieren Sie dazu, was Ihre Videos **besonders** macht. Ist es die Machart des Films – zum Beispiel ruhig? Der Blickwinkel, unter dem Sie ein Thema beleuchten – zum Beispiel lustig? Ist es ein ausgefallenes Format (schockierend) oder eine Schlüsselperson (sympathisch), die in jedem Video auftaucht?

Bestes Beispiel für ein individuelles Gesicht ist der YouTube-Kanal von Blendtec (*https://www.youtube.com/user/Blendtec*) – einem Hersteller für Mixer. Regelmäßig zeigen neue Videos, wie Gegenstände (Smartphones, Schmuck etc.) im Mixer zerkleinert werden. Das gesamte Format ist auf lustige **Unterhaltung** und eben **nicht auf Produktvertrieb** ausgelegt. Der Effekt beim Zuschauer ist, dass der Kanal in Erinnerung bleibt – weil die Videos wirklich »schräg« sind – und nebenbei klar wird: Wenn die Mixer ein iPhone zerkleinern können, müssen sie wohl sehr gut sein. Wenn künftig die Anschaffung eines Mixers ansteht, erinnern wir uns dank YouTube an die **Marke Blendtec**.

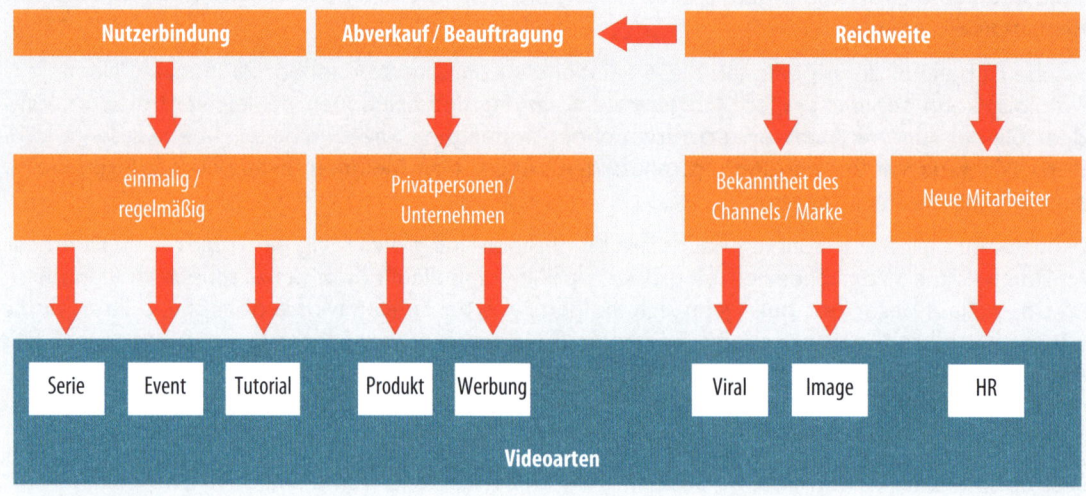

Die YouTube-Formatfindung: ein fortlaufender Prozess

Nichts ist auf YouTube ineffektiver, als sich nur mit der Theorie zu beschäftigen. Doch ganz ohne theoretische Vorarbeit geht es nicht. Wichtigste **Grundlage** ist, dass Sie sich intensiv Gedanken über Ihre **Alleinstellungsmerkmale** machen. Wie lösen Sie die Probleme Ihrer Zielgruppe besser, anders, unterhaltsamer als Ihre Mitbewerber? Wie wird dieses Alleinstellungsmerkmal in bewegte Bilder übersetzt, sodass Ihre Zielgruppe den Mehrwert deutlich erlebt? Da YouTube stark auf optischer Wahrnehmung basiert, sind Ihre Gedanken zur visuellen **Wirkung und Darstellung Ihrer Marke** eine wichtige Basisarbeit.

Die wenigsten, die mit YouTube-Marketing starten, finden dabei sofort **den richtigen Weg** – gerade weil dieser neu erarbeitet und getestet werden muss. Den Weg zur **Formatfindung** sollten Sie daher als Prozess verstehen, in dem Spielraum für Anpassungen sein muss. Zu jedem Video erhalten Sie **Nutzerdaten**, direktes **Feedback** und messbare **Resonanz**. Darauf aufbauend werden die Folgefilme weiterentwickelt. Oft erwächst erst so das finale Format, bei dem Sie und Ihre Zuschauer sich wohlfühlen.

Erfolgreiche Formate auf YouTube leben genau von diesem Anderssein. Sie leben vom Unterhaltungswert, der Authentizität, der Ehrlichkeit oder der **Sympathie** für die dargestellten Personen. Damit Sie das perfekte Format finden, gilt es, das besondere i-Tüpfelchen aller Videos zu finden, um so aus der Durchschnittlichkeit der vielen Videos positiv hervorzustechen.

Wenn Sie das Erreichen Ihrer Ziele überwachen, die generierten Daten und das Feedback der Zuschauer nutzen, um konsequent besser zu werden, kommt der **Zuspruch Ihrer Zielgruppe** ganz von allein. Die folgende Seite vermittelt Ihnen das Handwerkszeug, damit Sie für Ihr Unternehmen das Format finden, das Sie als außergewöhnlich darstellt und dabei gleichzeitig das Interesse der Zuschauer weckt.

Der goldene Kreis

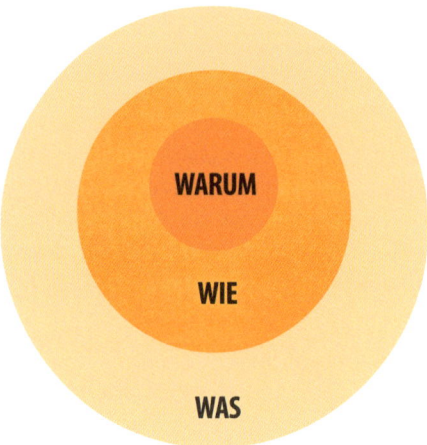

von Simon Sinek

Ihre eigene Story – beste Grundlage zur Formatfindung

Als weiterer Baustein für die Formatfindung und Entwicklung Ihrer Inhalte dient nicht nur das, was Sie machen, sondern vor allem auch, **warum** Sie es tun. Hierzu hat Simon Sinek im Rahmen eines TedTalks ein eindrucksvolles Modell vorgestellt, das Ihnen hilft, die Besonderheiten Ihres Unternehmens (Ihre Unternehmens-DNA) auf den Punkt zu bringen.

Mehr als 30 Millionen Nutzer haben sein Video bereits angeschaut, das Sie unter *https://goo.gl/ 8o118u* abrufen können. Das Modell hilft Personen wie Unternehmen, die Zielgruppe mit der richtigen Geschichte **zum Handeln zu inspirieren**. Der Grundgedanke dabei: Die meisten Unternehmen erläutern (auf Webseiten), was sie tun – zum Beispiel Produkte verkaufen, spezielle Dienstleistungen anbieten etc. Hinzu kommen meist Erklärungen, wie das Unternehmen diese Aufgabe erfüllt: schnell, günstig, hochprofessionell etc.

Wahre Abgrenzung schaffen Sie erst, wenn Sie Ihren potenziellen Kunden zeigen, warum Sie es tun. Fragen Sie sich also im Unternehmen: Was sind Ihre Überzeugungen, Ihre Glaubenssätze oder Ihr **Mission Statement** und warum ist das ein Vorteil für den Nutzer?

Tipp

Damit all Ihre Videos auf ein ganzheitliches Ganzes einzahlen und die emotionale Komponente richtig bespielen, sollten Sie sich Klarheit über Ihre Hauptgeschichte verschaffen. Was macht Ihr Unternehmen, Ihr Team oder Ihre Produkte besonders? Dabei hilft die Frage nach dem »Warum« – warum tut Ihr Unternehmen, was es tut? Mit diesen Überlegungen schaffen Sie die Basis für Ihre ganz individuellen Geschichten. Klarer Vorteil: Ihre Produkte mögen austauschbar sein, Ihre eigene Geschichte ist es nicht.

Robert Plutchiks Emotionsmodell

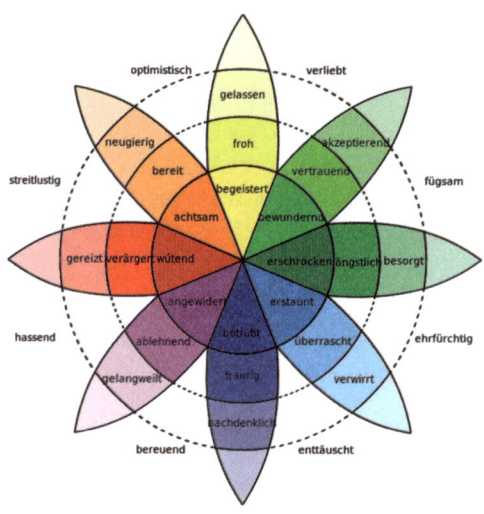

Mit emotionalem Thema für Identifikation sorgen

Um auf der emotionalen Schiene dafür zu sorgen, dass Ihre Inhalte den Nutzer fesseln und für Sympathie und Bindung sorgen, widmen wir uns nun den Emotionen. Mit folgenden Basisemotionen können Sie Ihre Videos »**aufladen**«: Freude, Liebe, Vertrauen, Wut, Ekel, Furcht, Verachtung, Traurigkeit und Überraschung (vgl. Wikipedia *https://goo.gl/fRL6Q3*). Sie haben die Wahl aus **neun emotionalen Themen**, die Sie in Ihren Videos anwenden können, wobei positive Emotionen wie Freude sicherlich eher nutzbar sind als Hass und Ekel.

Hierzu ein Beispiel: Für unsere Marketingagentur haben wir Zielgruppen definiert und deren Bedürfnisse analysiert. Da unsere Buyer Personas YouTube als Informationsquelle nutzen, kommt YouTube für unser Marketing klar infrage. Unsere Idee: Kurze Videos sollen Fragen der Zielgruppe zum digitalen Marketing beantworten. Damit war der rationale Teil unserer Arbeit erledigt (hier sehr stark verkürzt zusammengefasst).

Nun wurde die **emotionale Wirkung** der Filme definiert. Ziel der Videos ist, im Gedächtnis der Zuschauer zu bleiben, wenn Online-Marketing-Fragen auftauchen oder eine neue Agentur gesucht wird. Hierfür spielt Vertrauen eine wichtige Rolle. Da wir als Team arbeiten, weil wir Freude daran haben, die Onlineerfolge von Unternehmen zu steigern, spielt auch Freude als emotionales Thema eine Rolle. Folglich waren unsere **emotionalen Themen** Vertrauen und Freude.

Die Personen sind daher in den Videos in Großaufnahme zu sehen, denn **Nähe schafft Vertrauen**. Auch die Wahl der Ansprache (du statt Sie) baut Vertrauen auf. Zusätzlich wird die Freude der Sprecher am Thema transportiert. **Warme Farbtöne** erzeugen ein gemütliches Ambiente, die Musik ist fröhlich. Alle Bausteine übertragen damit (unbewusst) ein Gefühl der Freude, **schaffen persönliche Nähe und Vertrauen**. Die Zuschauer identifizieren sich mit den gezeigten Personen und behalten unser Unternehmen im Kopf. Nach fünf Monaten haben die durch die Videos generierten Aufträge die Investitionskosten überholt. Mission erfüllt – wenngleich wir weiter am Format feilen ;-).

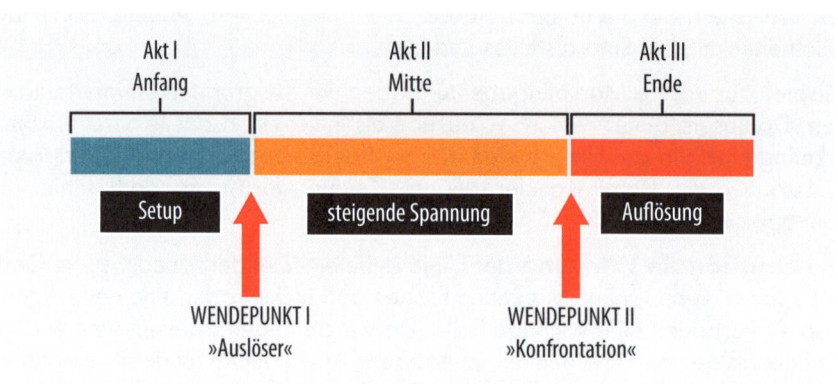

3-Akte-Model

Storytelling: mit guter Struktur Geschichten erzählen

Die Themen, Ihre Unternehmens-DNA und die emotionale Wunschwirkung für Ihre Filme sind definiert? Perfekt, jetzt fehlt nur noch eine **gute Struktur** für Ihre (Video-)Geschichte(n). Struktur ist insbesondere bei Videos so wichtig, weil sie uns hilft, Inhalte **besser zu verstehen**. Daher beginnen die meisten Zeitungsartikel, Filme und Bücher mit der Vorstellung eines Problems oder Konflikts. Die anschließende Suche nach der Lösung ist der rote Faden für den Aufbau der Geschichte. Am Ende wird die (Auf-)Lösung präsentiert. Das ist das klassische **Drei-Akt-Modell** für eine Geschichte (vgl. Wikipedia zur Filmdramaturgie, *https://goo.gl/CwfVMm*).

Da **Geschichten** viel besser in unserem Gehirn haften als rein rationale Informationen, ist Struktur ein wichtiges Element für die spätere **Erinnerung** an den Inhalt. Mit Geschichten können selbst komplexe Sachverhalte oder trockene Themen locker leicht und unterhaltsam präsentiert werden. Sie sind eine wahre Wunderwaffe der Rhetorik, die Vertrauen und Glaubwürdigkeit aufbaut.

Hierzu ein **Test:** Schauen Sie sich dieses YouTube-Bewerbungsvideo an, das mit professionellem Anspruch erstellt wurde: *https://goo.gl/EJT0Ht*. Sie sehen eine **emotionslose Aneinanderreihung** von Fakten. Im Vergleich hierzu baut dieses Bewerbungsvideo *https://goo.gl/XJ6ek2* auf einer Geschichte auf, die mittlerweile knapp 1,5 Millionen Aufrufe verzeichnet. Und was bleibt Ihnen besser im Kopf hängen?

Merke: Strukturieren Sie Ihre Videos! Das einfachste Grundmodell basiert dabei auf drei Akten:

1. Einstieg: **Vorstellung des Problems** oder Konflikts (das kann zum Beispiel eine Fragestellung sein).
2. Hauptteil: Das Problem oder der **Konflikt wird erörtert** und von verschiedenen Perspektiven beleuchtet.
3. Schlussteil: Die **Lösung wird präsentiert** – fertig.

Ihre Filmideen und das Format erarbeiten

Sie haben bereits einige **Werkzeuge** zur Entwicklung Ihres YouTube-Formats kennengelernt. Spätestens jetzt sollten Sie, aufbauend auf den theoretischen Vorüberlegungen, mit der **konkreten Ideenfindung** für Videos und die Videoformate beginnen. Sie können das auf eigene Faust tun, was aber in aller Regel eine Menge Zeit kostet. Da Zeit auch Geld ist, sollten Sie prüfen, ob für den Einstieg ein externer Experte beratend helfen kann oder die Produktion komplett an eine Agentur ausgelagert werden soll.

Trauen Sie sich, die Ideenfindung für Ihre Videos intern umzusetzen – dieser Prozess eignet sich sehr gut für ein **Teambuilding**. Wenn jeder im Team Ideen einbringen kann und eine offene Kultur des Brainstormings herrscht, dann macht diese Herangehensweise wahnsinnig **Spaß** und bildet die Grundlage für tolle Produktionen und Formate.

Aber Achtung: Die Praxiserfahrung zeigt, dass schnell endlose Meeting-Runden entstehen können, bei denen sich am Ende keiner traut, ein Machtwort zu sprechen. Zu viele Köche können den Brei verderben. So oder so sollten Sie darauf achten, dass die Ideenfindung nicht zur **Endlosschleife** wird. Denn ob Ihre Ideen wirklich funktionieren, zeigen Ihnen erst die YouTube Analytics-Daten nach Veröffentlichung des Videos.

Wenn Sie also merken, dass Sie bei der Ideenfindung stecken bleiben, holen Sie Fachwissen von extern ins Unternehmen. Ein **Beratungsgespräch** oder ein **Workshop-Tag** kann Wunder wirken. Danach wissen Sie, ob Sie allein weiterkommen oder zusätzliche Unterstützung von außen der bessere Weg ist.

Support von außen hilft nicht nur bei der Ideen- und Formatfindung. Er kann Ihnen auch für die Produktionsplanung und Umsetzung helfen, gute Entscheidungen zu treffen, das Team richtig aufzubauen und die nötigen Strukturen zu schaffen.

Kampagne	**Kollaboration**	**Content-Marketing**
Mache gute Inhalte, die Menschen sehen wollen	Nutze die Community, um deine Nachricht zu verbreiten	Schaffe eine digitale Content-Strategie
Strategie: Keine Betonung auf Kanal oder Abo, effektiver Vertrieb der Videos	**Strategie:** Sponsoringverträge, Integration mit YouTubern oder erfolgreichen YouTube-Kanälen, Nutzung ihrer Authentizität und Reichweite	**Strategie:** Schwerpunkt auf Kanalentwicklung, strategischer Content-Ablaufplan

Welche Video-Formatstrategien passen für Sie?

Hier stellen wir Ihnen die gängigsten Formatstrategien vor. Grundsätzlich lassen sich alle Engagements auf YouTube in drei Kategorien unterteilen:

1. **Kampagnen**: Hierbei konzipieren Sie Werbekampagnen gezielt für YouTube. Dabei erstellen Sie keine TV-Spots mit marktschreierischen Werbebotschaften. Nein, hierbei gilt es, großartige Videos zu konzipieren, die ganz speziell für eines der vorhandenen YouTube-Werbeformate konzipiert sind. So können Sie bei vorgeschalteten Werbefilmen beispielsweise gezielt mit der Skip-Funktion spielen, die ein Überspringen des Werbevideos erlaubt.
2. **Kollaboration**: Hierbei wird auf die Vernetzung mit anderen Social-Media-Multiplikatoren und auf die Community gesetzt. Entweder werden bekannte Multiplikatoren in Ihr Video involviert. Oder es werden innerhalb der Videos von reichweitenstarken YouTubern Produkt-Messages gestreut. Nicht zuletzt kann auch jeder Zuschauer selbst zum Mitmachen angeregt werden.
3. **Content-Marketing** (auf den wir hier im Buch verstärkt eingehen): Hierbei setzen Sie auf die Verbreitung wertvoller, beeindruckender oder unterhaltsamer Inhalte, die speziell auf die Zielgruppeninteressen hin entwickelt wurden. Dabei kann unterteilt werden in **Help-Content** (Inhalte, die Ihrer Zielgruppe weiterhelfen), **Hub-Content** (regelmäßige Veröffentlichungen, die das Interesse der Zuschauer wecken) oder **Hero-Content** (großartige Videos, die so herausragend konzipiert sind, dass aufgrund der Resonanz der Zuschauer große Zugriffszahlen garantiert sind).

Auf den nächsten Seiten erläutern wir Ihnen anhand von Beispielen die einzelnen Formatstrategien, die Sie für Ihr Vorhaben auch miteinander vermischen können.

Verbraucher von heute wünschen sich Mehrwert für ihre Aufmerksamkeit

Weiterbildung   Unterhaltung   Inspiration

Der Formatansatz Kampagnen

Insbesondere große Marken setzen auf diese YouTube-Marketingmöglichkeit. Hierbei werden herausragende **Werbeclips speziell** für YouTube entwickelt. Es reicht jedoch nicht, Werbespots, die ursprünglich für das TV konzipiert wurden, auf YouTube hochzuladen. Denn YouTube-Werbung funktioniert nach eigenen Regeln.

So ermöglicht die **Trueview-Werbefunktion** auf YouTube, dass Nutzer den Werbeclip vor dem Video sehen, das sie auf YouTube angewählt haben. Es wird zwischen überspringbaren (skippable) und nicht überspringbaren Werbeanzeigen (non-skippable) unterschieden. Gute Trueview-Werbeclips spielen mit der **Skip-Funktion** und sprechen die Möglichkeit des Überspringes im Video an. Ein Beispiel hierfür liefert der Anbieter für Versicherungen GEICO aus den USA mit diesem Clip: *https://goo.gl/yC7QXI*.

Solche speziellen YouTube-Werbeclips können zusätzlich in Offlinekanälen promotet werden. Als Themen eigenen sich, anstelle des marktschreierischen TV Werbeansatzes, Storys rund um **Bildung** (der Clip bringt etwas bei), **Inspiration** (neue Möglichkeiten kennenlernen) oder **Unterhaltung** (lustige Geschichten).

Auch die Deutsche Bahn liefert ein schönes Beispiel: Mit einer YouTube-Kampagne wurden inspirierende und **berührende Geschichten** zum Thema Liebe erzählt. Da Liebe ein Grundbedürfnis ist, ist die Wahrscheinlichkeit hoch, dass Nutzer diese **Werbebotschaft positiv aufnehmen**. Und das, obwohl die Werbebotschaft vor dem gewählten Video platziert wird. Sehen Sie selbst: *https://goo.gl/yfE4cD*.

Der Vorteil dieses Kampagnenansatzes: Die Schaltungskosten sind **erfolgsabhängig** und im Vergleich zu Tausend-Kontakt-Preisen im TV oft deutlich günstiger. Auch bei den **Selektionsmöglichkeiten** für die Auswahl der Zielgruppen bietet YouTube einzigartige Möglichkeiten, um Streuverluste zu vermeiden (siehe Seite 275). Einziges Manko: Die Produktion der Videos ist aufwendig und nur mit spezialisierten Werbeagenturen und großem Konzeptions- und **Produktionsaufwand** realisierbar.

Der Community-Ansatz und seine möglichen Ausführungen

Create	Colaborate	Curate
Erschaffen	Zusammenarbeit	Kuratieren
Hoch		
	Mittel	
		Gering

Ressourcen & Zeit ↑

Der Formatansatz Kollaboration

Hier wird auf die **Möglichkeiten von Social Media** gesetzt: Die Videos sind so konzipiert, dass die Zuschauer oder die Darsteller des Videos zum **Mitmachen**, **Weitersagen** und **Teilen** animiert werden. Das klappt, indem bereits bekannte **Multiplikatoren** involviert werden. Das können erfolgreiche YouTuber, Twitterer etc. sein. Die in den Dreh involvierten bekannten Personen teilen das Video, an dem sie mitgewirkt haben, auch mit ihren Fans, Followern und Abonnenten. Das ermöglicht einfach und schnell, eine gigantische Reichweite zu erzielen.

Gutes **Beispiel** hierfür ist das Kölner Unternehmen Sparhandy, das bekannte **YouTuber engagiert** hat, um mit ihnen einen Kanal für Sparhandy ins Leben zu rufen. Effekt: Nach gut einem Jahr hat der neue Sparmag-Kanal (siehe *https://goo.gl/Y4SV8H*) bereits über 10.000 Abonnenten gewinnen können. Das ist nicht zuletzt der **Bekanntheit** der mitwirkenden YouTuber geschuldet.

Neben der Zusammenarbeit mit YouTubern kann auch unbezahlte Reichweite durch **Involvierung der Zuschauer** erzielt werden. Ein Beispiel hierfür ist die Fiery-DLT-Kampagne von Taco Bell aus Amerika. Die Fast-Food-Kette lud ein, Videos zum neuen Produkt zu erstellen. Mit riesigem Erfolg, denn über eintausend Teilnehmer haben **authentische Werbevideos** für Taco Bell erstellt – sehen Sie selbst: *https://goo.gl/taqBN1*. Die Teilnehmer teilten ihre Spots **in den eigenen Social-Media-Kanälen**, und der YouTube-Erfolg übertrug sich auch auf **Print** und andere Medien, die über die von Nutzern erstellten Werbespots berichteten.

Das **Kuratieren von Inhalten** ist eine dritte Möglichkeit, ein YouTube-Format aufzubauen. Hierbei werden Inhalte anderer Firmen zusammengeschnitten und kommentiert. Der **Herstellungsaufwand** dieses YouTube-Formats ist relativ **gering**, da das vorhandene Material (Achtung, auf Rechte bei Verwendung fremden Materials achten!) nur neu zusammengeschnitten und mit neuer Audiospur hinterlegt werden muss. Durch den Informations- und **Unterhaltungswert** kann das Format dennoch oft großen Zuspruch bekommen. Hierzu ein Beispielclip aus dem Kanal MADEMYDAY: *https://goo.gl/GNtnL4*.

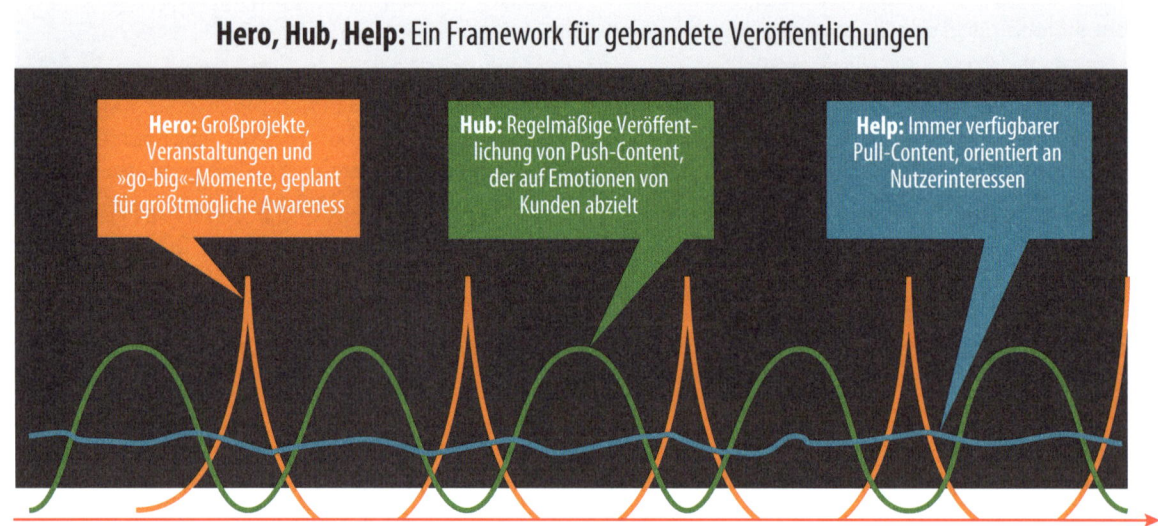

Der Formatansatz Content-Marketing

Die Werkzeuge und Tipps dieses Buchs beziehen sich meist auf die Formatkonzeption Content-Marketing. Sie bietet die Chance, **wertvolle Inhalte** zu erstellen, die langfristig auf Ihre Marke einzahlen. Ihr Unternehmen kann durch die Videos und den Kanal mittel- bis langfristig zur **Autorität eines Themas** werden. Sie sammeln Abonnenten, positionieren sich als Experte und verflechten Ihre Videos mit anderen digitalen Kanälen, was Reichweite, Markenbildung und Vertrieb stärkt – **Zuschauer werden zu Fans**, die sich auf jedes neue Video freuen. Auch dieser Formatansatz bietet verschiedene Herangehensweisen:

- **Hero- oder Highlight-Videos**: Ihre Videos locken durch eine aufwendige Machart und mit einer ausgefallenen Idee Zuschauer an. Die Konzeption dieses Formats ist meist kostspielig. Ihre Chance: Durch Viralität können Sie eine große Nutzergemeide erreichen. Gutes Beispiel hierfür ist Hornbach mit der YouTube-Serie »Das Herrenzimmer« – siehe hier: *https://goo.gl/WnttPC*.
- **Hub-Content und -Videos**: Sie werden zum zentralen Anlaufpunkt einer Themenwelt – zu deren Nabe. Ihre Videos prägen Meinungen und werden zum Benchmark Ihrer Branche. Beispiel hierfür ist die Eismarke Ben Jerry's, die mit den »Geschmacks-Gurus-Videos« die eigene Kompetenz bei der Herstellung von leckerem Eis untermauert. Hier ein Video aus der Serie: *https://goo.gl/YlqJwy*.
- **Help-Content**: Dies ist der sicherlich leichteste Einstieg in die YouTube-Welt. Passend zu den Fragen Ihrer Zielgruppe erstellen Sie regelmäßig Videos, die die Fragen Ihrer potenziellen Kunden beantworten. Großer Vorteil: Oft werden Videos, die auf konkrete Fragen der Nutzer eingehen, auch bei relevanten Suchanfragen bei Google auffindbar (zusätzliche große Traffic-Quelle). Bestes Beispiel ist der Kanal von Jamie Oliver. Hier werden wöchentlich mehrere Videos hochgeladen, die nach Rezepten suchenden Köchen Anleitungen für die Zubereitung etlicher Gerichte liefern: *https://goo.gl/uGvCw3*.

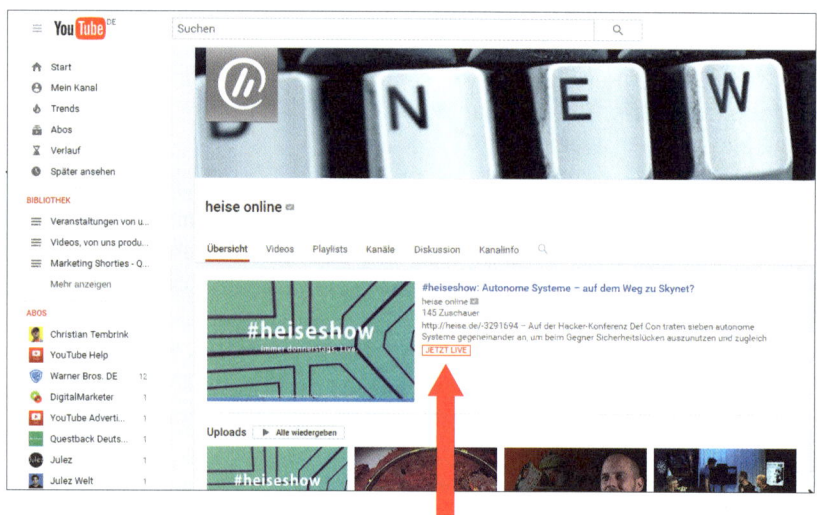

Livestreaming und Liveberichterstattung

Ebenfalls sei auf das von YouTube angebotene **Livestreaming** hingewiesen. Es erlaubet Ihnen, direkt live und **in Echtzeit** Aufnahmen über YouTube zu veröffentlichen. Damit hat jeder YouTube-Nutzer die Möglichkeit, YouTube als echte Sendeplattform für das eigene Programm zu nutzen.

Liveübertragungen auf YouTube haben den Vorteil, dass ein Echtzeitdialog und der Austausch mit den Zuschauern und Abonnenten stattfinden kann. Denn Zuschauer können sich direkt in die Berichterstattung einklinken und so **mit Ihrer Marke interagieren**.

Die Technikplattform HEISE macht hiervon bereits regen Gebrauch (siehe links). In der wöchentlich live ausgestrahlten »Heiseshow« diskutieren eingeladene Experten aktuelle Themen, beantworten Fragen der Zuschauer und prägen so Meinungen zu Themen aus dem Bereich Technik. Die direkte Interaktion mit den Zuschauern hilft beim Aufbau einer eigenen **Community**, die sogar zu einem Teil der Marke werden kann.

Während der Liveübertragung des Streams kann mit den Zuschauern per Livechat diskutiert werden, die Links zum laufenden Streaming können mittels spezieller YouTube-Tools einfach in sozialen Medien geteilt werden.

Im Vorfeld des Livestreamings können **Veranstaltungen geplant und angekündigt werden**, sodass viele Interessenten Ihre Marke von einer ganz anderen Seite kennenlernen können: nämlich im direkten Dialog über relevante Fragestellungen. Unter *https://goo.gl/JoRXvb* bietet YouTube beispielsweise eine Übersicht über alle anstehenden oder laufenden Livestreams an – eine gute Möglichkeit, auch hier Zuschauer zu erreichen.

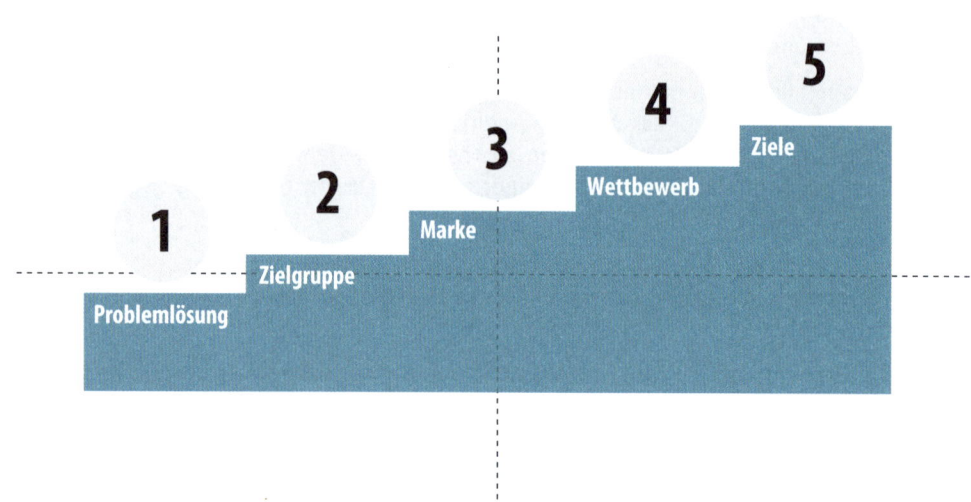

Ablaufplan für die Entwicklung Ihrer Inhalte

Ob Sie auf **Livestreaming** aus Ihrem Unternehmen setzen, **Produktvorstellungen**, Test- oder Anwendungsvideos drehen, Berichterstattung in den Fokus stellen, **interne Storys** thematisieren oder doch Help- und Tutorial-Content erstellen: Der Weg zu Ihrem eigenen Format ist hier in fünf Schritten zusammengefasst.

Schritt ❶: Sie müssen wissen, welche **Probleme Ihre Videos lösen**. Hierbei kommen Ihre **Marketingziele** ins Spiel: Welche Rolle sollen die YouTube-Videos in Ihrem gesamten Marketingmix spielen? Wollen Sie Aufmerksamkeit erzeugen? Kaufentscheidungen beeinflussen? Direkten On- oder Offlineverkauf fördern? Die Kundenbindung stärken? Die hier getroffene Entscheidung ist das **Fundament** für die nächsten Arbeitsschritte.

Schritt ❷: Ihnen muss klar sein, **wen Sie mit Ihren Videos erreichen möchten**. Welches Alter hat Ihr Wunschzuschauer? In welcher Situation wird Ihr Video voraussichtlich angesehen? In purer Entspannung abends auf dem Sofa oder unterwegs in akuter Not, um schnell eine Antwort auf eine Frage zu erhalten? Welche Videos schaut Ihre Zielgruppe sonst auf YouTube, und an welchem Ort werden die Filme angesehen?

Schritt ❸: Erarbeiten Sie ein **klares Bild Ihrer Marke** auf YouTube: Wofür steht Ihre Marke, und wofür soll sie stehen? Wie werden die Kernmarkenbestandteile erlebbar gemacht, und wer wird zum **Gesicht Ihrer Firma**?

Schritt ❹: Lernen Sie Ihre Konkurrenten kennen: Wer ist in Ihrem Themengebiet bereits aktiv, und welche **Wettbewerberformate** sind erfolgreich? Auf YouTube sind neben Ihren klassischen Marktbegleitern aus der Offlinewelt zusätzlich Privatpersonen mit eigenen Kanälen aktiv und können zu Konkurrenten werden.

Schritt ❺: Definieren Sie Ihre **Ziele** transparent, um diese überwachen und Ihre Aktivitäten weiter optimieren zu können. Wie erläutert, ist der Weg zu gutem YouTube-Content ein Prozess, der fortlaufend angepasst werden kann und manchmal auch muss.

Fazit Kapitel 4: Fassen wir zusammen

Die wichtigsten Eckdaten des Kapitels für Sie im Überblick:

- Wertvolle Inhalte gibt es nicht auf Knopfdruck: Der Aufbau von außergewöhnlichen Inhalten ist ein **Prozess,** in dem die Analyse der erreichten Ziele, die Nachjustierung und der Austausch mit Ihren Zuschauern wichtige Rollen spielen.
- Die **Investition in wertvolle Inhalte** will gut geplant sein: Mit Ihrer Content-Strategie legen Sie fest, welche Inhalte in welchem Format über welchen Kanal aufgebaut werden und welche messbaren Ziele Sie damit verfolgen.
- Entwickeln Sie die Film- und Formatideen aus der **Nutzerperspektive** heraus: Jedes Video sollte stets ein Problem lösen oder eine Frage Ihrer Wunschkunden beantworten.
- Reichern Sie Ihre Filme um ein **emotionales Thema** an: So grenzen Sie sich von Konkurrenten ab und stellen sicher, dass Ihre Botschaften mit ganz besonderer Wirkung beim Zuschauer ankommen.
- Schreiben Sie Ihre ganz eigene Geschichte: Wenden Sie **Storytelling** an, um sicherzugehen, dass Ihre Inhalte vom Zuschauer mit Spannung verfolgt werden. Bringen Sie die Inhalte in eine Struktur (Einstieg, Hauptteil, Schlussteil) – das hilft Nutzern dabei, Ihre Message gut zu verstehen.
- Wählen Sie aus den unterschiedlichen YouTube-**Formatstrategien** (Kampagnenansatz, Kollaborationsansatz, Content-Marketing-Ansatz) den für Ihr Vorhaben am besten passenden aus. Testen Sie die Wirkung Ihrer Filme und lassen Sie Raum für weitere Anpassungen Ihrer Formatidee.

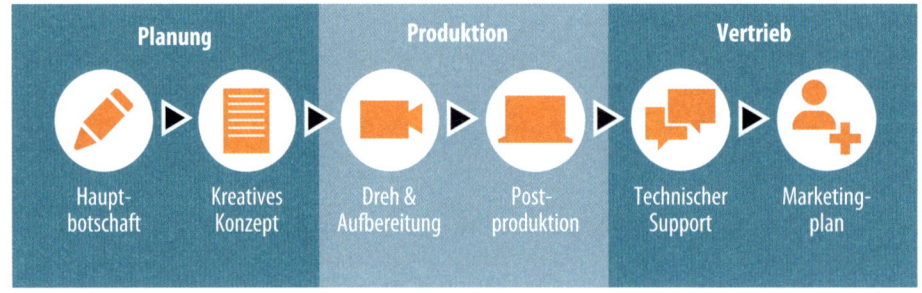

KAPITEL 5 | Überblick: Videoproduktion

Jetzt kommen wir zum Eingemachten: der **Produktion der Videos**. Ihre gesamte Vorarbeit fließt in diesen Arbeitsschritt mit ein. Um die vielen Puzzleteile aus Budget, Zielen, Content-Strategie, Storytelling und geplanter Tonalität zu einem **stimmigen Gesamtwerk** zusammenzusetzen, wird vor der Produktion das **Videokonzept** erstellt. Damit der fertige Film auf Ihre Marketingziele einzahlt und Ihre Zuschauer fesselt, sollten Videokonzept, **Produktionsplanung** und Kalkulation mit dem nötigen Vorwissen erstellt werden. Nur so können Ihre filmischen Ziele in einem für Ihr Vorhaben passenden **Kostenrahmen** realisiert werden.

Die Vorgaben im Videokonzept spielen die Schlüsselrolle, denn sie haben großen Einfluss auf die **Gesamtkosten** für den fertigen Film. Eignet sich Ihre Videoidee dazu, kostengünstig **mit eigenen Mitteln** im Unternehmen umgesetzt zu werden? Oder muss Ihr Video durch externe Profis und mit einem Team von Kamera-, Ton-, Licht- und Regie-Experten sowie Sprechern und Schauspielern produziert werden?

Ihre wertvolle Vorarbeit ist umsonst, wenn bei Konzept, Planung oder der Produktion selbst etwas schiefläuft. Erfüllen die fertige **Story** und die Ton- oder **Bildqualität** nicht die Erwartungen Ihrer Zuschauer, ist das fast schon der Todesstoß für Ihren Auftritt in der YouTube-Welt. Daher empfehlen wir, beim Einstieg in die Videokonzeption und Produktion auf erfahrene Experten zu setzen, sodass der fertige Clip am Ende auch wirklich alle **Erwartungen** erfüllt.

Dieses Kapitel vermittelt Ihnen das Handwerkszeug, um die Videoproduktion in die Wege zu leiten und zu verstehen, welche Arbeitsschritte von der ersten Idee bis zum fertigen Film nötig sind. Sie lernen zu entscheiden, ob Sie die Videos in Eigenregie oder besser mit Unterstützung externer Dienstleister erstellen. Nicht zuletzt geben wir Ihnen grobe Richtwerte für die **Kalkulation** der Kosten an die Hand.

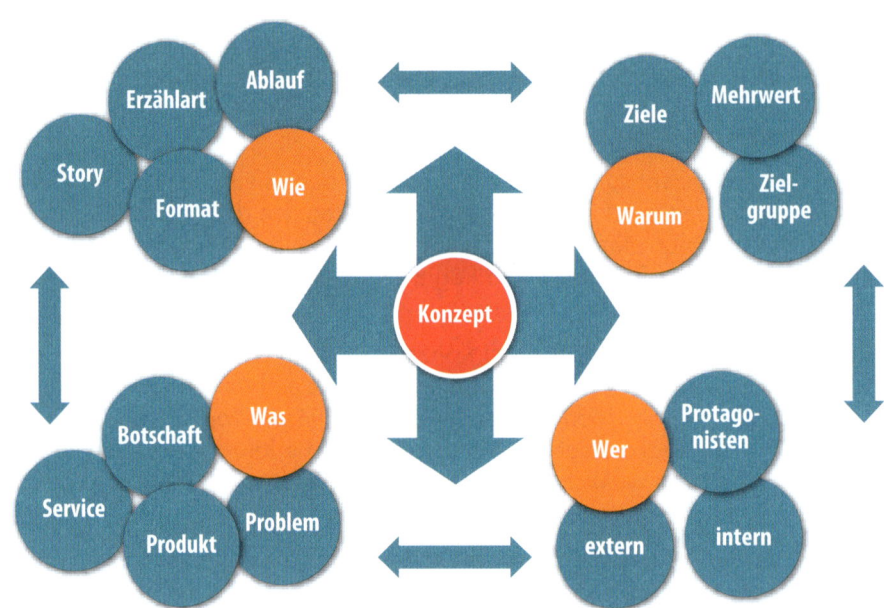

Videokonzept: Die Idee zum Film wird geboren

Im Konzept zum Video werden Ihre **Zieldefinition** (z.B. Branding, Help-Content, Sales), Vorgaben zur Erwartung Ihrer **Zielgruppe** (bzw. Buyer Persona) sowie Angaben zu gewünschter **emotionaler Wirkung** und Tonalität des Films zusammengefasst. Das passende Konzept ist der Schlüssel, um Ihre Marketingziele mit dem fertigen Film zu erreichen und mit dem Video die **gewünschte Reaktion** beim Zuschauer auszulösen.

Im Filmkonzept werden die Geschichte und der Ablauf des Films entworfen. Es definiert im Detail, **was** Ihr Video leisten soll. Welche Aussage, **Kernbotschaft** oder Problemlösung wird transportiert? Wird darin ein Produkt oder ein Service vorgestellt? Soll ein neuer Prozess im Unternehmen erklärt werden? Oder wird ein häufig gesuchtes Thema aufgegriffen und auf inspirierende Art vorgestellt?

Auch das **Wie** wird im Konzept umrissen: Welches Format, welche Story und **Erzählart** und welcher Ablauf kommen zum Einsatz? Drehen Sie ein Tutorial-Video, in dem Sie Fragen Ihrer Kunden beantworten? Oder präsentieren Sie eine **Serie** über Herstellungsprozesse, Mitarbeiter- oder Kundenerlebnisse? Das Filmkonzept beantwortet diese Fragen.

Entscheidend für die Produktionskosten ist auch, mit **wem** der Film erstellt wird. Sind die Protagonisten eigene Mitarbeiter? Benötigen Sie **Schauspieler** oder 3-D-Animationen? Beides kann die Produktionskosten in die Höhe treiben. Was für Ihr Vorhaben besser ist, hängt von der Erwartung Ihrer Zuschauer ab. Reicht ein spontanes iPhone-Video, oder ist eine Profi-Produktion vonnöten, um das Thema professionell zu behandeln?

Last, but not least definiert das Konzept das **Warum** des Films. Hierbei wird der Mehrwert für den Zuschauer beziehungsweise die angebotene Problemlösung für Ihre Zielgruppe beschrieben. Die in Ihrer Content-Strategie definierten Eckpfeiler bilden die Grundlage, um das Warum der **Videoumsetzung** festzulegen. Sobald das Konzept diese Fragen beantwortet, kann die Produktion kalkuliert und geplant werden.

Konzepterstellung inhouse

VORTEILE

- ☐ Tiefes Verständnis der eigenen Marke
- ☐ Persönliche Mitwirkung verbessert die Qualität des Ergebnisses
- ☐ Vollständige kreative Kontrolle
- ☐ Das eigene Equipment ist jederzeit verfügbar
- ☐ Eigener Zeitplan
- ☐ Größe des Teams bestimmt Output
- ☐ Mit einem erfahrenen Team kann die Produktion schneller sein
- ☐ Es macht Spaß!

NACHTEILE

- ☐ Schwer, neutral zu sein
- ☐ Investition ins Equipment ist anfangs teuer
- ☐ Produktivitätsverlust, da Mitarbeiter nicht an anderen Projekten arbeiten
- ☐ Teamgröße beeinflusst Produktionsmöglichkeiten
- ☐ Manche Fähigkeiten muss man sich doch einkaufen
- ☐ Es wird länger dauern als geplant
- ☐ Die ersten Videos werden bestimmt nicht perfekt sein
- ☐ Wer kümmert sich um das Medienmanagement?

Konzepterstellung extern

VORTEILE

- ☐ Neutraler, unparteiischer Standpunkt
- ☐ Größere Auswahl an Equipment
- ☐ Spezialisten und Know-how
- ☐ Erfahrung in der Erstellung von Content für ähnliche Unternehmen
- ☐ Kalkulation von Kosten und Timing ist einfacher
- ☐ Anfangs definitiv bessere Qualität
- ☐ Kürzere Produktionszeit

NACHTEILE

- ☐ Für einzelne Videos oft teurer
- ☐ Verlust von interner Kontrolle
- ☐ Man teilt sich die Zeit mit anderen Kunden
- ☐ Mehr Kommunikation ist nötig, um die Details zu klären
- ☐ Zeit ist notwendig, um richtigen Partner zu finden
- ☐ Man muss trotzdem Zeit in die Vorbereitung und Planung investieren

Erstellung des Videokonzepts: inhouse oder extern?

Die Frage aller Fragen lautet, wer die Konzepterstellung für Ihr Video durchführt. Neben Angeboten von Werbe-, Marketing- und Videoagenturen gibt es für diese Aufgabe **Konzepter**. Der Konzepter berücksichtigt Ihr Marketingziel in Verbindung mit dem vorhandenen Budget, entwirft Drehbuch und Storyboard für Ihren Film und beschreibt den Ablauf der Produktion in einem individuellen **Drehplan**.

Ob Sie diesen Arbeitsschritt **mit eigenen Mitteln** bewältigen können oder besser einen erfahrenen **Dienstleister** ins Boot holen, kann nicht pauschal beantwortet werden. Das hängt von Ihren Marketingzielen, den Formatideen und vor allen Dingen von dem vorhandenen Vorwissen im Unternehmen ab.

Neben den rationalen Informationen und Zielen muss vor allem die emotionale **Wirkung** der Filme im Konzept beschrieben werden: Ist das Video ruhig oder eher hektisch oder soll es lieblich-verspielt sein? Wollen Sie bestimmte Aussagen, Emotionen, Momente, Personen oder Produkte besonders hervorheben? Gilt es, eine provokante Frage zu stellen und die Zuschauer damit zur Diskussion anzuregen? All diese Überlegungen sind wichtig, damit der fertige Film am Ende die richtigen Inhalte mit passender emotionaler Untermauerung und in passender **Produktionsqualität** präsentiert und Ihr Publikum damit rational wie emotional gefesselt wird.

Tipp

Wenn Sie erstmalig mit YouTube und der Videoproduktion beginnen, empfehlen wir Ihnen, für die Konzepterstellung auf die Unterstützung eines erfahrenen Experten zu setzen. Nicht umsonst gibt es ganze Studiengänge, die Wissen zur Filmproduktion vermitteln. Diese externe Hilfe wird auch in Ihrem Unternehmen Wissen aufbauen, sodass Sie nach den – durch Externe unterstützten – ersten Gehversuchen in Schritt zwei anfangen können, allein zu laufen und weitere Produktionen mehr in Eigenregie konzipieren. Hilfe zur Selbsthilfe ist hier das Stichwort.

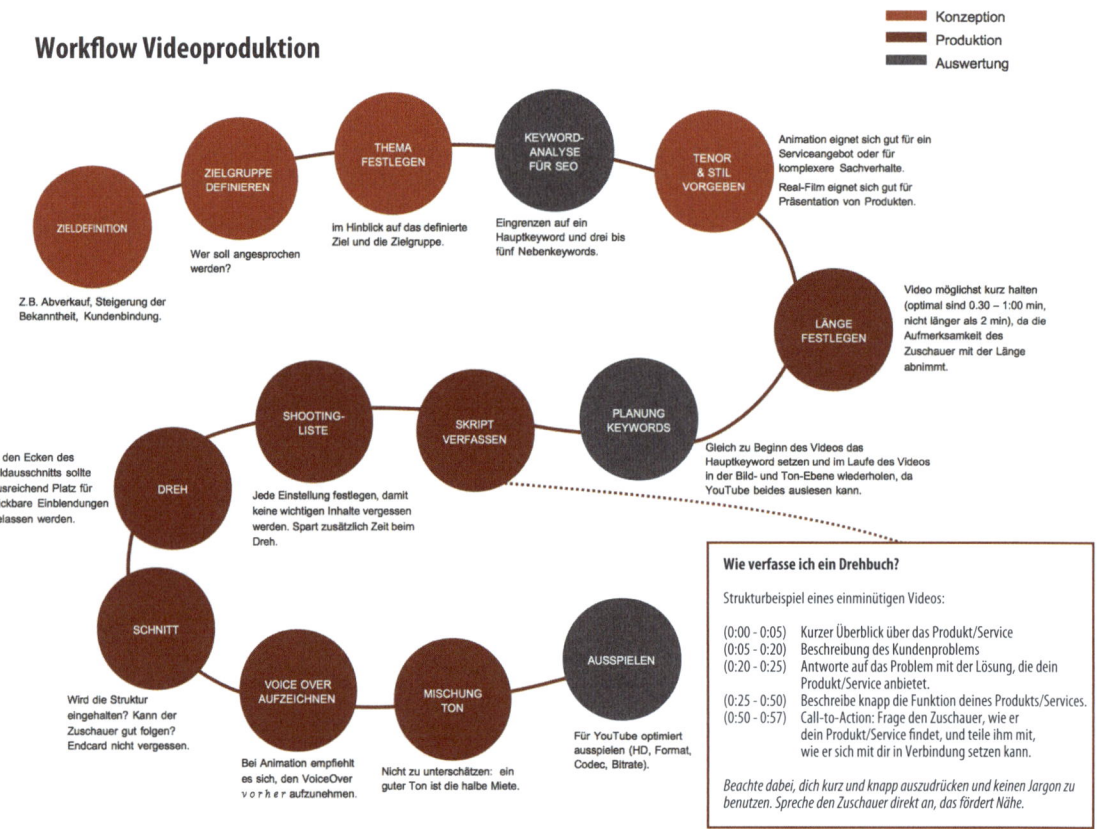

Produktionsablauf im Überblick

Ist das Filmkonzept final, wird die Produktion im Detail geplant. In der Grafik links sehen Sie den vereinfachten Ablauf der **Filmproduktion**. Diese Übersicht hilft Ihnen, die einzelnen Arbeitsschritte stufenweise zu planen und in die Wege zu leiten. Ist Ihr Ziel, dass Ihre Videos später in den Google-Trefferlisten bzw. in der YouTube-Suche weit oben auftauchen, dürfen Sie **vor der Produktion** und der Briefing-Erstellung nicht die **Keyword-Analyse** vergessen.

Die Ergebnisse der Keyword-Analyse werden im Drehbuch berücksichtigt, und sie legen fest, bei welchen Suchanfragen und Suchthemen Ihr Film später auffindbar sein soll (sofern das überhaupt Ziel Ihres Videos ist). Details zum Ablauf der Keyword-Analyse finden Sie im Abschnitt »Keyword-Analyse: die Basis für Ihre Auffindbarkeit« auf Seite 189.

Basierend auf Filmkonzept und Keyword-Analyse legen Drehbuch und Storyboard die einzelnen Szenen, Aufnahmen und Perspektiven fest, die am Drehtag am Set aufgenommen werden. Je besser die Planung für den Dreh, desto schneller sind die **richtigen Szenen** im Kasten und können in der anschließenden **Postproduktion** zum fertigen Video zusammengeschnitten werden.

Im Rahmen der **Produktionsplanung** kommt die Kostenschätzung auf Sie zu. Die Höhe der Kosten für den gesamten Produktionsablauf hängt von vielen Faktoren ab. Zum Beispiel davon, wie viele Arbeiten Sie mit Ihrem Team erledigen und wofür Sie Dienstleister beauftragen. Auch zwischen Dienstleistern gibt es **enorme Preisunterschiede**: Ein preisgekrönter Filmemacher fordert andere Tagessätze als Filmstudenten.

Die für Sie passende Kombination für die Umsetzung finden Sie heraus, indem Sie sich informieren, unterschiedliche **Angebote vergleichen** und so herausfinden, welche Art von Support am besten zu Ihren Möglichkeiten passt.

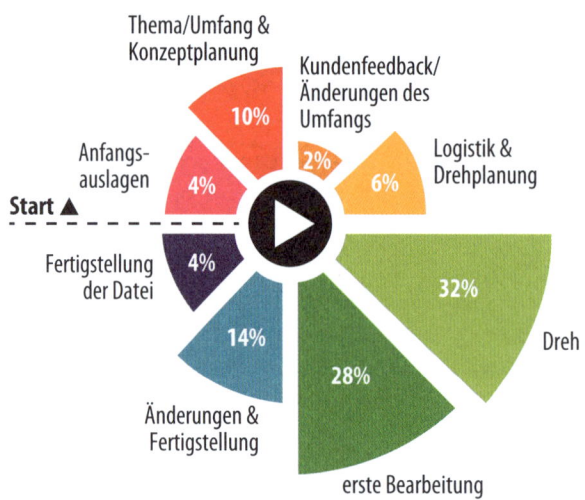

Aufwände schätzen: Was kostet die Videoproduktion?

Die **Frage nach den Kosten** für einen Film ist vergleichbar mit der nach den Kosten für ein Auto – reicht der kleine gebrauchte japanische Stadtwagen für Ihren Bedarf aus oder ist der nagelneue Porsche mit Vollausstattung und Chauffeur-Service das richtige Werkzeug, um Ihre Zuschauer zu faszinieren?

Denn ob ein **Einmann-Team** für Konzept, Dreh und Postproduktion ausreicht oder für Kamera, Animation, Regie, Licht und Ton **separate Spezialisten** benötigt werden, hängt von Ihren individuellen Zielen ab. Gern würde ich Ihnen eine Formel präsentieren, mit der Sie in drei Schritten berechnen können, **wie teuer** der für Sie passende Film wird. Doch obwohl ich viele Regisseure, Filmemacher, Werber, TV- und Web-Produktionsspezialisten kenne und selbst etliche Videoprojekte kalkulieren und durchführen durfte, ist das leider nicht so einfach möglich.

Es gibt **zündende Ideen**, die mit Smartphone und minimaler Postproduktion realisiert werden und Ihr Ziel bestens erfüllen. Ebenso gibt es Aufgabenstellungen, die nur mit großer Crew, **Profiausrüstung** und **aufwendigem Set** realisierbar sind. Dazwischen liegen unendlich viele Kombinationen, bei denen einzelne Arbeitsschritte ausgelagert werden. Das gilt sowohl für das Know-how als auch für die Technik, die für den Dreh benötigt wird. Statt zu es zu kaufen, können Sie Equipment zum Beispiel auch mit oder ohne Personal für Ihren Dreh **mieten**.

Um Ihr individuelles Videoziel zu erfüllen, sind also **viele beeinflussende Faktoren** zu berücksichtigen, die die Gesamtkosten ausmachen. Damit Sie ein Gefühl für die etwaige Investitionshöhe erhalten, habe ich – basierend auf vielen Gesprächen – zwei Szenarien für Sie entworfen, die Sie als erste Richtwerte für die Berechnung einer Inhouse-Umsetzung im Vergleich zu einer Fremdumsetzung verwenden können.

Zunächst aber noch einige Tipps für Sie, die Ihnen helfen sollen, das **bestmögliche Videoergebnis** für Ihr Vorhaben zu einem **fairen Preis** zu erhalten.

Tipps, wie Sie die Produktionskosten geringhalten

Auf YouTube sind Hochglanz-Werbefilme eher fehl am Platz – die Zuschauer erwarten meist keine Kino-Produktionsstandards. Damit der Funke auf den Zuschauer überspringt, sorgen Geschichte, Dramaturgie, Spannung, Emotion, Ton, Musik und Rhythmik, Farbmischung und Schnitt dafür, ein **wertvolles Ergebnis** entstehen zu lassen. Erst das Anwenden der **Regeln des Filmemachens** macht aus Ihrem Video etwas Besonderes. Wird an der falschen Ecke gespart, entsteht ein mittelmäßiges Video, das in der Flut der Inhalte untergeht. Daher sollte die **Qualität des Videos** und nicht das Sparen im Vordergrund stehen. Folgende Tipps sollen Ihnen helfen, selbst aus kleinsten Budgets das Beste herauszuholen:

- Lernen Sie die wichtigsten **Grundlagen** des Filmemachens kennen. In vielen Städten gibt es Seminare und **Workshops** zur Film- und Videoproduktion. Hier lernen Sie Tricks und Tipps kennen – das hilft Ihnen, zu entscheiden, wie sich Ihr Vorhaben am besten realisieren lässt.
- Agenturen bieten an, Ihnen als Sparringspartner für die erste Filmkonzeption und Produktion zur Seite zu stehen. Dieses individuelle **Coaching** baut wichtiges Grundwissen in Ihrem Team auf, das Sie langfristig in die Lage versetzt, Videos komplett selbst zu erstellen.
- Leben Sie in einer Medienhochburg wie Köln, Berlin oder München? Dann schauen Sie nach Online- und **Videomarketing-Netzwerken**. In Köln gibt es beispielsweise etliche Stammtische und Netzwerkveranstaltungen, bei denen Sie Experten treffen und befragen können.
- Gibt es in Ihrer Stadt **Hochschulen** oder Institute, die den Filmnachwuchs ausbilden? Oft werden Unternehmen für **Praxisprojekte** gesucht, und die Studenten freuen sich über die Möglichkeit, ihr erlerntes Wissen auch in der Praxis anzuwenden. So können Sie manchmal wirklich tolle Ergebnisse zu einem fairen Preis erzielen.

Rechenbeispiel: Videos selbst inhouse produzieren

Wir gehen bei der folgenden Beispielrechnung davon aus, dass Sie eine Inhouseproduktion von Tutorial- und Help-Content mit eigenem Equipment durchführen möchten. Folgende Kosten fallen fürs Equipment an:

- **Kamera**: Wichtig bei der Kamera ist die HD-Auflösung. Einfache HD-Kameras gibt es ab ca. 150 Euro. Die Varianten mit hochwertigerem Bild, mehr Anschlüssen und Funktionen liegen bei 800 bis 1.500 Euro.
- **Beleuchtung**: Ab ca. 100 Euro erhalten Sie Tageslicht-Softbox-Lampen – je nach Drehort kann das reichen. Professionellere Halogen-Videoleuchten für dunkle Räume gibt es ab knapp 200 Euro.
- **Ton und Audio**: Gut ist, wenn Ihre Kamera einen Audioausgang für externe Mikrofone besitzt. Ob Sie mit Richtmikrofon, Tisch- oder Ansteckmikrofon arbeiten, hängt von Ihrem Filmkonzept ab. Ansteck-mikrofone gibt es ab 100 Euro, gute hochwertigere Mikrofone liegen zwischen 500 und 800 Euro.
- **Stative und Befestigungen**: Ein Mittelwert für Stative und Befestigungen liegt bei 300 bis 500 Euro.
- **Schnittcomputer und Software**: Der Rechner sollte HD-Filme bearbeiten und schneiden können. Die Software für Bildbearbeitung reicht von Freeware (Apple iMovie) bis hin zu Profi-Schnittsoftware von Adobe. Kalkulieren Sie mit einem Richtwert von 1.000 bis 2.000 Euro für beides.
- **Kosten für Anleitung und Beratung**: Ich empfehle Ihnen, zum Einstieg in die eigene Produktion auch einen Posten für Workshops bzw. beratende Unterstützung einzuplanen. Rechnen Sie für externe Beratertage mit einem Tagessatz von 800 Euro.

Achtung: Die Kosten für den Zeiteinsatz Ihrer Mitarbeiter sollten Sie in Ihrer Berechnung nicht vergessen!

Tempo, Preis, Qualität
Drei Faktoren, die eine Videoproduktion beeinflussen

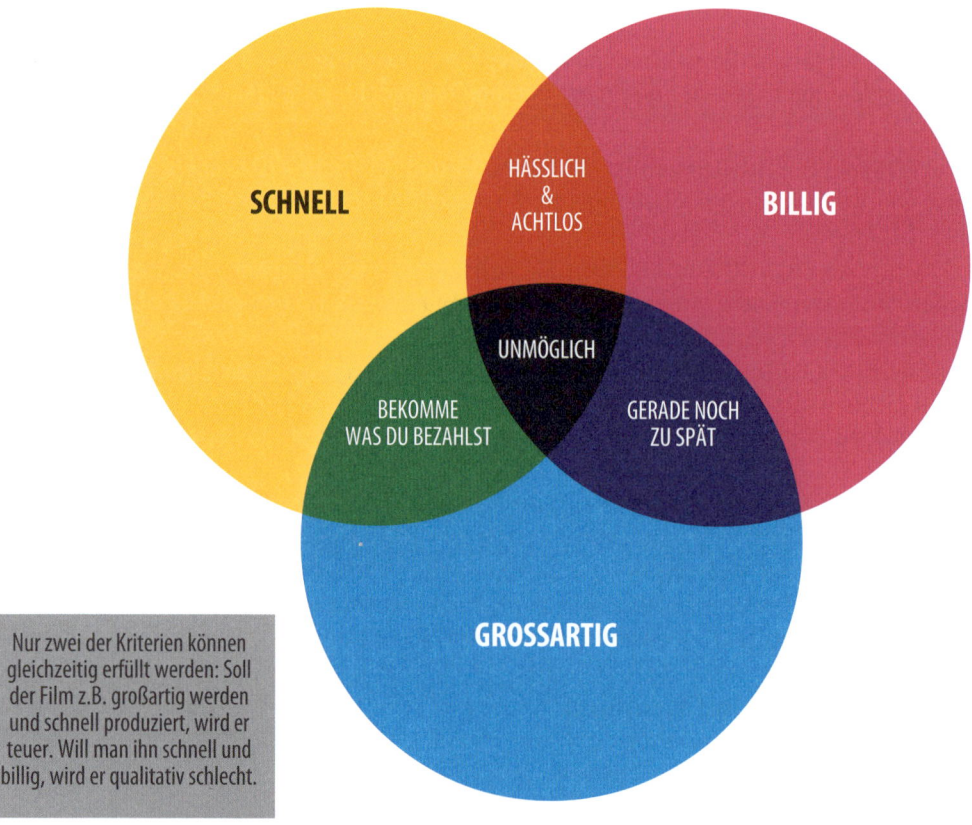

Nur zwei der Kriterien können gleichzeitig erfüllt werden: Soll der Film z.B. großartig werden und schnell produziert, wird er teuer. Will man ihn schnell und billig, wird er qualitativ schlecht.

Videoproduktion extern beauftragen

Um vergleichbare Angebote für die Videoproduktion einzuholen, benötigen Sie ein **Briefing**. beschreiben Sie Ihre **Ziele, Anforderungen** und Wünsche – hier eine Vorlage für Ihr Vide fing: *http://goo.gl/qW4Ann*. Je klarer Sie **das anvisierte Ergebnis** darin auf den Punkt b gen, desto passender fallen die Angebote aus. Steht Ihr Briefing, geht es an die Auswahl der Anbieter, bei denen Sie **Angebote** einholen.

Gibt es ein Video oder einen YouTube-Kanal, der Ihnen gut gefällt? Bringen Sie in Erfahrung, wer dahintersteckt – dieser Weg hilft, gute Anbieter ausfindig zu machen. Oder Sie googeln nach Videoproduktions-, YouTube- und Videomarketing-Agenturen, fragen Kollegen oder knüpfen Kontakte auf Konferenzen und Netzwerktreffen. Die Recherche auf Google+, Xing oder in anderen Online-Communitys kann ebenso helfen wie ein Aufruf in Ihrem Facebook-Stream, ob jemand eine gute Videomarketing-Agentur kennt.

Drei wichtige Tipps, bevor Sie Angebote anfragen:

1. Schauen Sie sich **Referenzfilme** und **Referenz-YouTube-Kanäle** an. Hat der Dienstleister Videos oder gar ganze YouTube-Kanäle erstellt, die Ihren Vorstellungen für den eigenen Film entsprechen?
2. Prüfen Sie neben Showreels (Demoaufnahmen) auf der Anbieterseite, wie der Film im Netz »angekommen« ist. Gibt es positives Feedback der Zuschauer? Sind die Aufrufzahlen gut? Wurde der Film häufig kommentiert und im Netz geteilt? Das sind alles **Signale**, die für ein gutes Ergebnis sprechen.
3. Stellen Sie sicher, dass der Dienstleister neben Filmerfahrung auch **Erfahrung** mit **Internetvideos** hat. Denn die Regeln der Filmerstellung sind für Facebook gänzlich andere als die für einen YouTube-Clip. Hier gilt es z. B., Keywords einzubinden, Interaktionsmöglichkeiten zu schaffen und Einblendungen im Film zu vermischen mit solchen, die auf YouTube integriert werden.

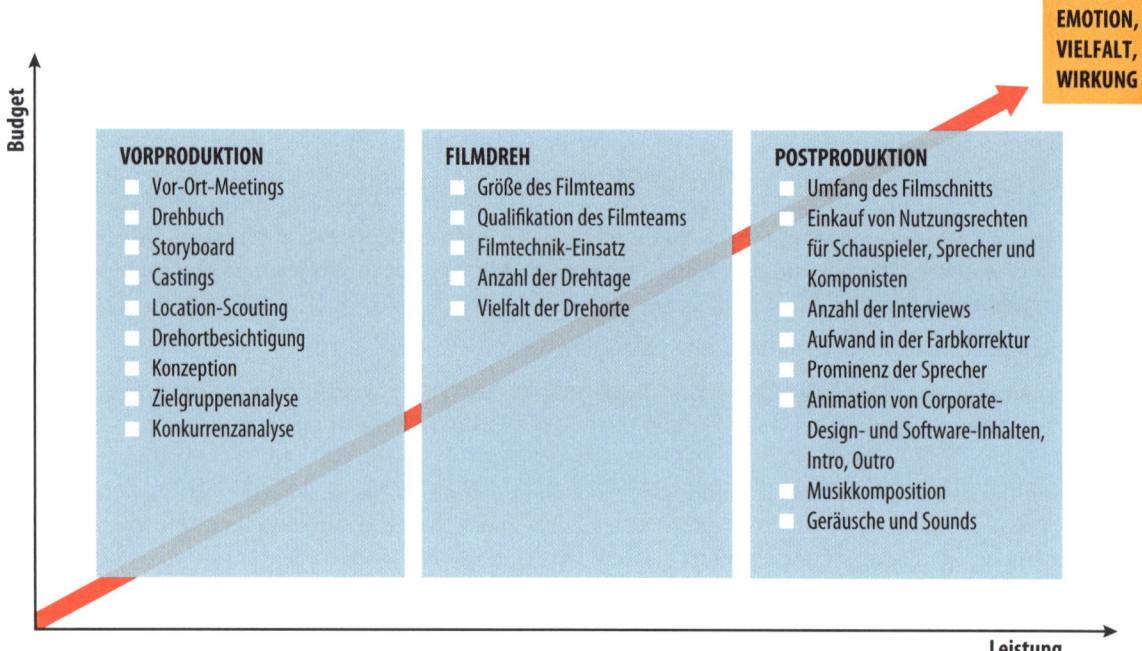

Beispielkalkulation für externe Videoproduktion

Feinkonzept und Drehplan für eine zwei- bis fünfminütige Firmendarstellung: Geplant sind Mood-Aufnahmen, ein Interview und Situationen im Unternehmen. Gesamtaufwände ca. 2.250 Euro, wie folgt kalkuliert:

- Projektleitung: ein Tag (Beratung, Organisation, Disposition), Tagessatz: ca. 750 Euro
- Redaktion: zwei Tage (Recherche, Konzept, Off-Text, Storyboard), Tagessatz ca. 750 Euro

Produktion: Wir gehen von einem Drehtag vor Ort aus. Gesamtaufwände ca. 2.650 Euro, wie folgt kalkuliert:

- Kameramann: Tagessatz ca. 750 Euro
- Ton-Assistent: Tagessatz ca. 450 Euro
- Realisation & Regie: Tagessatz ca. 850 Euro
- Equipment: zwei Kameras, Ton und Licht – Durchschnittswert ca. 600 Euro pro Tag

Schnitt & Postproduktion: Hierfür liegen die Aufwände in Summe bei 3.950 Euro, wie folgt kalkuliert:

- Cutter inkl. Schnittplatz: zwei Tagessätze, jeweils ca. 850 Euro
- Schnittredaktion, Abstimmung mit Kunden inkl. Änderungsrunde: drei Tagessätze, jeweils ca. 750 Euro

Audio/Musikrechte: Musiklizenz mit Rechten zur Onlineauswertung für ca. 50 Euro.

Grafik: Für Einblendungen sowie Intro und Outro zum Film rechnen wir eine Pauschale von 1.000 Euro.

Fazit: Die Kosten für den oben genannten Film (basierend auf echten Schätzwerten von Videoproduktionsexperten) liegen bei 9.900 Euro. Mit hohem Eigenengagement in Verbindung mit der Suche nach guten und günstigen Freiberuflern lässt sich so ein Film auch mit weniger Budget realisieren. Dafür müssen Sie dann selbst deutlich mehr Zeit einbringen und eine Menge Koordinationsaufwand betreiben. Die oben genannte Kalkulation dient als erste Orientierungsgrundlage für Ihre Budgetplanung.

```
≡ YouTube DE        Mallorca Urlaub
                    mallorca urlaub 2016
                    mallorca urlaub reportage
   Start            mallorca urlaub tipps
                    mallorca urlaub vlog
   Mein Kanal       mallorca urlaub 2015
   Trends           mallorca urlaub doku
   Abos        12   mallorca urlaub fma
   Verlauf          mallorca urlaub party
                    mallorca urlaub familie
   Später ansehen   mallorca urlaub
```

Keyword	durchschn. Suchvolumen pro Monat auf Google	Wettbewerb	Videointegration bei Google S.1
übungen für den rücken	2400	0,4	ja
rückenschmerzen was tun	1900	0,75	nein
rückenschmerzen übungen	1600	0,61	ja
was tun gegen rückenschmerzen	1600	0,6	nein
rückenübungen für zuhause	1600	0,54	ja
dehnübungen rücken	1300	0,24	ja
übungen gegen rückenschmerzen	1300	0,57	ja
was hilft gegen rückenschmerzen	1300	0,65	nein
was tun bei rückenschmerzen	1000	0,66	nein
übungen bei rückenschmerzen	880	0,64	ja
was hilft bei rückenschmerzen	480	0,77	nein
hausmittel gegen rückenschmerzen	390	0,55	nein
was kann man gegen rückenschmerzen mac	390	0,55	nein
mittel gegen rückenschmerzen	260	0,99	nein
starke rückenschmerzen was tun	170	0,65	nein
dehnübungen für den rücken	140	0,28	nein

Keyword-Analyse: die Basis für Ihre Auffindbarkeit

Sie können viele Zuschauer auf Ihre Filme lenken, indem Ihre Videos in der YouTube-Suche und auch bei Google **auffindbar** werden. Dazu müssen Sie Suchabfragen (Keywords) finden, bei denen es möglich und lohnend ist, Ihr Video in die Suchergebnisse zu bringen. Hierzu ist die **Keyword-Analyse** unverzichtbar.

Für diesen Zweck untersuchen Sie mögliche **Suchabfragen** Ihrer Zielgruppe hinsichtlich **Suchvolumen** und Passung zu Ihrer Videoidee. **Tools** wie der Google Keywordplanner, das Keywordtool.io, Hypersuggest.com (für W-Fragen), die YouTube Trendmap oder Google Trends helfen Ihnen bei der Recherche. Auch hilft die Eingabe des für Sie relevanten Begriffs in der YouTube-Suche selbst. Durch die sog. **Autosuggest-Funktion** schlägt Ihnen YouTube aktuelle weitere Suchabfragen zu Ihrem Hauptschlagwort vor ❶: Als Mallorca-Urlaubsanbieter könnten Sie z. B. z. B. Videos zum Thema »Mallorca-Urlaub-Tipps« erstellen.

Konzentrieren Sie sich auf Suchabfragen, die Wörter wie »Anleitung«, »Tutorial«, »Fragen« (z. B. »Wie mache ich XYZ?«), »Testbericht«, »Lernen« oder auch »Übungen« enthalten. Hier ist die Wahrscheinlichkeit hoch, dass Ihr Video in die **Google-Trefferlisten** gelangt. Auch wenn bereits YouTube-Videos auf Seite 1 bei Google gelistet sind, ist die Chance groß, dass Ihr Video ebenfalls dort erscheint.

Nachdem Sie Formulierungen Ihrer Zielgruppe gesammelt haben, prüfen Sie in Schritt 2 das Suchvolumen zu jeder Suchwortkombination mit dem Google Keywordplanner ❷. Hier sehen Sie, welche Suchwortkombinationen sich zum Beispiel für ein Übungsvideo gegen Rückenschmerzen eignen würden. Eine Physiotherapie-Praxis hätte hier direkt eine große Bandbreite möglicher Videothemen, für die dann das Video erstellt werden kann.

Haben Sie herausgefunden, auf welche Suchabfrage Ihr Video optimiert werden soll, muss dieses Keyword im Briefing für das Filmkonzept und beim Dreh berücksichtigt werden, damit es entsprechend im Film eingebunden werden kann. Wie das genau funktioniert, lesen Sie auf der nächsten Seite. **Zusätzliche Tipps**, um Ihre Videos auffindbar zu machen, finden Sie auch in diesem Webinar: https://goo.gl/ZHJipD.

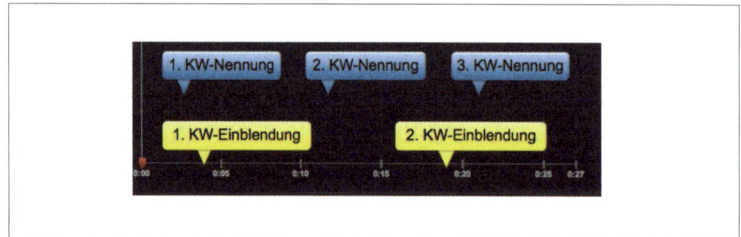

Keywords im Film berücksichtigen: So geht's

Bereits bei der Erstellung Ihrer Videos legen Sie das Fundament für die spätere Auffindbarkeit bei Google & Co. Denn die Software von YouTube ist sehr gut darin zu verstehen, um welches Thema es in Ihrem Film geht. Daher ist es wichtig, bereits **vor Drehbeginn** zu klären, bei welchen Suchanfragen (Keywords) Ihr Video später gefunden werden soll, und Ihrer Produktionscrew dazu klare Anforderungen mitzugeben.

Haben Sie die zu Ihrem Video passende Suchabfrage (Keyword) gefunden, sollte diese direkt am Anfang des Videos **erwähnt** werden (z.B. durch gesprochene Anmoderation). Zusätzlich sollte das Keyword auch als Text möglichst zu Beginn des Films **eingeblendet** werden. Auch semantisch relevante Wörter um Ihr Haupt-Keyword herum sollten auf der Audiospur des Videos integriert werden (durch die Stimme aus dem Off, Diskussion im Film etc.). Denn YouTube hört und sieht mit, sodass die Nennung und Einblendung der Wörter, bei denen das Video auffindbar werden soll, eine wichtige Rolle spielen.

Da auch die **Reaktionen** der Zuschauer auf den Film Einfluss auf die spätere Auffindbarkeit des Videos in den Google-Suchergebnissen haben, sollten Sie eine weitere Regel berücksichtigen: Je mehr Zuschauer Ihres Videos Ihr Keyword in den **Kommentaren** nennen bzw. in den Kommentartexten Inhalte veröffentlichen, die zu Ihrem Keyword passen, desto besser ist das für Ihr Ranking.

> **Tipp**
>
> Sofern Ihr Videoziel ist, dass Nutzer auch über die Google-Suche auf Ihren Film stoßen, sollten Sie das Keyword möglichst zu Beginn des Films auf der Ton- und Bildspur einbinden. Zusätzlich sollte der Film so konzipiert sein, dass Zuschauer animiert werden, in den Kommentaren zum Video das Keyword beziehungsweise dazu passende Wörter zu veröffentlichen.

Drehbuch – die Anleitung für die Videoproduktion

Im **Drehbuch** werden der Film und die einzelnen Szenen inhaltlich so ausführlich wie möglich beschrieben. An dieser Stelle muss klar unterschieden werden, ob Sie einfach zu produzierende Filme in Ihrem Unternehmen in Eigenregie erstellen oder aufwendigen Hero-Content (siehe Seite 157) planen. Haben Sie in Ihrem Unternehmen erste Filmerfahrung gesammelt und einen YouTube-Produktionsprozess zur Erstellung von **Tutorial-Videos** etabliert, muss sicherlich kein großes Drehbuch her – hier kann auch ein Storyboard (siehe nächste Seite) beziehungsweise ein Ablaufplan ausreichen, der einmal die grundlegende Struktur für alle Tutorials festlegt.

Ist Ihr Ziel **Hero-Content**, der in anderen Medien beworben wird (z. B. das Hornbach-Herrenzimmer), ist ein Drehbuch Pflicht, um Drehtage, Set, Szenen und Dialoge wirklich gut vorzuplanen. Für solche Highlight-Filme wird der genaue Ablauf des Videos festgehalten. Dabei wird jede Aktion und jede Szene vorab festgelegt.

Das Drehbuch ist damit die **Grundlage** für die Umsetzung des Videos. In diesem Stadium müssen alle inhaltlichen Fragen geklärt werden. Am besten wird die Idee in Form eines schriftlichen Drehbuchs fixiert, das Sie abnehmen und freigeben. Denn die schriftliche Fixierung ist eine gute Methode, den Ablauf des Films »auf den Punkt« zu bringen. So können Sie vor dem Dreh ein Gefühl für das fertige Ergebnis bekommen.

Tipp

Für Videos mit geringem Produktionsaufwand (wie zum Beispiel How-to-Videos, Tutorials), die Sie selbst im Unternehmen produzieren, reicht eine stichwortartige Liste für den Filmablauf. Für aufwendige große Produktionen ist das Drehbuch ein wichtiger Zwischenschritt, um vor der Produktion zu prüfen, ob das fertige Ergebnis Ihren Anforderungen gerecht wird.

Storyboards erstellen

Credits: Filmproduktiosfirma

Titel wird eingeblendet

Szene #1: Eine einsame Straße im Wald

Szene #1: Man hört jemanden laufen, Nahaufnahme Beine

Szene #2: Man folgt dem Schritt des Läufers

Storyboard: Visualisierung Ihres Drehbuchs

Der im Drehbuch festgelegte Ablauf Ihres Videos wird über das **Storyboard** visualisiert. Dabei machen Bilder wie z. B. Zeichnungen, Skizzen oder Fotos den Ablauf des Films sichtbar. So sind die **visuelle Komponente** und die Vision des Regisseurs vorab für Sie **nachvollziehbar**. Das Storyboard liefert ergänzende Angaben in Worten. Geplante Kameraeinstellungen, einzelne Motive und Perspektiven sind so besser plan- und abstimmbar.

Das Storyboard ist also ein zusätzlicher »Sicherheitsschritt«, damit Sie **vor der Produktion** ein Gefühl für das angestrebte Ergebnis bekommen. Es ermöglicht, geplante Aufnahmen und Einstellungen an Ihre Wünsche anzupassen, **bevor es zu spät ist**. Denn sehen Sie die ersten Bilder erst nach dem Dreh, gibt es oft nur begrenzte Möglichkeiten, das Video umzugestalten.

Im Storyboard zeigen **Skizzen** die wichtigsten Szenen. Die **Positionen** der handelnden Figuren werden dabei räumlich festgelegt und **kameraspezifische Parameter** wie Einstellungsgrößen oder komplexe Sequenzen, Kamerafahrten und Bewegungen weiter ausgearbeitet. Der dabei entstehende Bilderfluss kann in der Folge bis zum Drehbeginn immer weiter perfektioniert werden und **erleichtert die Kommunikation** zwischen Auftraggeber und Produktionscrew.

Fürs Storyboard gilt: Steht Ihr **Video-Produktionsprozess** und Sie sind bereits ein eingespieltes Inhouseteam, das Videos regelmäßig selbst produziert, muss dieser Aufwand nicht sein. Auch kann in einigen Fällen anstelle des Drehbuchs ein vereinfachtes Storyboard ausreichen, um das Filmkonzept zu konkretisieren.

Für **Highlight-Content** und aufwendige Produktionen sollten Sie immer ein Storyboard anfordern und abnehmen – um zu verhindern, dass Ihre Erwartungen und das Ergebnis am Ende zu weit auseinanderliegen.

Den Drehtag planen – Tipps für die Vorbereitung

Egal, ob Eigenproduktion oder Dreh mit externen Dienstleistern: Der Drehtag ist immer etwas Besonderes. Die folgenden Tipps sollen Sie davor schützen, in die Standard-Fettnäpfchen eines Drehtags zu treten.

Tipps zur Vorbereitung des Drehtags:

- Wenn Sie in Ihrem Unternehmen drehen, sollten Sie Ihre Mitarbeiter frühzeitig informieren, wann genau an welchen Stellen Aufnahmen gemacht werden. Achten Sie darauf, **Telefone** während des Drehs umzuleiten oder auf **lautlos** zu stellen, damit keine Störgeräusche mit auf die Tonspur wandern. Auch sonstige Quellen von Störgeräuschen identifizieren Sie am besten schon vor dem Dreh, damit am Drehtag selbst keine ungeplanten Störtöne auftauchen.
- Sollten »Stimmungsaufnahmen« zum Beispiel von Meetings oder Diskussionen geplant sein, müssen Sie in jedem Fall Ihre **Mitarbeiter informieren**, dass sie in den Aufnahmen verewigt werden. Achten Sie hierbei darauf, dass die Mitarbeiter ihr Einverständnis für die Nutzung der Aufnahmen vorab geben. Sonst kann es später zu Ärger mit den **Bildnutzungsrechten** kommen (siehe den Abschnitt »Persönlichkeitsrechte – Recht am eigenen Bild« auf Seite 369).
- Stellen Sie sicher, dass ein Platz für die **Maske** sowie eine Anlaufstelle für **Verpflegung** und das Lagern der für den Dreh benötigten Geräte vorhanden sind. Alle am Dreh Beteiligten sollten zu Beginn eingewiesen werden, damit jeder weiß, wo was zu finden ist.
- Wenn Meeting- oder Arbeitssituationen gefilmt werden sollen, überlegen Sie sich vorab, welche **Bilder**, Grafiken oder Präsentationen auf den **Bildschirmen** oder Beamerbildern an der Wand gezeigt werden sollen. Idealerweise erstellen Sie diese ganz gezielt vorab in Absprache mit dem Regisseur oder Ihrem für den Dreh verantwortlichen Mitarbeiter.
- Sorgen Sie dafür, dass Sie genug freie Zeit nach hinten heraus planen. So bringen Sie Verzögerungen im Laufe des Tages nicht aus der Ruhe.

DREHPLAN

Wann	Wen	Was	Drehort	Kamera	(Regie)	Erledigt?
	???	Einführung	Keller 1	Michelle, Sabrina	Sefa, Caroline	
	???	"	Keller 2	Sefa, Caroline	Michelle, Sabrina	
	???	"	Hörsaal	Michelle, Sabrina	Sefa, Caroline	
	???	"	Innenhof	Sefa, Caroline	Michelle, Sabrina	
	Materialgruppe	→Doku →Interview	2			
	Schauspielgruppe	→Proben →Interview	B 409/410			
	Blog-Gruppe	→Doku →Interview	(EDV-Raum)			

Der Drehplan: exakter Ablaufplan für Ihren Dreh

Der **Drehplan** legt den exakten Ablauf der Dreharbeiten fest. Darin werden die unterschiedlichen Szenen und Aufnahmeorte geplant, um zeit- und kosteneffizient zu arbeiten. **Hierzu ein Beispiel**: Im fertigen Video soll chronologisch eine Szene vor Ihrem Unternehmen, dann im Gebäude und dann wieder eine Außenszene gezeigt werden. Der Dreh der Aufnahmen wird dabei jedoch nicht entsprechend der späteren chronologischen Reihenfolge durchgeführt, da zu viel Zeit für Auf-, Um- und Abbau der jeweiligen Filmsets verloren ginge.

Daher definiert der Drehplan:

1. Szene eins: vor dem Unternehmen,
2. Szene zwei: weitere Außenaufnahme vor dem Unternehmen,
3. Szene drei: in Ihrem Gebäude. So bekommt der Filmdrehtag erst die nötige **Struktur**.

Auch die exakten **Kameraeinstellungen** und Standorte werden im Drehplan vorab pro Szene definiert. Das beschleunigt den Aufbau der Drehumgebung, und es ist direkt vorab klar, wo welche Kamera zu platzieren ist. Somit hilft der Drehplan dabei, den Drehtag **effizient** zu gestalten, um möglichst viele Szenen in den Kasten zu bekommen und keine Zeit mit dem Zurechtrücken von Mobiliar zu verlieren.

Insbesondere bei großen Drehs ist ein Drehplan daher unerlässlich. Für Help-Content, Tutorials oder regelmäßig selbst produzierte Videos reicht meist ein einmal erstellter Ablaufplan für alle künftigen Drehs aus. Darin wird definiert, welche Szenen später in jedem Video zum Einsatz kommen. So stellen Sie sicher, dass Sie bei der Aufnahme von Videoserien den Zuschauer mit einer **gleichbleibenden** Struktur bedienen und nicht jedes Video völlig anders zusammengeschnitten wirkt.

Der Dreh: Jetzt wird das Material für den Film erstellt

Der Drehtag beginnt? Dann ist jetzt Ihre letzte Chance, Anmerkungen zu machen, bevor es an die Aufnahme des **Rohmaterials** Ihrer Videos geht. Sobald die Kamera läuft, gilt es, den Plan für den Drehtag möglichst genau umzusetzen, denn starten Sie jetzt Grundsatzdiskussionen, geht wertvolle Zeit und damit auch Geld verloren.

Eine gute Vorbereitung hat daher hoffentlich alle offenen Fragen bereits im Vorfeld geklärt. Nun lehnen Sie sich zurück und lassen Sie die Experten ihre Arbeit machen. Hier sollte es um die professionelle Umsetzung gehen, damit das produzierte Rohmaterial für den späteren **Schnitt** optimal geeignet ist. Natürlich können Sie inhaltliche Fragen auch beim Dreh besprechen, sollten sich womöglich aber nicht wirklich in die Arbeit der Profis einmischen oder gar das Konzept abändern. Das sorgt nur für Chaos.

Lassen Sie sich Musteraufnahmen am Ende eines Drehtags zukommen, anhand derer Sie prüfen können, was genau produziert wurde. Falls Sie merken, dass etwas nicht so ist, wie vorher abgesprochen, können Sie noch eingreifen und Anmerkungen machen.

Tipp

Wenn Sie selbst produzieren, versuchen Sie, konzentriert nach Drehplan und Storyboard zu arbeiten. Sind Sie gut vorbereitet, sollte dies möglichst reibungslos ablaufen: Alfred Hitchcock sagte schon: »So, der Film ist fertig, jetzt muss nur noch gedreht werden«. Was er meint: Die Planung vorher ist entscheidend und macht die spätere Umsetzung ganz einfach.

Postproduktion: Sichtung, Schnitt & Ton

Nach dem Dreh folgt die Postproduktion. Hierbei werden die einzelnen Aufnahmen **gesichtet**, die Sortierung für den späteren **Schnitt** vorbereitet, der Ton und die Audiospur mit den Bildern zusammengebracht und mit Einblendungen, grafischen Animationen, Intro und Outro zum fertigen Film **zusammengesetzt**.

Zuerst werden die einzelnen Szenen (von denen fast immer mehrere Takes – also Aufnahmeversionen – vorliegen) **gesichtet**. Dabei wird überprüft, ob das gedrehte Material der Zielsetzung entspricht. Anmerkungen des Redakteurs zu den **Takes** und besonders guten Auszügen daraus werden kommentiert und archiviert, damit für den nachgelagerten Schnitt klar ist, welches Material wo liegt.

Die besten Takes werden dann Schritt für Schritt in die richtige **Reihenfolge** sortiert. Je besser der Dreh mit Videokonzept, Drehbuch und Drehplan vorbereitet wurde, desto einfacher ist das nun folgende Zusammenfügen der Einzelteile im Schnitt. Ein **erfahrener Cutter** kann selbst aus weniger gutem Rohfilmmaterial eine ganze Menge herausholen und einen guten fertigen Film kreieren.

Denn durch Feinabstimmung der Bildabfolge, Rhythmus der Schnitte und mit Ton- und Musikeinsatz kann die Dramaturgie und **emotionale Wirkung** des Films entscheidend beeinflusst werden. So werden langatmige Rohaufnahmen durch schnelle Schnitte mit kurzen Bildsequenzen nachträglich belebt. Auch die Bearbeitung von Helligkeit, Schärfe und Farbtönen helfen, aus Ihrem Rohmaterial noch mehr Wirkung herauszuholen.

Nicht zuletzt kann über den **Ton** (der oft sogar noch wichtiger ist als ein perfektes Bild) zusätzlich Atmosphäre geschaffen werden. Sparen Sie deshalb nicht am Tonmann oder an der Mischung. Für YouTube ist Folgendes wichtig: Spätestens beim Schnitt sollte berücksichtigt werden, an welchen Stellen später durch YouTube interaktive und klickbare **Einblendungen**, Anmerkungen, Endcards und die YouTube-Abspannfunktion integriert werden. Es gilt, klar abzustimmen, was im Film integriert wird (z. B. Bauchbinden) und was in den Film über **YouTube eingeblendet** wird.

Workflow Postproduktion

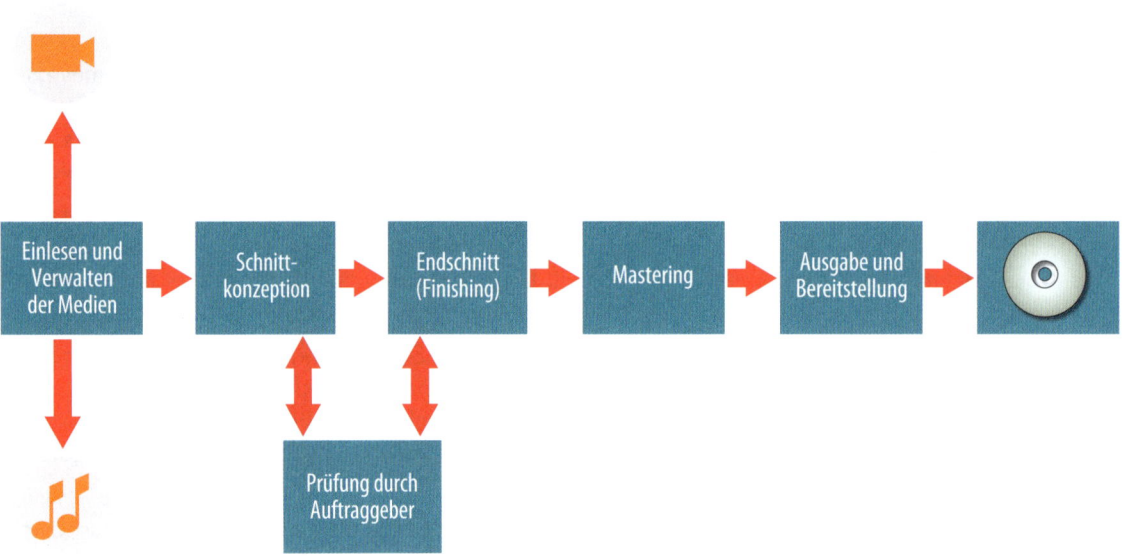

Finale Abnahme

In der Regel gibt es vor dem finalen Zusammenschnitt des Films eine **Zwischensichtung**. Dabei werden die aufgenommenen Szenen bereits in der richtigen Reihenfolge präsentiert, und auch auf der Tonspur sollte schon erste Vorarbeit erfolgt sein. So können Sie **spezielle Sequenzen**, die Ihnen gegebenenfalls nicht gefallen, in Absprache mit dem Redakteur beziehungsweise dem Cutter abändern lassen, bevor es zu spät ist.

Geben Sie auf keinen Fall spontanes unüberlegtes Feedback. Wägen Sie vorab sehr genau ab, ob die von Ihnen **gewünschte Wirkung** des Videos vorhanden ist. Hat Ihr Feedback Einfluss auf die Botschaft und das Ziel des Films? Wenn Ihre Anmerkungen keinen Unterschied für die Botschaft machen, lassen Sie dem Regisseur **kreative Freiheit**. Machen Sie sich aber auch bewusst, dass jede **nachträgliche Änderung** am fertigen Video oft einen großen Aufwand mit sich bringt.

Basierend auf diesem Zwischenabgleich erfolgen dann in der **Postproduktion** die finale Farbmischung, die Integration von grafischen Elementen und die Einblendungen sowie die finale Audiomischung. Am Ende wird Ihnen dann hoffentlich genau das Video präsentiert, das Sie sich für Ihre Zuschauer gewünscht haben.

An dieser Stelle noch einmal der Hinweis, da es hier oft zu Problemen kommen kann: Etliche **interaktive** klickbare Elemente können erst nach dem Hochladen des fertigen Videos auf YouTube integriert werden. Bevor Sie den Film also final freigeben, achten Sie darauf, dass im Video an den Stellen, wo Sie Interaktion mit dem Nutzer planen, Platz frei bleibt. So können dann nach dem Upload mittels YouTube Cards Wasserzeichen, Annotationselemente und klickbare Elemente »über« den fertigen Film gelegt werden. Mit vorheriger Planung können optisch unschöne **Überlappungen** von Grafiken im Film mit denen, die über YouTube kommen, vermieden werden.

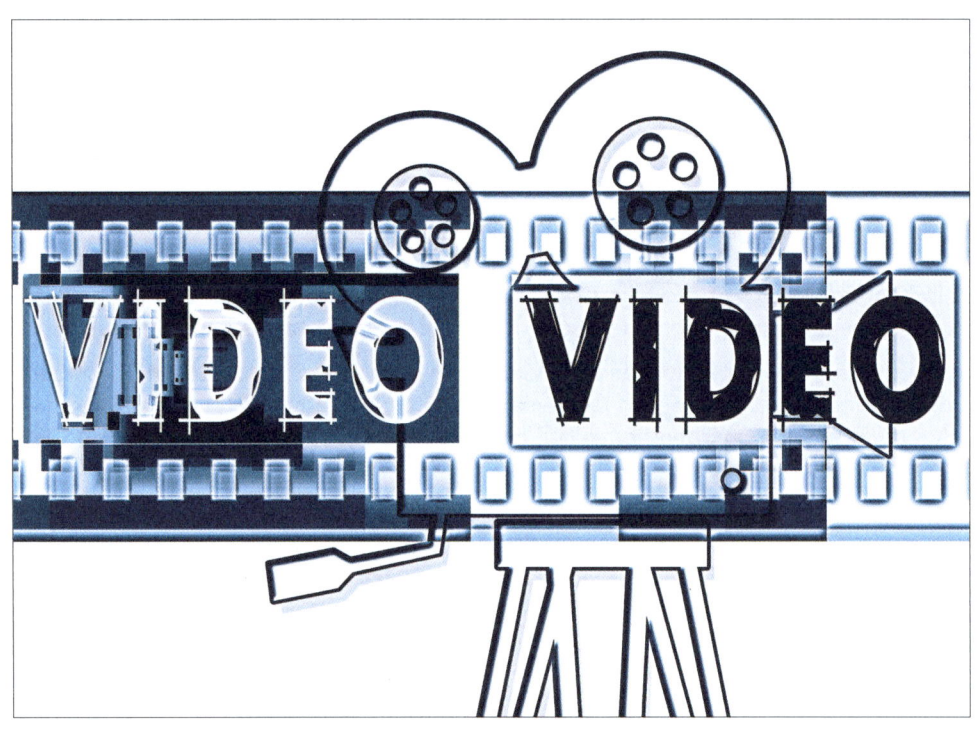

Spezielle Tipps für die YouTube-Produktion

Auf dieser Seite finden Sie **Tipps**, die speziell bei der Produktion von YouTube-Videos zu beachten sind.

- Starten Sie Ihre Videos mit **Openern**. Hierbei erklärt ein Sprecher oder eine Sprecherin **in den ersten Sekunden**, was der Zuschauer lernt oder welchen Mehrwert das Video bietet. Ideal ist, wenn hierbei ein Sprecher **Augenkontakt** mit dem Zuschauer aufbaut – das erhöht die Bindung und macht neugierig.
- Vermeiden Sie, alle Videos mit **langen Logo-Animationen** zu versehen. Wenn Zuschauer mehrere Filme ansehen, stören sich wiederholende Animationen enorm. Wenn Sie **Logo-Animationen** integrieren, dann **kurz und knackig** und erst nachdem in den ersten Sekunden verraten wird, was der Film dem Zuschauer bieten wird.
- Lassen Sie Videos **nicht abrupt enden**! Sorgen Sie dafür, dass am Ende des Films für etwa zehn Sekunden eine **Endcard** oder ein **Abspann** zum Einsatz kommt (siehe die Seiten 231 bis 233). Darüber können Sie die Zuschauer weiterleiten und dazu bewegen, Ihr **Interaktionsziel** (Kanal abonnieren, auf Webseite weiterklicken etc.) zu erfüllen.
- Definieren Sie vor dem Dreh, wo im Video die später über YouTube integrierten Cards platziert werden. Ein Beispiel: Eine Person im Film zeigt auf die Stelle, wo später über YouTube eine **klickbare Fläche** integriert wird, die zu Ihrem Webshop verlinkt.
- Branding im Film: Für den Einsatz auf YouTube sollten Sie auf dauerhafte **Einblendungen Ihres Logos** verzichten. Denn sobald Ihr Video auf YouTube hochgeladen wurde, können Sie über YouTube Ihr Logo in all Ihre Videos einblenden – mit dem entscheidenden Vorteil, dass Ihr **Logo klickbar** ist und auf Ihre Kanalseite verlinkt werden kann. Dies ist bei Integration Ihres Logos im Video selbst nicht möglich.

Fazit Kapitel 5: Fassen wir zusammen

Die wichtigsten Eckdaten des Kapitels für Sie im Überblick:

- Bei der **Produktion** der Videos wird Ihre gesamte Vorarbeit zusammengeführt. Holen Sie **erfahrene Mitarbeiter dazu**, die wissen, was zu tun ist.
- Im **Videokonzept** sollten die **rationale Komponente** – das Was und das Wie – sowie die **emotionale Wirkung** definiert werden. Erst die Kombination macht Ihr Video außergewöhnlich.
- **Inhouse** oder **externe Umsetzung**? Bei Neueinstieg in die Videoproduktion ziehen Sie am besten **zu** Beginn **erfahrene Experten** hinzu. Steht fest, dass Sie langfristig auf Videomarketing setzen, sollten Sie **inhouse Wissen aufbauen**, um selbst produzieren zu können. Das ist flexibler, schneller und günstiger.
- Die **Kosten für ein Video** hängen von Ihren Zielen, der Erwartung Ihrer Zielgruppe und dem Videokonzept ab. Ohne diese Angaben können Preise nicht zuverlässig kalkuliert werden. Ein gutes Briefing und der Vergleich von verschiedenen Angeboten führen Sie zum passenden Anbieter.
- Für die spätere **Auffindbarkeit bei Google** und Co. ist es wichtig, Keyword-Analysen durchzuführen und im Briefing die Anforderungen an die Keyword-Nennung und -Einblendung aufzuführen.
- **Drehbuch**, **Storyboard** und **Drehplan**: Je aufwendiger der Film, desto wichtiger ist die **Vorplanung**.
- **Drehtag planen und durchführen**: Stellen Sie sicher, dass am Drehtag selbst alle Mitarbeiter über die Aufnahmen informiert sind. Eine gute Planung sorgt dafür, dass der Tag reibungslos abläuft und Ihnen keine unnötige Zeit verloren geht.
- **Postproduktion**: Gute Cutter und eine professionelle Tonmischung sind wichtige Aspekte. Achten Sie darauf, dass die Anforderungen an die Produktion für YouTube erfüllt werden.

KAPITEL 6 | Überblick: Marketing mit YouTube

Wenn Sie alle Schritte nachvollzogen haben, liegt Ihnen nun mindestens ein fertiges Video vor, das Sie anhand der Tipps der vorherigen Kapitel geplant und produziert haben. Jetzt heißt es, Ihren YouTube-Kanal mit dem Video zu bestücken, damit Sie **die richtigen Zuschauer erreichen**.

Um direkt von Beginn an für Transparenz zu sorgen, sollten Sie Ihre **Marketingzielsetzung**, die Sie mit Ihrem Video verfolgen, noch vor dem Hochladen des Videos messbar machen. Richten Sie also die nötigen Tools ein, z.B. Google Analytics, um die von Ihnen gewünschten Ziele (Branding, Service-Content, Kundenbindung, Sales, Verbreitung des Videos, Interaktion mit den Nutzern etc.) messbar zu machen.

Ist auch dieser Arbeitsschritt erledigt, geht es endlich mit der **Vermarktung** los. Dabei konzentrieren wir uns in diesem Kapitel auf Maßnahmen, die Ihr(e) Video(s) und Ihren Kanal **ohne Werbeschaltung** bekannt machen. Der Aufbau einer möglichst großen unbezahlten Reichweite Ihrer Filme beginnt bereits **vor dem Upload** Ihres ersten Videos. Denn Sie müssen Ihren Kanal anlegen und gestalten (siehe Kapitel 3) und Ihr YouTube-Profil passend zu Ihren Zielsetzungen konfigurieren. Damit Ihre Videopremiere in der Fülle von Videomaterial gefunden wird, lernen Sie in diesem Kapitel, was dabei zu beachten ist und wie Sie im Netz für eine optimale Auffindbarkeit Ihrer Videos sorgen.

Sie erfahren Tricks, wie Sie Gleichgesinnte in der YouTube-Welt finden, welche Methoden es gibt, um Ihre Videos interessierten Menschen näherzubringen, und wie Sie die soziale Interaktion auf YouTube starten können. Tipps zum **Influencer-Marketing** und zur Streuung Ihrer Videos über **Social-Media-Plattformen** sollen helfen, viele Zuschauer mit Ihren Videos zu erreichen. Gute, ergänzende Informationen rund um das Marketing mit YouTube finden Sie auch unter der **YouTube Creator Academy** – hier finden Sie viele weitere Lektionen zum Arbeiten mit YouTube – sehen Sie selbst unter: *https://youtube.com/creatoracademy/*.

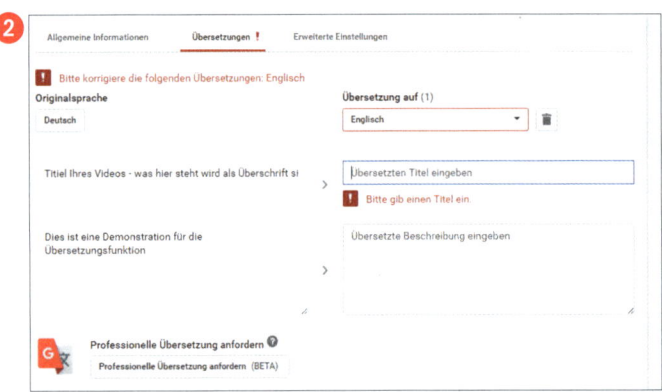

Ihr Marketing startet beim Upload des ersten Videos

Bei der Erstellung Ihrer Videos legen Sie bereits das Fundament für die spätere **Auffindbarkeit**. Ihr Video sollte auf eine klare Zielsetzung hin konzipiert sein, um bei einer Google-Suche auffindbar zu sein. Sie sollten aber auch den Upload optimieren. Hier finden Sie die wichtigsten Tipps für das **Ausfüllen der Felder beim Upload** Ihres Videos ❶:

Während des Uploadvorgangs können Sie die Basisangaben zu Ihrem Video in die Abfragefelder eintragen. Alle Angaben im Reiter **Allgemeine Einstellungen** sind wichtig für die spätere Auffindbarkeit und Darstellung Ihres Videos im Netz. Auf den nächsten Seiten erhalten Sie weitere detaillierte Tipps zum Befüllen dieser Felder.

Im Reiter **Übersetzungen** ❷ können Sie Ihr Video zusätzlich in andere Sprachen übersetzen lassen und so die Reichweite über Ihren Sprachraum hinaus ausweiten. Hierzu bietet YouTube zwei Möglichkeiten an:

1. Die eigene manuelle Übersetzung Ihrer Angaben zum Video (Titel, Beschreibung etc.)
2. Aktuell noch eine Beta: die kostenpflichtige Übersetzung durch einen YouTube-Übersetzungspartner

Im dritten Reiter **Erweiterte Einstellungen** legen Sie fest, ob Nutzer Kommentare zu Ihrem Video hinterlassen können, andere Nutzer Ihr Video in ihrer Webseite einbetten dürfen, sowie Aufnahmeort, Sprache und weitere Informationen zum Video angeben.

> ## Tipp
> Gehen Sie alle Einstellmöglichkeiten genau durch und füllen Sie so viele Felder wie möglich aus. Je mehr Angaben Sie machen, desto größer wird Ihre Reichweite. In der YouTube-Oberfläche finden Sie zu jeder Angabemöglichkeit weitere Erklärungen und Hintergrundinfos – klicken Sie einfach auf das Fragezeichensymbol neben dem jeweiligen Feld.

Felder, die Sie beim Upload befüllen sollten

In den Reitern »Allgemeine Informationen« und »Erweiterte Einstellungen« gibt es einige Abfragen, die großen Einfluss auf die Auffindbarkeit Ihres Videos haben. Wichtige Felder unter **Allgemeine Informationen** sind:

- **Titel**: Was hier steht, wird künftig als Überschrift in den Google- und YouTube-Suchergebnislisten, in Playlisten und Ihrem Kanal auftauchen. Da der Videotitel ein wichtiges Element ist, geben wir Ihnen auf der nächsten Seite detaillierte Tipps zur Erstellung eines guten Titels.
- **Beschreibung**: Die Beschreibung des Videos soll dem Nutzer (und auch den Suchmaschinen) mehr über den Inhalt verraten. Weitere Tipps gibt es im Abschnitt »Verfassen Sie Videobeschreibungen mit Klick-Appeal« auf Seite 219.
- **Tags**: Setzen Sie die Suchbegriffe ein, bei denen Ihr Video gefunden werden soll. Auch Synonyme und alternative Schreibweisen sollten in Kombinationen aufgelistet werden. Zusätzlich können Ihr Video durch allgemeinere Schlagwörter bestimmten Themen zuordnen. Ihr Kanalname sollte ebenfalls als Tag eingefügt werden.
- **Video-Thumbnail** (Vorschaubild): Ist Ihr Video hochgeladen, bietet Ihnen YouTube drei Videovorschaubilder zur Auswahl an. Mehr dazu finden Sie im Abschnitt »Ihre Vorschaubilder sollen Interesse wecken« auf Seite 223.

Besonders relevante **Erweiterte Einstellungen** sind:

- **Kategorie** ❶: Wählen Sie eine zu Ihrem Video passende Kategorie aus. Das hilft dabei, dass Nutzern Ihr Video als passend zu anderen vorgeschlagen wird.
- **Aufnahmeort** ❷: Geben Sie an, wo Ihr Video aufgenommen wurde. Wenn Sie hier eine Angabe machen, wird Ihr Video später bei gezielter Suche nach Inhalten von bestimmten Orten besser auffindbar.
- **Aufnahmedatum** ❸: Wenn Sie dieses Feld befüllen, kann das helfen, Ihr Video auch bei zeitraumrelevanten Suchabfragen auffindbar zu machen.

Marketing Shorty Trailer | Online Marketing einfach erklärt!
netspirits Online Marketing
vor 10 Monaten • 19.786 Aufrufe
Online Marketing Grundlagen mit **netspirits** Marketing Shorties ✓ SEA & SEO Basics ✓ http://www.**netspirits**.de ✓ SEO ✓ SEA ...

Wie verfolgen mich Produkte durchs Internet?
netspirits Online Marketing
vor 9 Monaten • 6.003 Aufrufe
Was ist personalisierte Werbung ? ✓ Was sind Cookies? ✓ http://www.**netspirits**.de ✓ SEO ✓ SEA ✓ CRO ✓ Content ✓ Analytics ...

So schreiben Sie den optimalen Videotitel

Der **Titel Ihres Videos** ist das Fundament für den Videoerfolg. Sorgen Sie für einen **aussagekräftigen Titel**, der Ihre Marketingzielsetzung unterstützt. Im Folgenden finden Sie **sechs Tipps** für einen guten Videotitel:

1. Beschreiben Sie im Titel eher den **Mehrwert** des Videos als den Weg dahin (den erklärt Ihr Film!). Hierzu ein Beispiel: Ein Video, in dem ein Experte Wege erläutert, wie Sie Ihre Webseiten-Zugriffszahlen um 30 % steigern, sollte nicht heißen »Max Mustermann im Interview zum Thema Webseiten-Traffic«, sondern besser: »Fünf Expertentipps, die Ihren Webseiten-Traffic um 30 % steigern!«.
2. Stellen Sie **eine Szene** aus dem Video ins Zentrum. Auch hierzu ein Beispiel: Ihr Video zeigt ein Interview mit einem bekannten Multiplikator. In der Mitte des Videos muss der Gesprächspartner lachen. Der Titel sollte nicht lauten: »Verkehrsminister im Interview«, sondern »Wie Sie den Verkehrsminister zum Lachen bringen«. Mit passendem Vorschaubild sind Ihnen viele Klicks sicher.
3. Stellen Sie eine **Frage an die Nutzer**. Wenn Sie ein Video anbieten, in dem Sie Zuschauern zeigen, wie man einen Autoreifen wechselt, kann ein erfolgreicher Titel wie folgt lauten: »Sie wollen Ihre Autoreifen wechseln? In drei Schritten Reifenwechsel einfach erklärt«.
4. **Vermeiden Sie Branding** im Titel. Lassen Sie Marken- und Firmennamen aus dem Titel heraus und nutzen Sie den Platz dazu, einen Titel zu texten, der Ihre Wunschzuschauer neugierig macht.
5. Nennen Sie Ihr Video-**Keyword** (siehe die Seiten 189 bis 191 zur Keyword-Analyse) ganz **am Anfang des Titels**, um Ihren Film bei der gewünschten Google- bzw. YouTube-Suche auffindbar zu machen.
6. Wenn Ihr Inhalt in **mehrere Folgen** unterteilt ist, sorgen Sie für einen **gleichbleibenden Titelaufbau**, damit Nutzer und auch die YouTube-Logiken verstehen, welche Folge als Nächstes kommen sollte.

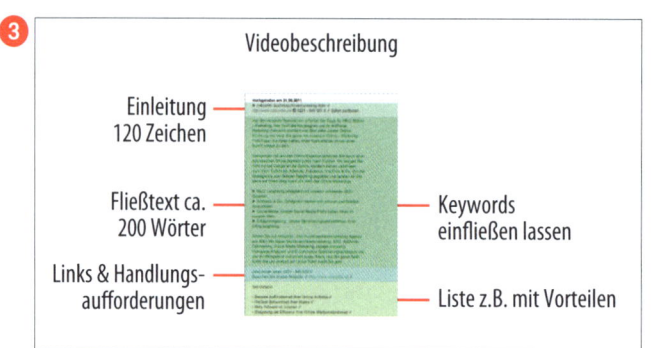

Verfassen Sie Videobeschreibungen mit Klick-Appeal

Der **Beschreibungstext** zum Video liefert sowohl für Nutzer als auch für Suchmaschinen wichtige Informationen zum Thema des Clips. Neben der rein thematischen Relevanz zählt hier natürlich die menschliche Wahrnehmung: Macht die Beschreibung des Videos neugierig? Wecken die Zeilen das Interesse, sodass Nutzer das Video aufrufen?

Hier sind unsere Tipps für den Aufbau einer guten Videobeschreibung:

1. Wenn Sie im Video auf **weiterführende Quellen** hinweisen, können Sie in der Videobeschreibung Verlinkungen auf Webseiten integrieren. Überlegen Sie allerdings gut, ob solche Verlinkungen im oberen Teil der Beschreibung wirklich hilfreich sind.
2. Die Beschreibung des Videos wird in den **Suchergebnissen** bei Google ❶ und YouTube ❷ sichtbar. Wichtige Infos zum Film gehören daher an den Anfang der Beschreibung ❸. Bei Google sind die ersten 110 Zeichen Ihrer Videobeschreibung (inklusive Leerzeichen) sichtbar. Texten Sie diese also mit spitzer Feder.
3. Die Beschreibung sollte immer ein **individueller Text** sein und keine Kopie von anderen Inhalten (z.B. Ihrer Webseite). Je mehr Inhalte Sie YouTube und Google liefern, desto genauer können das Thema festgestellt und gute Auffindbarkeit erzielt werden.
4. Achten Sie darauf, wie Ihre Videobeschreibung aussieht, wenn Sie das Video als **Kanaltrailer** einsetzen. Hier wird ein großer Teil der Beschreibung sichtbar, nicht nur die ersten Zeilen. Verwenden Sie auch eine ansprechende Formatierung.
5. Wir empfehlen, in den ersten Zeilen der Beschreibung möglichst eine **direkte Nutzeransprache** einzusetzen, z.B. »Dieser Film verrät dir, wie du …«.

Die Vergabe relevanter Tags steigert die Aufrufzahlen

Beim Upload zu YouTube können Sie Tags (Schlagwörter) zu Ihrem Video hinterlegen. Diese helfen YouTube dabei, Ihren Zuschauern nach dem Abspielen eines Videos weitere relevante Clips vorzuschlagen. Damit sind Tags für die **Auffindbarkeit und Reichweite** ein sehr wichtiges Element.

Daher sollten Sie die **Suchwörter**, bei denen Ihr Film auffindbar werden soll, unbedingt als Tag hinterlegen. Konzentrieren Sie sich dabei auf ein Thema und streuen Sie die Tags nicht zu breit. Möchten Sie bei der Google- bzw. YouTube-Suche für »Rotwein Tutorial« auffindbar werden, sollten Sie z. B. Tags wie die folgenden vergeben: »Rotwein Tutorial«, »Rotwein Testbericht«, »Rotwein Doku«, »Rotwein Service«, »Rotweinkurs«, »Rotwein Schulung« etc. Haben Sie Ihr Video auf ein Keyword hin optimiert, gehören das **Keyword** sowie Synonyme dazu auf jeden Fall auch in die Tags.

Zusätzlich zu den für Ihre Auffindbarkeit wichtigen Tags sollten Sie sogenannte **Branding-Tags** vergeben. Diese sorgen dafür, dass, während eines Ihrer Videos angeschaut wird, daneben weitere Videos aus Ihrem Kanal aufgeführt werden – und eben nicht die der Konkurrenz ❶. Die Branding-Tags sorgen auch dafür, dass nach Ablauf Ihres Videos die Wahrscheinlichkeit für das Abspielen eines weiteren Ihrer Filme massiv steigt.

Tipp

Hinterlegen Sie zu jedem Ihrer Videos Branding-Tags. Diese sollten Ihrem YouTube-Kanalnamen entsprechen, Ihren Firmennamen und auch Ihre YouTube-URL enthalten. Ein Beispiel: Lautet Ihr YouTube-Kanalname »Meiers Video Klavierschule« sollte eben jener Name auch in den Tags hinterlegt werden. Zusätzlich sollte Ihre offizielle Firmierung genannt werden (Meier GmbH & Co. KG), die URL Ihrer Webseite und zusätzlich noch alles kombiniert mit dem Hauptsitz Ihres Unternehmens (z. B.: Meiers Klavierschule Köln).

Ihre Vorschaubilder sollen Interesse wecken

Haben Sie Titel, Beschreibung, Tags und die weiteren Einstellungen vorgenommen, dürfte Ihr Video fertig hochgeladen sein. Nun schlägt Ihnen YouTube drei **Vorschaubilder** – bei YouTube werden diese Thumbnails genannt – zur Auswahl für Ihr Video vor.

YouTube wählt diese **drei Bilder** aus dem ersten Viertel, der Mitte und dem letzten Viertel des Films aus. Welche Bilder genau gewählt werden, können Sie nicht beeinflussen. Daher ist wichtig: Ist Ihr Kanal verifiziert (siehe hierzu den Abschnitt »Ihren Kanal verifizieren« auf Seite 131), haben Sie die Möglichkeit, **individuell erstellte Videovorschaubilder** als Grafiken hochzuladen.

Machen Sie sich diese Mehrarbeit, denn die Erfahrung zeigt: Die von YouTube vorgeschlagenen Thumbnails sind oftmals nicht gut geeignet. Ziel ist ein Vorschaubild, das **neugierig** macht und die Aufmerksamkeit des Betrachters auf sich zieht. Wählen Sie ein schönes Motiv oder eine **markante Szene** aus dem Film aus, um das Interesse Ihres Publikums zu wecken. Oder zeigen Sie eine von Ihnen gewählte **Szene in Großaufnahme**, die Lust auf den Inhalt des Films macht. Auch ein Gesicht, das den Betrachter ansieht, kann eine gute Wirkung entfalten.

Links sehen Sie einige Beispiele für Vorschaubilder: Unter ❶ gut strukturierte, individuell vergebene, unter ❷ schlecht gewählte Bilder, die nicht manuell erstellt wurden und z. B. Dopplungen aufweisen.

Tipp

Da die Videovorschaubilder enormen Einfluss auf die Zugriffszahlen haben, sollten Sie unbedingt individuelle Vorschaubilder für Ihre Videos erstellen. Eyetracking-Tests haben gezeigt: Neben dem Ranking der Videos in Suchergebnislisten entscheidet auch das Vorschaubild darüber, ob Nutzer Ihr Video oder das eines Mitbewerbers anklicken. Sorgen Sie dafür, dass die Bilder Aufmerksamkeit auf sich ziehen. Verwenden Sie also klare, Neugier weckende Vorschaubilder. Vermeiden Sie dabei, Bilder zu zeigen, die nichts mit Ihrem Film zu tun haben. Das kann und wird Ihre Zuschauer nur verärgern – also keine Erwartungen wecken, die Ihr Film später nicht erfüllen kann.

	Anmerkungen	Infokarten	Abspann
Zeitpunkt und Dauer der Einblendung	Beliebige Einblendungszeitpunkte und Einblendungsdauer möglich	Zeitpunkt der Einblendung bestimmbar, die Dauer nicht	Nur am Ende des Videos in den letzten fünf bis zwanzig Sekunden nutzbar
Anzahl der Einblendungen	Kein Limit, allerdings nicht nutzbar, wenn Abspannfunktion eingesetzt wird	Begrenzt auf fünf Karten	Maximal vier Elemente gleichzeitig. Nur nutzbar, wenn keine Anmerkungsfunktion verwendet wird.
Gestaltung (Schrift, Farbe, Größe)	Fensterfarben und Schrift wählbar	Fünf Vorlagen geben Layout vor	Vier verschiedene Standardvorlagen geben Gestaltung fest vor.
Über mobile Endgeräte nutzbar	Nein, nur über Desktop-Computer	Ja, auf allen Endgeräten	Ja, auf allen Endgeräten
Platzierung der Hinweise im Video	Alle Positionen frei wählbar	Erscheinen immer oben rechts	YouTube gibt Bereiche vor, in denen Elemente platziert werden können.

Reichern Sie Ihre Videos mit interaktiven Hinweisen an

Haben Sie alle Informationen und Einstellungen zum Video vergeben, geht's an das letzte **Feintuning**. Sobald Ihr Video hochgeladen ist, können Sie drei Funktionen nutzen, um »über« Ihren Film **interaktive Hinweise** und **Verlinkungen** aus dem Video auf andere Quellen im Netz zu legen. Sie finden diese Funktionen auf den Reitern »Abspann & Anmerkungen« und »Infokarten«, wenn Sie Ihr Video nach dem YouTube-Upload bearbeiten.

Da Sie die Integration von Verlinkungen im Video hoffentlich berücksichtigt haben, verweist zum Beispiel ein Moderator per Handzeig in die richtige Ecke des Films, in der Sie nun die **klickbare Fläche** mittels YouTube integrieren können. Mit den Funktionen **Anmerkungen** und **Infokarten** können Sie Hinweise in Ihre Videos einfügen. Mit der **Abspannfunktion** führen Sie Nutzer am Ende des Videos auf weitere Inhalte.

Zum Abschluss Ihrer Videos sind (klickbare) Handlungsaufforderungen wichtig, damit Zuschauer weiterführende Inhalte von Ihnen erkunden und nicht zur Video-Konkurrenz abwandern. Das Ende Ihrer Videos muss daher bei der Produktion für YouTube vorbereitet werden. Dazu gehören sogenannte Endcards ans Filmende. Wie das funktioniert, erfahren Sie auf den folgenden Seiten.

Der Überblick links zeigt Ihnen die Unterschiede zwischen den verschiedenen interaktiven Funktionen.

Mit Anmerkungen Videos interaktiver machen

Die **Anmerkungsfunktion** erlaubt, über Ihren fertigen Film Textfelder und **klickbare Flächen** zu legen. So können Sie Quellen verlinken oder Nutzern mit **Texteinblendungen** zusätzliche Informationen liefern. Da die Anmerkungsfunktion nicht auf mobilen Endgeräten, sondern nur auf Desktop-Computern funktioniert, sollten Sie eher mit den neueren Funktionen »Infokarten« und »Abspann« arbeiten.

Anmerkungen ermöglichen (im Vergleich zu den stark standardisierten Infokarten und Abspann-Layouts) viel Flexibilität. Texthinweise sind an beliebigen Stellen in diversen Größen und Farben möglich. Mittels visueller Call-to-Action (Handlungsaufforderungen) im Film können Sie Zuschauer zur **Interaktion einladen**, z. B. zu einem Klick auf Ihre Website oder zu weiteren Filmen von Ihnen.

Links sehen Sie eine am Ende des Videos (und nicht über YouTube) integrierte Endcard. Mit der Anmerkungsfunktion legen Sie dann die klickbaren Flächen über die im Film integrierten Elemente. Achtung: Die Links funktionieren nur auf Desktop-Computern. Daher raten wir Ihnen, die recht neue Abspannfunktion einzusetzen.

Mehr Details dazu, wie Sie Anmerkungen nutzen können, finden Sie unter *https://goo.gl/AtVcDx*.

Infokarten: schöner Verlinken auf allen Gerätetypen

Der zweite Weg, um klickbare Hinweise in Videos einzublenden, sind **Infokarten**. Im Vergleich zu den Anmerkungen sehen Infokarten **professioneller** aus. Sie sind zwar von den Konfigurationsmöglichkeiten »starrer« als die Anmerkungen, dafür funktionieren sie **auf allen Endgeräten**. Infokarten werden immer in der **rechten oberen Ecke** für fünf Sekunden eingeblendet – festlegen können Sie nur den Zeitpunkt der Einblendung – danach ist ein kleines Info-I oben rechts zu sehen. Beginnt die Einblendung, erscheint ein Balken mit Hinweis auf den jeweiligen Infokartentyp. Wer auf die Einblendung klickt, sieht im rechten Bereich des Videos eine größere Ansicht mit Vorschaubild des Verlinkungsziels (wie links zu sehen). YouTube bietet derzeit sechs unterschiedliche Infokartentypen an:

1. **Videos und Playlists:** Mit dieser Karte verlinken Sie Videos oder Playlisten Ihres Kanals.
2. **Kanal:** Hiermit können andere YouTube-Kanäle verlinkt werden, z.B., um sich für das Mitwirken an einem Video zu bedanken.
3. **Abstimmung:** Damit binden Sie Umfragen in Ihre Videos ein. Integrieren Sie Umfragen, um Feedback Ihrer Zuschauer zu Ihrem Wunschthema zu sammeln.
4. **Link**: Mit dieser Infokarte können Sie auf eine beliebige Unterseite des Webauftritts verlinken, der mit Ihrem YouTube-Kanal verknüpft ist.
5. **Spenden-Infokarte**: Sie können eine Fundraising-Webseite verlinken (diese muss erst von YouTube als solche akzeptiert werden!) und Ihre Zuschauer um Spenden bitten.
6. **Finanzierung durch Fans**: Mit dieser Option (für die man erst freigeschaltet werden muss) können Fans direkt auf der Videoseite einen Geldbetrag spenden, um Ihre Arbeit zu unterstützen.

Die Schrift im orange umrandeten Bereich wurde ins Video integriert. Der Rest des Bildes wurde »freigelassen«, um die grün markierten Elemente über die YouTube-Abspannfunktion zu integrieren.

Das verlinkte Logo und die darunter platzierten Video-Verlinkungen werden durch die YouTube-Anmerkungsfunktion über das fertige Video gelegt.

Endcards: Sagen Sie dem Nutzer, wie es weitergeht

Nach Ablauf eines Videos startet automatisch ein weiteres, zum vorherigen Film passendes, YouTube-Video. Daher sollten Ihre Videos **niemals abrupt enden**. Sonst kann die Wirkung des Films verpuffen, da direkt der nächste Film – im schlimmsten Fall von der Konkurrenz – beginnt.

Bei der Videokonzeption sollten Sie daher sogenannte **Endcards** einplanen. Die Endcard bildet den Abbinder Ihres Videos und bietet die Chance, eine abschließende **Handlungsaufforderung** (Call-to-Action) zu präsentieren. Die Endcard muss in der **Postproduktion** gestaltet und ans Ende des Films **angehängt werden**. Die Endcard-Einspielung sollte ca. 5–10 Sekunden lang sein. So haben Zuschauer Zeit, Ihre Hinweise in Ruhe zu lesen. Über die auf der nächsten Seite vorgestellte Abspannfunktion können Sie Ihren Film einfach durch **klickbare Verlinkungen** auf YouTube anreichern.

Je nach Zielsetzung Ihrer Videos können Sie **weitere Videos anteasern** und so Lust auf Ihre anderen Filme machen. Ist Ihr Ziel, Abonnenten zu generieren, sollten Sie dazu einladen, Ihren Kanal zu abonnieren.

Möchten Sie Besucher in Ihren Webshop lenken, verlinken Sie auf Ihre Homepage bzw. die zum Video passende **Zielseite**. Falls Ihre Zielsetzung auf **Interaktion** der Zuschauer abzielt, können Sie dazu animieren, Ihr Video zu kommentieren, zu bewerten oder zu teilen. Machen Sie von Endcards Gebrauch, denn am Ende des Films ist eine klare **Zielführung** Ihrer Zuschauer wichtig. Last, but not least: Sorgen Sie dafür, dass die Klicks auf Verlinkungen **messbar sind**. In **YouTube Analytics** können Sie später einsehen, wie Nutzer Ihre Verlinkungen tatsächlich annehmen. Prüfen und optimieren Sie die Platzierung, Texte und Verlinkungen, falls diese nicht oder kaum geklickt werden.

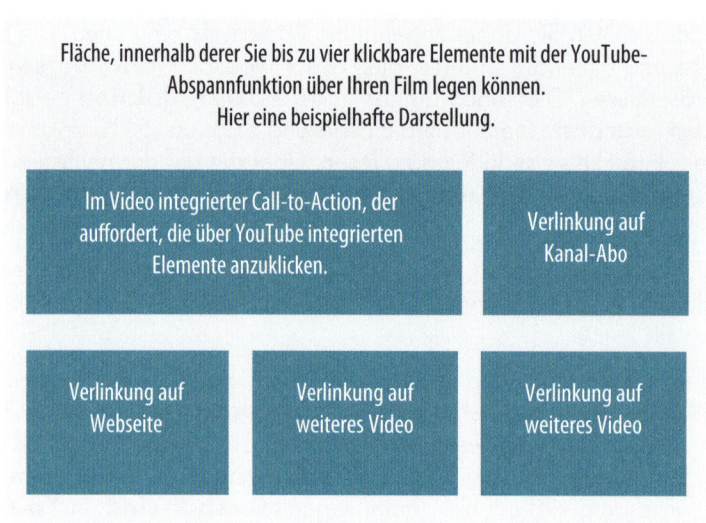

Die interaktive YouTube-Abspannfunktion

Wie oben erläutert, ist das Videoende ein wichtiges Element für Ihre Zuschauer. Hier entscheidet sich, ob Nutzer an mehr Inhalten von Ihnen interessiert sind oder zu anderen Videos und Kanälen »abwandern«.

Planen Sie daher bei der Konzeption Ihrer Filme unbedingt eine **Endcard** (siehe vorige Seite) an Ihrem Videoende ein. So haben Sie Platz, Ihr Publikum in den letzten 5 bis 10 Sekunden Ihres Videos weitere Inhalte von Ihnen zu präsentieren und diese zu verlinken. Bis Mitte 2016 konnten solche Verlinkungen nur über die zuvor beschriebene Anmerkungsfunktion integriert werden. Da die so eingebundenen Links nicht auf mobilen Endgeräten nutzbar waren, bietet YouTube seit Mitte 2016 die neue **Abspannfunktion** an, die funktionierende Links **für alle Gerätetypen** garantiert.

Die Abspannfunktion stellt vier verschiedene Elemente zur Auswahl, um auf weitere Videos, Playlisten, YouTube-Kanäle, die Kanal-Abonnieren-Seite oder Webseiten zu verlinken. Sie können bis zu **vier Elemente** gleichzeitig am Ende des Videos verlinken. Wenn Nutzer auf Desktop-Computern die Maus über ein Element bewegen oder via Mobilgerät auf ein Element tippen, wird es maximiert, und es erscheinen zusätzliche Informationen zur Verlinkung.

Links sehen Sie ein Beispiel dafür, wie Sie ausgewählte Abspannelemente in einem von YouTube vorgegeben Bereich in den letzten 5 bis 10 Sekunden Ihres Videos platzieren können. Dabei wählen Sie die Anzahl (eins bis maximal vier) und auch die Größe und Platzierung der Elemente selbst. Weitere Informationen zur Nutzung der Abspannfunktion finden Sie hier: *https://goo.gl/7nwKkQ*

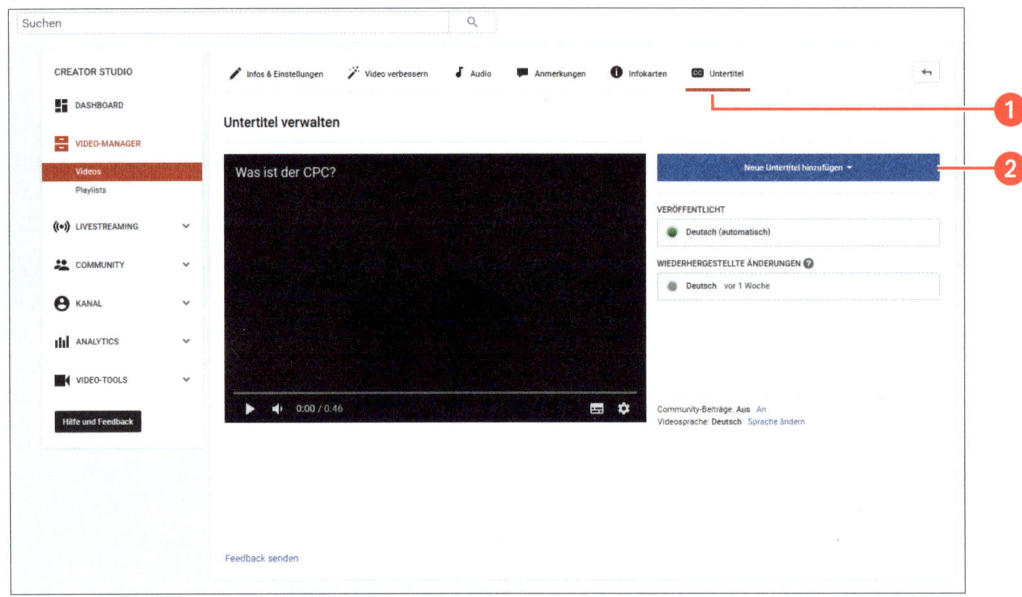

Optimieren Sie Ihre Videountertitel

YouTube wandelt jeden gesprochenen Text im Video automatisch in geschriebenen Text um. Zwar ist diese **Spracherkennung** schon recht gut, dennoch werden gesprochene Sätze oft zu lustig-falschen Aussagen transkribiert. **Prüfen** Sie im Bearbeitungsmodus Ihrer Videos über den Reiter »Untertitel« ❶ das automatische **Transkript** von YouTube und korrigieren Sie im Bearbeitungsmodus die Texte zu Ihrem Video.

Die Mühe lohnt sich, denn ein **korrigierter Text** zum Video macht für YouTube noch klarer, welche Keywords, Schlagwörter und Begriffe darin vorkommen. Auch das trägt zu einer **verbesserten Auffindbarkeit** bei. Als Alternative zur Korrektur der YouTube-Transkripte können Sie auch eigene Untertiteldateien hochladen ❷ und anstelle der automatisiert erstellten YouTube-Dateien einsetzen.

Sollten Sie Videos in **mehreren Sprachen** anbieten wollen, liefert Ihnen YouTube hierzu eine Übersetzungsfunktion. Hierüber können Sie händisch Zeile für Zeile des ursprünglichen Texts übersetzen. Im Zweifel sollten Sie Ihren YouTube-Kanal allerdings klar auf einen Sprachraum ausrichten. Nur so können Sie eine gute Auffindbarkeit Ihres Kanals und der darin enthaltenen Videos sicherstellen.

Wollen Sie mit vielen Videos international präsent sein, gilt die klare Regel: **je Sprache einen eigenen Kanal anlegen**. Einerseits werden die Ranking-Algorithmen von Google und YouTube durch zu viel Sprachen-Wirrwarr irritiert, was ein gutes **Ranking unwahrscheinlich** macht. Andererseits werden **Nutzer verwirrt**, wenn z.B. in der Hauptkanalgrafik Deutsch verwendet und in den Videos in verschiedenen Fremdsprachen kommuniziert wird, die die Zielgruppe im Zweifel nicht versteht.

Wenn zwischen Ihren vielen Videos ab und zu einmal ein fremdsprachiges Video auftaucht, ist das sicherlich kein Beinbruch. Im Zweifel wird dies aber **wenig Mehrwert** für Ihre Zielgruppe bieten, was nie gut ist.

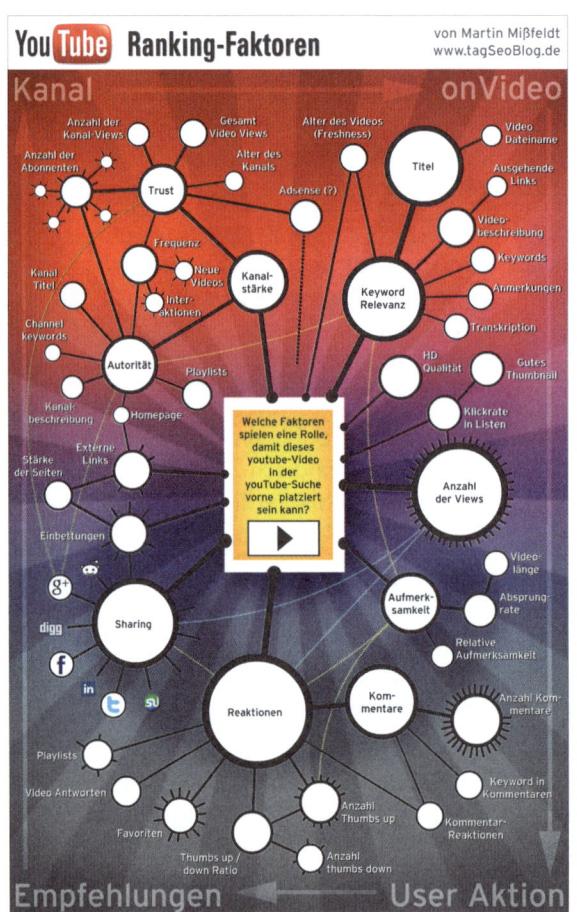

Wichtig fürs Ranking: Kommentare und Abonnenten

Die **Interaktion** Ihres Publikums mit Ihrem Kanal und den Inhalten zu fördern, ist wichtig für die spätere Auffindbarkeit Ihrer Videos. Über Hinweise auf Ihrem Kanal (Kanalbild, Kanalbeschreibung) zeigen Sie Ihren Besuchern, was Ihr Kanal bietet – z.B. jede Woche ein neuer Videotipp zu einem bestimmten Thema, neue Tutorials etc. Schaffen Sie es, Ihren Besuchern diese Regelmäßigkeiten einfach und attraktiv zu vermitteln, sind Ihnen **neue Abonnenten** sicher, was ein wertvolles Signal für gute Inhalte ist.

Auch **Anmerkungen** in Ihren Videos oder auf Interaktion ausgelegte Videoclips sorgen dafür, dass Videos kommentiert, bewertet, geteilt und auf anderen Seiten eingebettet werden. Seien Sie kreativ und überlegen Sie, wie Sie Ihr Publikum dazu bringen können, **relevante Kommentare** zu hinterlassen. Gehen Sie bei einer Aufforderung zum Kommentieren **nicht zu naiv** vor und denken Sie immer daran: Nutzer kommentieren und teilen gern, wenn sie einen sinnvollen Anreiz und Mehrwert darin sehen!

Für die **Ranking-Algorithmen** von Google und YouTube ist jede Interaktion Ihrer Zuschauer (User Engagement) mit Ihren Videos ein Zeichen, das die Platzierung in Suchergebnis- oder Vorschlagslisten beeinflusst (siehe links die Grafik zu den Faktoren für gutes Ranking). Werden Videos von vielen Zuschauern positiv bewertet, freundlich kommentiert, in Playlisten aufgenommen oder sogar in Webseiten eingebettet, sind das **Indikatoren** dafür, dass Ihr Video auf großes Interesse stößt. Videos, die Menschen interessieren, werden öfter und weiter oben bei Google und YouTube angezeigt.

Somit stärkt jedes Wort und jede Handlung der Zuschauer Ihr Profil, sodass sie nach und nach immer **relevanter für Ihr Hauptthema** werden. Vergessen Sie dabei nicht, möglichst zeitnah auf Kommentare von Zuschauern, positive Bewertungen und neue Abonnements einzugehen. Denn YouTube ist ein Social-Media-Netzwerk, das vom Austausch mit den Zuschauern lebt. Wenn Sie **Kommentare unbeantwortet** lassen, fühlt sich der Feedbackgeber nicht wertgeschätzt und verliert dadurch im schlimmsten Fall ganz das Interesse an Ihrem Kanal. Achten Sie also auf neue Kommentare und antworten Sie stets freundlich.

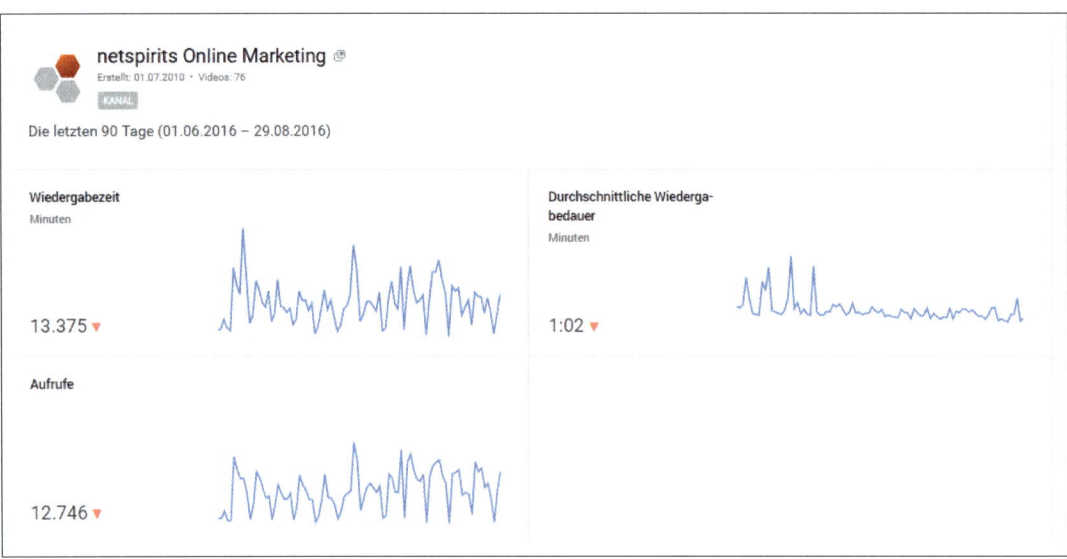

Verlauf der Betrachtungszahlen und Videoaktualität

Sie erhöhen die Chancen auf eine **gute Platzierung** in den Google- und YouTube-Suchergebnissen, wenn die **Aufrufzahlen** Ihres Videos schon kurz nach der Veröffentlichung **zügig ansteigen**. Sie sollten daher den Veröffentlichungszeitpunkt Ihrer Videos auf YouTube gut überlegen. Ist Ihre Zielgruppe zum Veröffentlichungszeitpunkt (Tag und Uhrzeit) bei YouTube online? Planen Sie den genauen Uploadzeitpunkt und stellen Sie sicher, dass er zu den **Nutzungsgewohnheiten Ihrer Zielgruppe** passt.

Stellen Sie sicher, dass nach der Veröffentlichung des Videos auch schrittweise **Hinweise in sozialen Netzen** gegeben werden. Am besten ist eine Verteilung der Hinweise Step by Step über einige Stunden verteilt. So können Sie erste Reaktionen testen und dem Hinweis sowie dem Link zu Ihrem Video gegebenenfalls noch den letzten Feinschliff geben. Haben Sie ein erstes Feedback erhalten, sollten Sie zügig für weitere Veröffentlichungen sorgen, um nach und nach die Aufrufzahlen Ihres Videos zu steigern, was ein **positives Signal für Ihr Ranking** bedeutet.

Sie sollten zudem **niemals** auf einen Rutsch **mehrere Videos** hochladen und auf »privat« stellen – sie also unsichtbar für fremde Betrachter machen – und dann Woche für Woche die bereits hochgeladenen Videos »sichtbar« machen. Damit geht den Videos, die erst später auf »sichtbar« gestellt werden, der Neuigkeitsbonus verloren! Sie sollten Videos immer **einzeln hochladen** und möglichst **direkt veröffentlichen**.

Produzieren Sie mehrere Clips auf einmal, laden Sie diese nicht gleichzeitig hoch. Sorgen Sie besser für einen **regelmäßigen Veröffentlichungsturnus** (täglich/wöchentlich/monatlich ein neuer Clip). Nutzer können sich so an die Veröffentlichungen gewöhnen und warten hoffentlich sehnsüchtig auf Ihre neuen Beiträge. Insbesondere beim Einstieg in die YouTube-Welt sollten Sie verschiedene Veröffentlichungszeitpunkte und Reihenfolgen ausprobieren. Am Ende gewinnt der Zeitpunkt, der den **höchsten Zielerreichungsgrad** mit sich bringt.

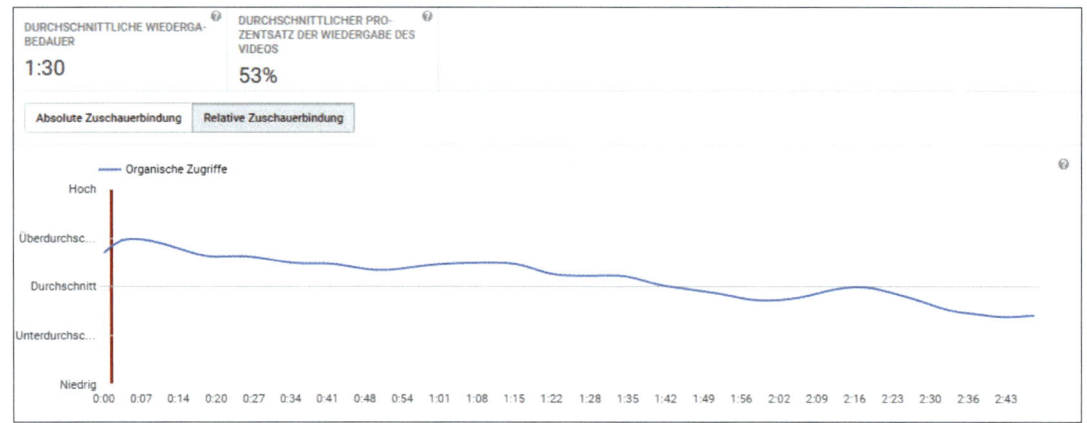

Relevante Clips fördern langfristig die Auffindbarkeit

Auch das **Zuschauerverhalten der Nutzer** wirkt sich nachhaltig auf die Auffindbarkeit Ihrer Videos aus. Hierzu misst YouTube die Zuschauerbindung Ihrer Videos. Diese Kennzahl gibt an, **wie lange** die Zuschauer Ihren Clip ansehen.

Videos, die **viele Zuschauer bis zum Ende** ansehen, ranken besser als Filme, bei denen ein Großteil der Zuschauer die Wiedergabe direkt stoppt. Verzichten Sie auf langatmige Sequenzen, bringen Sie zu Beginn des Films klare Argumente dafür, den Film bis zum Ende anzusehen. Auch die **Endcard** am Videoende sollte nicht zu lange eingeblendet werden – sonst wirkt das für YouTube, als würde niemand Ihr Video zu Ende sehen.

Sie können die **Zuschauerbindung** Ihrer Videos in **YouTube Analytics** überprüfen. So erkennen Sie für jeden Film exakt, an welcher Stelle **Nutzer abspringen**. Diese Stellen im Video sollten Sie untersuchen, um Ihre Filme mit dem Ziel einer besseren Zuschauerbindung zu überarbeiten. Der Screenshot links zeigt den Verlauf der relativen Zuschauerbindung: Es ist gut zu sehen, dass überdurchschnittlich viele Zuschauer direkt nach dem Start beim Video bleiben und nur wenige gegen Ende des Films abspringen – ein recht guter Verlauf.

Tipps, damit Sie von vornherein eine gute Zuschauerbindung erzielen:

- Videotitel und Vorschaubild sollen **optimal zum Inhalt** des Films passen. Zeigen Sie im Vorschaubild Szenen, die eher im letzten Teil des Films vorkommen.
- Bauen Sie direkt **am Anfang Spannung** auf: In den ersten Sekunden muss dem Zuschauer klar werden, welchen **Vorteil** er durch das Ansehen des ganzen Films hat. Was lernt der Zuschauer? Was wird erklärt? Welche heißen Tipps werden im Film verraten?
- Auch die Filmlänge, die Art des Schnitts sowie der Ton haben Einfluss auf die Zuschauerbindung und damit die spätere Auffindbarkeit. **Kurze, knackige Filme** werden in vielen Fällen besser angenommen, als 45-Minuten-Dokumentationen.

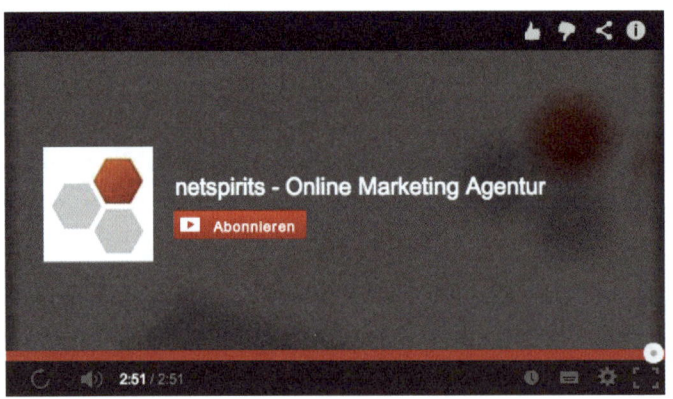

Die Autorität Ihres Kanals steigern

Sind Sie **aktiver YouTuber**? Laden Sie **regelmäßig Filme** hoch? Weiß Ihr Publikum, wann neue Inhalte erscheinen? Interagieren Sie mit anderen YouTube-Nutzern?

Hoffentlich beantworten Sie viele der Fragen mit ja! Denn diese Fragen sind wichtig, um Ihre **Kanalautorität** auf YouTube zu prägen. Je mehr Aktivitäten Ihr YouTube-Kanal aufweist und je mehr Abonnenten Sie damit über die Zeit gewinnen konnten, desto größer ist die Wahrscheinlichkeit, dass Google und YouTube Ihren Kanal bei relevanten Suchabfragen weit oben auflisten. Denn Ihre **Aktivitäten in der YouTube-Welt** sind ein Indikator dafür, ob Sie nur gelegentlicher Nutzer oder eben eine **echte Autorität** sind, die die Meinungen der YouTuber-Community mitprägt. Sorgen Sie also mit Handlungsaufforderungen in Ihrer Kanalgrafik und Ihren Beschreibungstexten zum Kanal dafür, dass das Publikum Ihren Kanal kommentiert und abonniert.

Sprechen Sie aktiv auch **Journalisten und Blogger** an, auf Ihre Kanalstartseite zu verlinken oder Ihre Videos einzubetten. Denn beides sind Hinweise für Google & Co., dass Sie etwas Wichtiges zu sagen haben. In der Folge wird Ihre Auffindbarkeit besser und besser.

Tipp

Sorgen Sie dafür, dass Ihr YouTube-Kanal möglichst aktiv ist. Durch regelmäßige Veröffentlichungen, eigene und fremde Kommentare, neue Abonnenten und eine wachsende Zahl von Links externer Seiten auf Ihren Kanal stellen Sie eine steigende YouTube-Kanalautorität und damit gute Auffindbarkeit in den Suchmaschinen sicher.

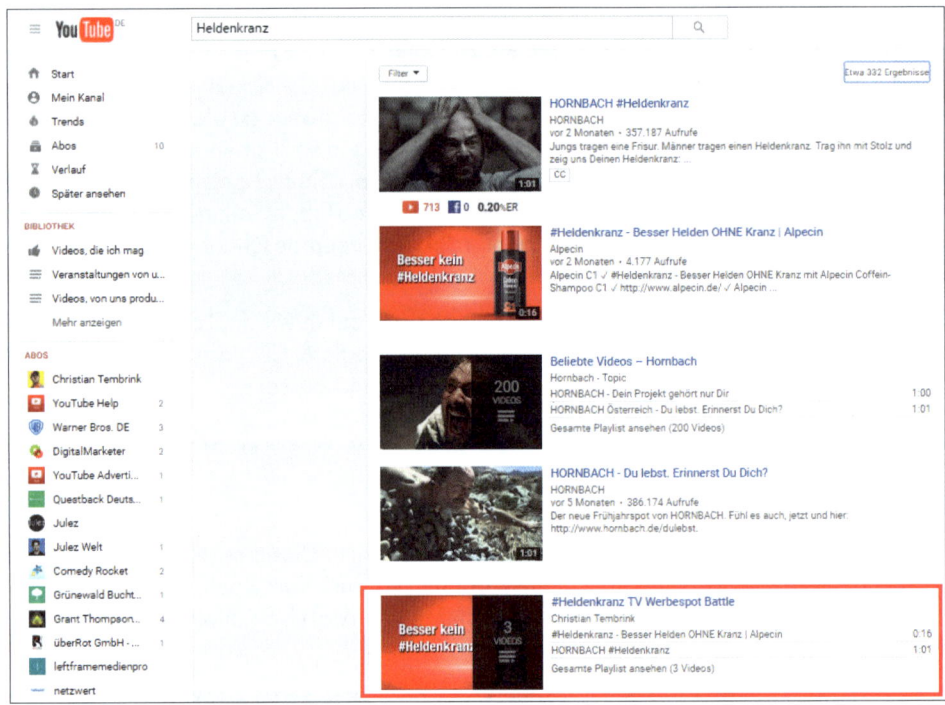

Mit Playlisten Struktur schaffen und auffindbar werden

Sofern Sie viele Videos in Ihrem Kanal veröffentlicht haben, sollten Sie die Videos in passenden Playlisten bündeln. So finden sich Ihre Besucher schneller in Ihrem Kanal zurecht und verstehen, welche **Themen** Sie mit Ihren Videos bedienen. Außerdem können Zuschauer so ganze Serien von einzelnen Videos bequem hintereinander abspielen lassen. Speziell auf Ihrer YouTube-**Startseite** integriert helfen Playlisten dabei, Besuchern einen guten Überblick über Ihren Kanal zu geben und **Struktur zu schaffen**.

Wenn Sie **Videoserien** mit mehreren Einzelteilen veröffentlichen, können Playlisten aus den Einzelclips ganze Filme machen. Aber auch, wenn Sie noch nicht viele eigene Videos in Ihrem Kanal hochgeladen haben, sind Playlisten ein guter Weg, Inhalte in Ihrem Kanal zu präsentieren. Stellen Sie Videos von anderen Anbietern in eigenen Playlisten zusammen und zeigen Sie Ihrem Publikum so z. B., welche Videos Sie selbst gern sehen.

Ein **Trick** für mehr Aufrufe ist, dass Sie zuerst ein bis zwei eigene Videos zu einem Thema in einer Playlist platzieren und diese dann um Videos von Dritten anreichern. Wird Ihre Playlist (mit Ihrem Video an erster Stelle) dann bei Google oder YouTube gefunden, sehen die Zuschauer **zuerst Ihren Film**, bevor die Videos der anderen starten. Damit Ihre **Playlist auffindbar** ist, müssen Sie den Playlist-Namen und die Playlist-Beschreibung auf eine **Suchbegriffskombination** ausrichten. Hierzu sollte das Keyword an den Anfang der Playlist und auch in der Playlist-Beschreibung integriert werden. Auch Umfang, Aktualität – Ihre Playlist sollte stetig erweitert werden – und die zugeordneten Videos spielen eine Rolle für die Auffindbarkeit.

Zu guter Letzt ist auch hier das **Zuschauerverhalten** für ein gutes Ranking Ihrer Playlist bei Google relevant. Geben viele Zuschauer Ihrer Playlist eine gute Bewertung, werden viele Ihrer Clips angesehen, die Zugriffszahlen steigen, z. B. durch externe Links auf die Playlisten, und die Wahrscheinlichkeit ist hoch, dass Sie damit zumindest in der YouTube-Suche gut sichtbar werden, wie links zu sehen.

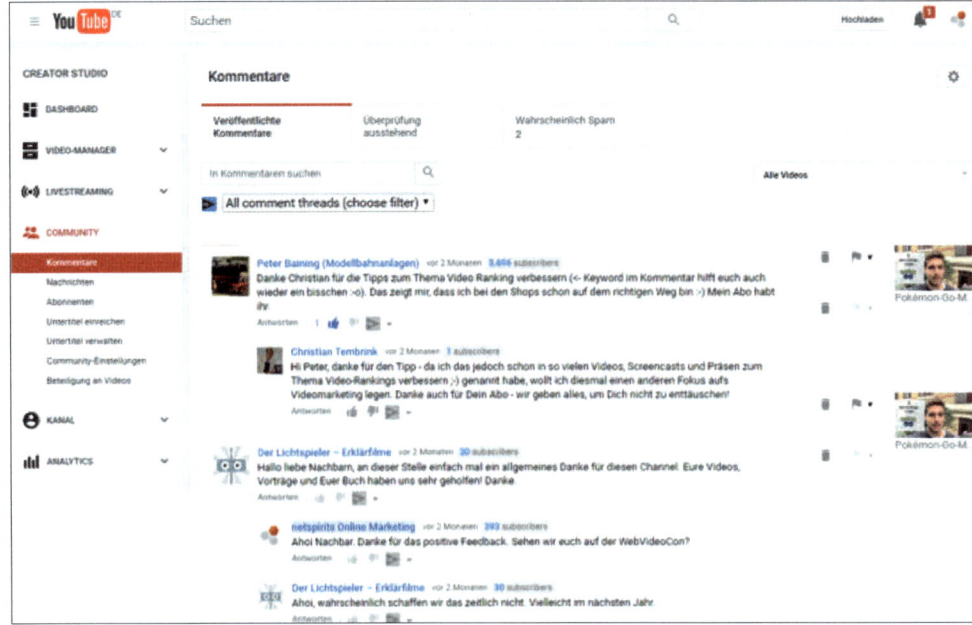

Community-Management: Interaktion mit Zuschauern

Alle YouTube-Stars haben eine Sache gemeinsam: der direkte und **intensive Dialog** und Austausch mit Fans und Zuschauern. Im YouTube-»Creator Studio« Ihres Kanals finden Sie unter dem Menüpunkt »**Community**« die Übersicht zu allen Kommentaren Ihrer Videos. Schauen Sie hier regelmäßig nach, ob neue Kommentare auf Ihre Antwort warten. Fallen Sie bei Ihren Antworten positiv auf: Bedanken Sie sich für Kommentare und neue Abonnenten und knüpfen Sie darüber Kontakt zu Ihrem Publikum.

Noch sicherer ist es, wenn Sie sich und Ihr Team über neue Kommentare zu Ihren Clips **per E-Mail informieren** lassen. Richten Sie hierzu am besten eine E-Mail-Adresse ein, die an mehrere Kollegen weitergeleitet wird. So ist immer jemand über neue Kommentare informiert, und auch bei Abwesenheiten sind schnelle **Antworten auf Kommentare** sichergestellt. Hier finden Sie die Erklärung, wie Sie diese E-Mail-Benachrichtigungen einrichten können: *http://goo.gl/5jwqnm*.

Häufig helfen die Dialoge zwischen Zuschauer und Kanalbetreiber dabei, das zukünftige Videomaterial weiter anzureichern und **zu verbessern**. Sehen Sie daher unbedingt in Ihrem Videokonzept vor, zumindest einige Videos so anzulegen, dass die Filme Kommentare, Feedback und den **Zuschauerdialog aktiv fördern**.

Laden Sie beispielsweise Nutzer, die konstruktives Feedback zu Ihren Videos geben, ein, beim nächsten Dreh mitzumachen. Durch die **Integration von aktiven YouTube-Nutzern in Ihren Filmen** sichern Sie sich einerseits deren Zuspruch für Ihre Inhalte. Zum anderen ist es sehr wahrscheinlich, dass die in den Dreh involvierten YouTube-Nutzer den fertigen Film später auch in ihren Netzwerken und Communitys stolz teilen werden.

Oder Sie laden Ihre Zuschauer zu einem eigenen **Event für Ihre YouTube-Abonnenten** ein. Ein Treffen im echten Leben stärkt die Bindung und festigt Ihren YouTube-Expertenstatus für Ihr Thema. Ihrer Kreativität sind hier keine Grenzen gesetzt, machen Sie davon Gebrauch!

Teilen Sie Videos auf Ihren Social-Media-Kanälen

Das Beste, was Ihnen als YouTuber passieren kann, ist eine **schnelle Verbreitung Ihrer Clips**. Eine solche Streuung forcieren Sie, indem Sie Ihre YouTube-Clips auch auf Facebook, Twitter & Co. verbreiten. Informieren Sie daher neben Ihren YouTube-Abonnenten auch Facebook-Freunde und Kontakte auf Twitter, wenn Sie ein neues Video veröffentlichen. Scheuen Sie sich nicht, dabei **Meinungen zum Video** abzufragen. Jedes **Feedback** trägt dazu bei, dass Sie lernen, welche Inhalte beim Publikum auf **Zuspruch** stoßen und welche nicht, um damit Ihren Content mit Ihren Zuschauern zusammen immer weiter zu verbessern.

Tipp zum Teilen von YouTube-Videos auf Facebook: Facebook hat ein Interesse daran, Video-Content direkt von Ihnen zu erhalten. Der Facebook-Algorithmus bevorzugt Videos, die direkt auf Facebook hochgeladen werden, gegenüber Links zu Videos, die auf YouTube liegen. Wenn Sie einen Link zu Ihrem Video auf YouTube teilen, stellt Facebook **das Vorschaubild kleiner** dar und zeigt den Post weniger Personen an ❶. Für Ihr Videoranking auf YouTube ist es aber besser, wenn Sie Videozugriffe alle auf Ihrem YouTube-Video bündeln – das steigert die Aufrufzahlen und damit die Bedeutung des Videos.

Um genau diesen Zwiespalt zu umschiffen, hat Marco Janck, Gründer der Berliner Online-Marketing-Agentur SUMAGO, ein Tool erstellt: Mit dem **YouTube-to-Facebook-Tool** (siehe *http://goo.gl/YAvbOv*) werden auf YouTube gehostete Videos auf Facebook prominent und groß angezeigt und sind direkt auf Facebook abspielbar ❷. Die Aufrufe auf Facebook zahlen dabei auf Ihre YouTube-Views ein – probieren Sie es aus!

Die Ideallösung ist, dass Sie, passend zu Ihrer Zielsetzung, einige Videos nur für YouTube produzieren, z.B., um bei der Suche auffindbar zu werden, und andere Filme **speziell für Facebook**. Denn Videos auf Facebook funktionieren nach eigenen Regeln: Die Videos müssen beispielsweise auch ohne Tonspur laufen, da die Autoplay-Funktion auf Facebook die Videos automatisch ohne Ton abspielt. Dieser Hinweis erfolgt nur der Form halber, denn hier wollen wir uns ganz auf das YouTube-Marketing konzentrieren.

Videos per E-Mail und durch Ihr Team verbreiten

Je nach Ausrichtung Ihrer YouTube-Marketing-Strategie gibt es eine Menge weiterer Optionen, Hinweise auf Ihre **Videos zu streuen**. Im Folgenden finden Sie einige einfach umsetzbare Tipps, die Ihre Videos einer breiten Zuschauerschaft zugänglich machen:

1. Sofern es zu Ihrem Video-Marketingziel passt, sollten Sie in der **internen Kommunikation** auf neue YouTube-Videos in Ihrem Kanal hinweisen. Wenn Sie eine **E-Mail** mit **Link zum neuen Clip** an alle oder ausgewählte Mitarbeiter senden, werden erste Aufrufe produziert (gut für Ihr Videoranking), und Ihr Team ist stets auf dem neuesten Stand, was Ihr Unternehmen in der YouTube-Welt kundtut. Das kann die **Identifikation** mit dem Unternehmen zusätzlich fördern.
2. Erstellen Sie Hinweise für die **E-Mail-Signaturen** Ihrer Mitarbeiter. Natürlich muss das Videothema für diese Art der Promotion geeignet sein. Hinweise in E-Mail-Signaturen Ihrer **Vertriebs-**, **Key-Account-** oder **Kundensupport-Mitarbeiter** können bei passendem Videoinhalt den Empfängern einen unterhaltenden Mehrwert liefern und Abverkauf wie auch Kundenbindung stärken.
3. Animieren Sie **Mitarbeiter** dazu, das Video in ihren **Social-Media-Kanälen** (Twitter, Xing, Facebook etc.) zu teilen und zu kommentieren. Ob Ihr Team das tut, hängt von zwei Bedingungen ab: Erstens, ob Sie klare Prozesse vorschlagen, wo und wie Videos geteilt werden, und zweitens, ob der Videoinhalt Ihre **Mitarbeiter animiert**, die Filme zu teilen.
4. Weisen Sie auf Ihr Video per **E-Mail-Newsletter** hin: Tests haben gezeigt, dass der Hinweis auf ein Video in der Betreffzeile von Newslettern, die Öffnungs- und Klickraten massiv steigern kann. Am besten testen Sie, wie die Promotion für das Video per E-Mail-Newsletter funktioniert. Untersuchen Sie dazu Öffnungs- und Klickraten sowie das Nutzerverhalten nach Ansehen des Videos.

Integration Ihrer Videos in Ihre Webseite

Mit der YouTube-Embedding-Funktion (zu Deutsch »Einbettung«) können Sie Ihre YouTube-Videos einfach **in Webseiten einbinden**. Ob als Ergänzung zum Inhalt der Webseite oder als Anreicherung Ihrer Blogbeiträge: Durch die Einbettung hat der Besucher zusätzlich zu Text und Grafiken auch die **emotionalisierenden** Videoinhalte direkt im Blick. So können Nutzer viel **bequemer und schneller** erfassen, worum es auf der jeweiligen Seite geht. Ebenso können Sie den rationalen Textinhalten durch zusätzlich integrierte Videos eine unterhaltende Note verleihen.

Nicht zuletzt wirkt sich die Einbettung von Videos fast immer positiv auf die **Platzierung der Webseite** in den **Google-Suchergebnissen** aus. Wenn Sie Ihre Webseite auf eine Suchabfrage hin optimieren (z. B. »schöne Blumen«), liefert das Integrieren eines YouTube-Videos – das ebenfalls auf diese Suchabfrage hin optimiert ist – dem Google-Algorithmus mehr Relevanz. Da Besucher das Video in vielen Fällen ansehen werden, **steigt die Verweildauer** auf Ihrer Webseite. Die Verweildauer von Nutzern auf Webseiten ist **ein Google-Rankingfaktor**. Somit leisten Videos im Bereich SEO (Suchmaschinenoptimierung) für Ihre Webseite wichtige Dienste. Wenn Ihre Google-Rankings steigen, nehmen die Besucherzahlen zu, was die Basis für mehr Verkäufe, Leads & Co. ist.

Legen Sie fest, was Ihr Video leisten soll, und messen Sie, wie die Videoeinbettung **das Nutzerverhalten beeinflusst**. Prüfen Sie die Entwicklung der Seitenverweildauer nach Einbettung des Videos. Steigt diese an, ist das ein gutes Zeichen. Ebenfalls sollten Sie messen, wie viele Besucher das Video ansehen. Hohe **Abspielraten** verraten, dass die Videoeinbindung ein Bedürfnis der Besucher befriedigt. In Verbindung hiermit ist wichtig: Schauen die Nutzer das Video bis zum Ende an und verhalten sie sich nach Abspielung anders als Nutzer, die das Video nicht angesehen haben? Dies sind alles wichtige Daten, die helfen, **das Nutzererlebnis Ihrer Webseite** kontinuierlich zu verbessern.

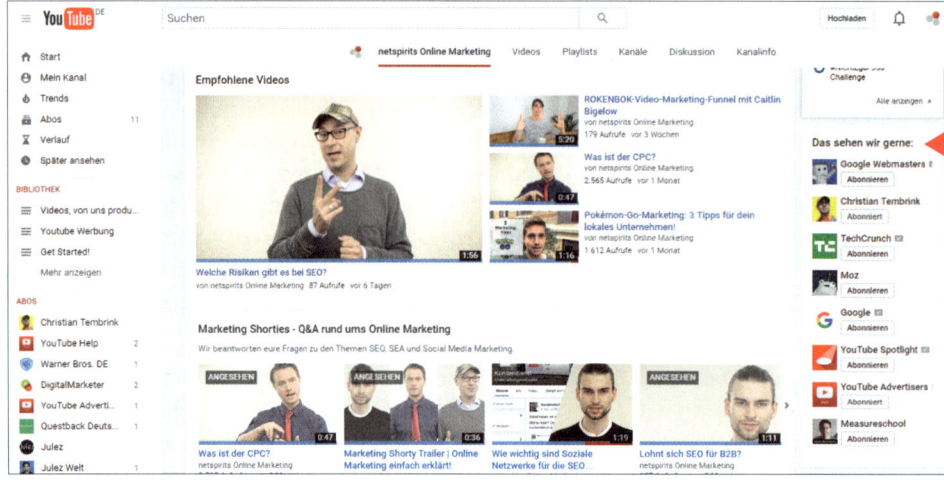

YouTuber Relations – Marketing mit anderen Kanälen

YouTube ist ein **Social-Media-Netzwerk**, das vom interaktiven **Austausch** der Teilnehmer lebt. Aktives **Netzwerken** erhöht Ihre Chance, dass Ihr Kanal und damit Ihre Videos durch die Vernetzung mit anderen Kanalbetreibern mit der Zeit bekannter werden.

Ein erster Schritt zur **Vernetzung** besteht darin, die Kanäle von anderen YouTubern zu **abonnieren** und deren Aktivitäten zu verfolgen. Da der Kanalbetreiber über einen neuen Abo-Abschluss informiert wird, besteht die Chance, dass er auch Ihren Kanal anschaut. Also bahnen Sie mit der gezielten Auswahl Ihrer Abonnements einen ersten Kontakt mit dem Betreiber an – und in einigen Fällen bedankt er sich mit einem **Gegen-Abo** Ihres Kanals. Prüfen Sie daher, ob es geeignete YouTube-Kanäle gibt, mit denen sich eine **Zusammenarbeit** anbietet, und treten Sie anschließend mit dem Kanalbetreiber in Kontakt. Eine einfache Möglichkeit besteht darin, dass beide Parteien auf den Startseiten **Ihre Kanäle gegenseitig empfehlen** (siehe Abbildung links).

Ein weiterer Weg, um Kooperationen anzustoßen, ist, **hilfreiches Feedback** zu fremden Videos zu geben. Wenn Sie konstruktive Tipps zu Videos anderer Kanäle haben, geben Sie in den Kommentaren Feedback und helfen dem Kanalbetreiber damit, die Videos weiter zu verbessern. Nicht selten entstehen so Dialoge, die die Basis schaffen, um zukünftig auch **gemeinsame Videos** zu planen, die dann von beiden Seiten im Netz beworben werden können. So **addiert sich die Reichweite**, und Sie können von dem Abonnentenkreis der anderen YouTuber profitieren.

Eine wirksame, aber aufwendigere Möglichkeit ist, eine Beziehung mit YouTubern **im echten Leben** aufbauen. Besuchen Sie Netzwerk-Veranstaltungen (Republica, Allinfluencer.de, YouTube Days und relevante Konferenzen), um andere Kanalbetreiber kennenzulernen und über die Planung gemeinsamer Projekte zu sprechen. Oder kreieren Sie **eigene Events**, zu denen Sie gezielt YouTuber einladen, um eine Bindung aufzubauen.

Product Placement auf YouTube

Auf YouTube kann auch **Product Placement** als Marketingmethode genutzt werden. Hierbei wird die Reichweite erfolgreicher YouTuber genutzt, um in deren Programm die eigenen Produkte zu zeigen. Sie haben **drei Möglichkeiten**, YouTuber zu finden, um sich mit Ihnen über Produktplatzierungen einig zu werden:

1. Sie machen sich selbst auf die **Suche nach YouTubern**. Achten Sie auf die inhaltliche Ausrichtung des Kanals und auf Abonnenten- und Videoabrufzahlen des YouTubers – je mehr, desto höher Aufrufzahlen und Reichweite der Videos. Setzen Sie im Zweifel eher auf noch unbekanntere YouTuber mit weniger Abonnenten, die dafür ein gutes Format, hochwertige Inhalte sowie eine für Sie passende Zielgruppe ansprechen und mit denen Sie eine individuelle Art des Product Placements festlegen können.
2. Als zweite Chance können Sie über **Plattformen** wie HitchOn, Reachhero oder Tubevertise die passenden Kanäle finden. Dabei können Sie z.B. selbst Kampagnenideen vorstellen oder einen YouTuber, der gut zu Ihrem Marketingziel passt, aussuchen. Zwar kostet diese Vermittlung auf den Plattformen etwas, dafür kommen Sie in der Regel zügig zum Ziel.
3. Weg Nummer drei: **Multichannel Networks** (MCN). Anbieter wie TubeOne, Mediakraft oder Divimove vermarkten Tausende der erfolgreichsten YouTube-Kanäle. Dieser Weg bietet sich insbesondere an, wenn Sie große vernetzte Kampagnen buchen möchten. Die STRÖER Gruppe, zu der TubeOne Networks gehört, bietet Konzeption und Schaltung crossmedial integrierter Kampagnen an, die auf animierten Plakaten an Bahnhöfen und eben auch über YouTube kanalspezifisch konzipiert und ausgespielt werden.

Ganz gleich, welchen Weg Sie gehen: Beachten Sie unbedingt das **deutsche Recht** und die **YouTube-Richtlinien** (siehe *http://goo.gl/xbElSR*), wenn Sie Product Placement auf YouTube einsetzen.

Mit bekannten YouTubern Programm machen

Denis Müller, Mitgründer von **TubeOne**, eines der erfolgreichsten Multichannel Networks im deutschen Markt, sagt zum Thema Product Placement: »Bei der YouTube-Produktplatzierung geht es darum, dass der Zuschauer sofort versteht, welchen Zusammenhang Marke und YouTuber haben. Es geht beim Product Placement vor allem auch darum, dass die YouTuber Inhalte produzieren können, die sie ohne diese **finanzielle Unterstützung** der Marke nie hätten erstellen können. Damit helfen **Produktplatzierungen** dabei, den YouTuber und seinen Kanal mit hochwertigeren bzw. aufwendiger produzierten Inhalten auf eine neue Stufe zu heben.«

Wichtigster Tipp von Denis Müller: »Man sollte immer darauf achten, dass das **Produkt zum YouTuber passt** und die ganze Story **authentisch** bleibt und nicht gestellt wirkt. Dann ist eine erfolgreiche Platzierung sicher.«

Für den Einstieg in die Zusammenarbeit mit YouTubern gibt er folgende **drei Tipps**:

1. »Lang genug mit dem YouTuber beschäftigen, bevor man mit ihm arbeitet. Man sollte 2–3 Videos anschauen, bevor man eine Kampagne eingeht.«
2. »Einzelne Produkte auf den Fit der YouTuber testen. Nicht jedes Produkt ist für Influencer-Marketing gemacht.«
3. »Dem YouTuber die kreative Freiheit geben, die er braucht. Er weiß, wie er ein erfolgreiches Video produzieren muss und die Marke integriert.«

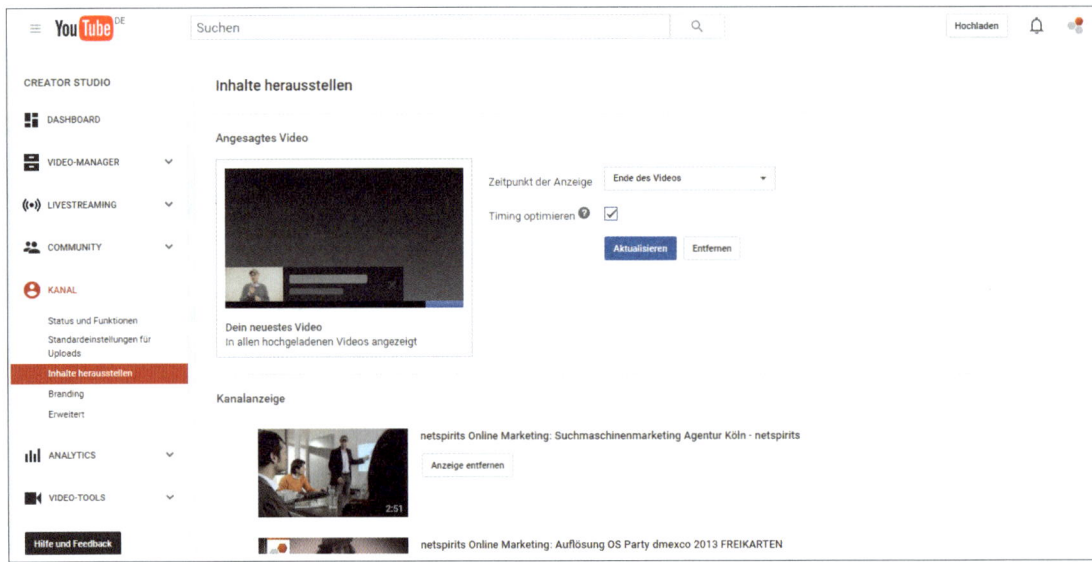

Inhalte herausstellen: angesagte Videos hervorheben

Erhöhen Sie die Zuschauerzahlen für ein **bestimmtes Video** über die **»Angesagtes Video«-Funktion**. Hierbei erscheint am Ende oder zu einem frei wählbaren Zeitpunkt in jedem Ihrer Videos eine Einblendung am linken unteren Rand des Videofensters. Sie können mit dieser Funktion sicherstellen, dass für das zuletzt hochgeladene Video oder ein bestimmtes Video aus Ihrem Kanal **schnell Reichweite** aufgebaut wird. Insbesondere, wenn Sie schon viele Filme auf YouTube hochgeladen haben, sorgt diese Funktion dafür, dass Zuschauer über alle Videos auf das jeweils hervorgehobene Video gelangen.

Wie das funktioniert? Über den Menüpunkt **Inhalte herausstellen** in Ihrem YouTube-Creator Studio wählen Sie aus, ob das neuste Video oder ein gezielt von Ihnen ausgesuchtes Video in Ihren anderen Filmen hervorgehoben werden soll. Außerdem bestimmen Sie, ob dieser Hinweis am Ende des Videos oder zu einem anderen Zeitpunkt erscheinen soll.

User können direkt in das angesagte Video wechseln, indem Sie auf die Einblendung klicken. Sie können die Menge der Klicks über die Funktion »Angesagtes Video« unter YouTube Analytics einsehen. So prüfen Sie die Wirkung dieser Maßnahme und lernen, wie diese für Ihr Vorhaben am besten nutzbar ist.

Tauschen Sie Ihre hervorgehobenen Videos **regelmäßig aus**. Wird immer derselbe Content vorgeschlagen, werden Ihre Stammzuschauer mit der Zeit gelangweilt reagieren und nicht mehr darauf klicken. Durch einen **regelmäßigen Wechsel** erreichen Sie, dass Ihre Zuschauer immer wieder neue Inhalte in Form von angesagten Videos vorgestellt bekommen.

original a b c d e f g h i j k l m n o p q r s t u v w x y z

Google Results

Wie mache ich

- wie mache ich einen screenshot
- wie mache ich quark selber

Wie mache ich a

- wie mache ich am besten schluss
- wie mache ich apfelmus
- wie mache ich am pc einen screenshot
- wie mache ich auf mich aufmerksam
- wie mache ich am laptop einen screenshot
- wie mache ich am besten krank
- wie mache ich aperol spritz
- wie mache ich apfelsaft

original a b c d e f g h i j k l m n o p q r s t u v w x y z

YouTube Results

Wie mache ich

- wie mache ich meine haare
- wie mache ich ein intro
- wie mache ich ein youtube kanal
- wie mache ich einen dutt
- wie mache ich schluss
- wie mache ich ein texture pack minecraft
- wie mache ich ein lets play
- wie mache ich mir einen skin bei minecraft
- wie mache ich einen youtube kanal
- wie mache ich ein thumbnail

Wie mache ich a

- wie mache ich am besten

Tools, die Ihren YouTube-Marketingerfolg steigern

Hier stellen wir **fünf Tools** vor, mit denen Sie Ihr YouTube-Marketing überwachen und optimieren können:

- Das Tool von **VidIQ** zeigt direkt in der YouTube-Oberfläche Informationen zu spannenden Kennzahlen an. Sie können Ihre eigenen **Erfolgsmetriken** von Videos sichtbar machen oder Kanäle und Videos anderer YouTuber untersuchen. Am besten probieren Sie es unter *http://vidiq.com* aus. Neben der Gratisversion ist auch eine Bezahlversion erhältlich, die Ihnen viele weitere Analysedaten anzeigt.
- Wenn Sie Suchanfragen aus der **YouTube-Autosuggest**-Funktion analysieren möchten, testen Sie das Tool von seochat (siehe *http://goo.gl/Ny6fhN*). Geben Sie z.B. »Wie mache ich« ein, zeigt das Tool weit über 100 Suchanfragen, die mit »Wie mache ich« beginnen (siehe Abbildung links). So finden Sie **Fragen der YouTube-Nutzer**, die Sie mit einem neuen Video beantworten können.
- Um von **Konkurrenzkanälen** zu lernen, probieren Sie das YouTube-Insights-Tool von Birdsong-Analytics aus (siehe: *http://goo.gl/aU8s2Z*). Sie können damit z.B. herausfinden, zu welchem Zeitpunkt Konkurrenten ihre Videos hochladen, um die meisten »Gefällt mir«-Angaben zu erhalten, oder an welchen Tagen die erfolgreichsten Videos hochgeladen werden und vieles mehr. Ein gutes Tool, um von **Mitbewerbern Wissen abzugreifen**, allerdings müssen Sie für die Daten je Abruf bezahlen.
- Unter *https://www.canva.com* finden Sie ein hilfreiches Programm, um einfach **Videovorschaubilder** zu erstellen, die für eine Menge Klicks sorgen werden. Viele Funktionen sind gratis.
- Mit dem Angebot von Cyfe können Sie ganz einfach die **Entwicklung Ihres Kanals überwachen**. Mit dem Gratis-Account können Sie ein YouTube-Widget anlegen, sodass Sie fortan auf der Startseite die Entwicklung Ihrer Likes, Abrufzahlen und weiterer Kennzahlen einfach und schnell im Blick haben. Schauen Sie einfach unter: *http://www.cyfe.com*.

Fazit Kapitel 6: Fassen wir zusammen

- Bereits beim Upload der Videos legen Sie den **Grundstein** für den **späteren Erfolg**: Stellen Sie sicher, dass Sie möglichst alle Abfragefelder beim Upload befüllen und auf Ihr Marketingziel ausrichten.
- Die Vorschaubilder von Videos und Playlisten haben großen Einfluss darauf, ob Nutzer Ihre Inhalte oder die der Konkurrenz **anklicken** – achten Sie auf optimierte, **individuell erstellte Vorschaubilder**.
- Die **Interaktion** auf YouTube ist ein weiterer Baustein für Ihren Marketingerfolg. Sorgen Sie dafür, dass Zuschauer Ihre Videos bewerten, kommentieren und weiterempfehlen. Zudem ist ein Zuwachs an Videoaufrufen und **Abonnentenzahlen** wichtig für Ihre Auffindbarkeit bei Google und YouTube. Arbeiten Sie kontinuierlich daran, diese Faktoren positiv zu beeinflussen.
- Nehmen Sie Ihre Zuschauer an die Hand: Mit **interaktiven Anmerkungen**, Infokarten und **Endcards** am Ende Ihres Films stellen Sie sicher, dass Sie Nutzern **weiterführende Informationen** liefern und sie in Ihrer Content-Welt halten.
- Ergänzende Angaben zum Video wie der **Videountertitel** sollten im Detail überprüft und optimiert werden. Wenn Sie hier bessere Arbeit als andere YouTuber machen, sind Sie klar im Vorteil.
- Relevanter Inhalt gewinnt: Konzipieren Sie Ihre Videos so, dass Ihr Publikum Ihre Filme möglichst bis zum Ende ansieht. Denn gute **Zuschauerbindung** zeigt YouTube, dass Ihr Video sehenswert ist.
- Seien Sie **selbst aktiv**: Teilen Sie Ihre Videos über Ihre Social-Media-Kanäle, per Newsletter und E-Mail-Signaturen. Knüpfen Sie Kontakt mit anderen YouTubern und gehen Sie unbedingt auf Kommentare Ihrer Zuschauer zeitnah ein – So sind Ihnen schnell hohe Zugriffszahlen sicher.

KAPITEL 7 | Bezahlte Werbung auf YouTube schalten

In diesem Kapitel lernen Sie die wichtigsten Werbemöglichkeiten auf YouTube kennen. In Abgrenzung zum vorherigen Kapitel sind das **bezahlte Maßnahmen**, die Ihre Videos und Ihren Kanal bekannter machen. Mit YouTube revolutioniert Google derzeit den **Werbemarkt für Bewegtbild** und Werbespots. Konnten im Fernsehen bisher nur Unternehmen werben, die Tausende Euro Budget hatten, können auf YouTube – exakt auf die Zielgruppen ausgerichtet – **Werbeclips erfolgsabhängig** für ein paar Cent pro Zuschauer geschaltet werden.

Das Werbeschalten auf YouTube basiert auf dem bereits im Jahr 2000 etablierten **Google AdWords**-Werbeprogramm. Über diese Schnittstelle spielen Sie Werbung ein, selektieren Zielgruppen, steuern Kampagnen aus und überwachen den Erfolg – **Werbung und Marktforschung** aus einer Hand.

Die Kosten für die Werbung mit Videos auf YouTube sind heute für jedermann **bezahlbar**. Sie liegen, je nach Werbethema und Ausrichtung, bei einigen Cent pro View (Ansicht von Werbevideos) oder bei entsprechenden Klicks auf die Werbemittel.

YouTube-Werbung kann mit ein paar Hundert Euro Werbebudget pro Monat millionenfach Reichweite in Ihrer Zielgruppe generieren. Die gezielte Konzeption Ihrer YouTube-Werbeclips ist Ihr Schlüssel zum Erfolg. Sie gewinnen neue Abonnenten, leiten Nutzer auf Ihre Webseite und steigern Ihre Bekanntheit. Durch Videowerbung erhöhen Sie die Chance, dass Ihre Botschaften eine schnelle Verbreitung im Netz erfahren.

Basis für die Werbeschaltung sollten klare Werbeziele und speziell für die Schaltung angelegte Werbevideos oder Banner sein. Erarbeiten Sie hierzu eine **Strategie**, damit Sie Ihre Werbeziele messen, überwachen und erreichen. Dieses Kapitel hilft Ihnen dabei, zu verstehen, welche **Werbemöglichkeiten** YouTube Ihnen bietet und wie Sie diese für sich ideal einsetzen können.

Erstellen von Werbekampagnen für YouTube

Grundvoraussetzung für die Erstellung von Werbung auf YouTube ist das Einrichten eines **Google AdWords**-Kontos. AdWords ist das **Werbeprogramm** von Google, das auch die Schaltung von Werbeclips auf YouTube steuert. Für die Einrichtung von Werbekampagnen können Sie **kostenfrei** ein AdWords-Konto anlegen. Zum besseren Monitoring sollten AdWords und YouTube-Account verknüpft sein. Erst dann können die durch Werbung gewonnenen Abonnenten, Likes etc. auch in AdWords gemessen werden.

Dann steht der **Werbung für Ihre Videos** nichts mehr im Wege, und Sie können kostenpflichtige Werbeanzeigen für Ihre Filme auf YouTube anlegen. Zuerst müssen Sie **Grundeinstellungen** wie die Ausrichtungsmethode, die Laufzeit der Werbekampagne und das tägliche Budget festlegen. Bei Videoanzeigen zahlen Sie in Abhängigkeit des von Ihnen gewählten Werbeformats **Werbegeld**, wenn Nutzer Ihre Videoanzeige bis zum Ende ansehen oder auf einen weiterführenden Verweis darin klicken. Das garantiert Ihnen, dass Sie Ihr Werbebudget effizient und ohne Streuverluste einsetzen können.

Bei nicht überspringbaren Werbeanzeigen (wie z. B. den neuen Bumper-Ads) fallen immer Werbekosten an. Wie hoch diese sind, können Sie über die Vergabe Ihres maximalen Tagesbudgets steuern. So haben Sie stets **volle Kostenkontrolle**.

Die **Überwachung der Leistung** Ihrer YouTube-Werbekampagnen (siehe links) ist extrem wichtig, damit Ihr Budget von Tag zu Tag effizienter eingesetzt wird. Sie sollten in jedem Fall Erfahrung mit dem Google AdWords-Programm haben, bevor Sie darüber YouTube-Werbung schalten. Haben Sie diese Erfahrung nicht, fragen Sie zunächst einen Experten, der Ihnen bei Einrichtung und Überwachung des Kampagnenerfolgs zur Seite steht.

YouTube
WERBEANZEIGEN AUF YOUTUBE
Positionierung

Vor fremden Videos

In der YouTube-Suche

In und neben fremden Videos

Wo können Sie auf YouTube werben?

Das **YouTube-Werbenetzwerk** ermöglicht Ihnen, an ganz unterschiedlichen Stellen Werbung zu schalten. Sie können dabei genau einstellen, wo Ihre Werbung präsentiert werden soll: Ihre Anzeigen und Werbeclips können in der YouTube-Suche und vor, in und neben fremden YouTube-Videos platziert werden (siehe links).

Vor einem fremden YouTube-Video können Sie Ihr eigenes Werbevideo schalten. Bei dieser Werbeform sieht der Zuschauer Ihr Werbevideo, bevor das eigentliche Video startet. Solche Vorschaltvideos können ähnlich wie ein **Werbespot im Fernsehen** eingesetzt werden. Allerdings lässt sich diese Art der Clips nach fünf Sekunden vom Zuschauer überspringen. Alternativ können Sie auch Formate ohne Übersprungmöglichkeit buchen. Hier muss der Zuschauer abwarten, bis der Werbeclip abgespielt wurde. **Voraussetzung** für die Platzierung von Vorschaltwerbung in fremden Videos ist, dass der fremde Kanalbetreiber das Platzieren von Werbeanzeigen zulässt. Mehr zu dieser Werbeform mit dem Namen **TrueView In-Stream** finden Sie auf Seite 287.

Eine weitere Stelle, an der Sie Videowerbung platzieren können, ist **in der YouTube-Suche**. Gibt ein Nutzer bestimmte Suchbegriffe ein, bei denen Ihr Video oben erscheinen soll, können Sie diese Werbeform einsetzen. Auf der Suchergebnisseite erscheint Ihr Video dann als Werbeanzeige an erster Position. Mehr zu dieser Werbeform mit dem Namen **TrueView Discovery in der YouTube-Suche** finden Sie auf Seite 291.

Fehlen Ihnen eigene Videos, können Sie Textanzeigen und Werbebanner in und neben einem Fremdvideo platzieren. Voraussetzung ist auch hier, dass das fremde Video das Platzieren von Werbeanzeigen zulässt. Mehr zu dieser Werbeform mit dem Namen **YouTube-In-Video-Overlay-Anzeigen** finden Sie auf Seite 299.

Eine von Google stets aktuelle Übersicht über alle verfügbaren YouTube-Werbeformate finden Sie hier: *http://goo.gl/RoYwgO*.

Aktivitäten von Nutzern, nachdem sie gebrandeten Content oder Werbung gesehen haben, Smartphone vs. TV:

Smartphone
TV

Source: Google/Ipsos, Brand Building on Mobile Survey (U.S.), February 2015.

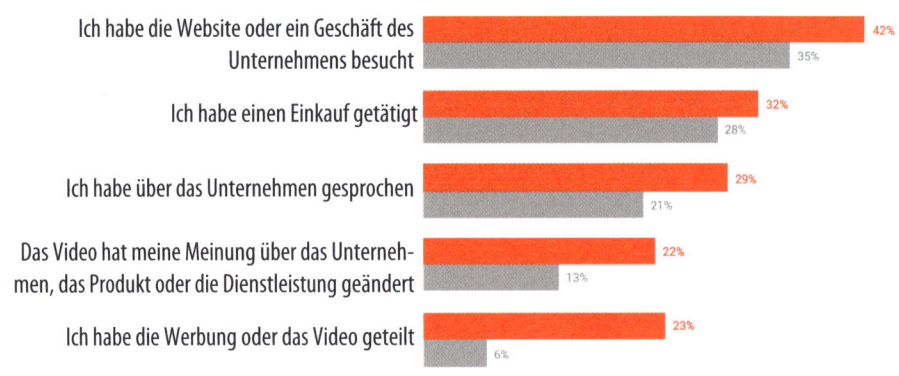

YouTube-Werbung auf mobilen Geräten

Weltweit steigt die Zahl an Videoaufrufen über **mobile Endgeräte** massiv an. Das heißt, dass ein immer größerer Anteil Ihrer potenziellen Zielgruppe YouTube über Smartphones und Tablets nutzt. YouTube hat vorgesorgt und ermöglicht die Werbeschaltung auf mobilen Endgeräten. Zudem ist auf immer mehr Smartphones und Tablets die YouTube-App installiert, in der Sie ebenfalls Werbung schalten können.

Ist Ihre Zielgruppe viel mobil unterwegs, können Sie gezielt auf **Smartphones** Werbung an vielen verschiedenen Stellen in der YouTube-Welt schalten. Beim Anlegen einer Werbekampagne können Sie einstellen, auf welchen Endgeräten (Desktop-Computer, Tablets oder Smartphones) Ihre Werbeanzeigen verstärkt angezeigt werden sollen. Dies ist mittels Gebotanpassung für jeden Gerätetyp individuell steuerbar, sodass Sie also auch gezielt **nur auf Smartphones** werben können.

Im Vergleich zur Werbung auf Desktop-Computern gibt es allerdings einige **Einschränkungen** bei der Schaltung von YouTube-Werbung auf mobilen Endgeräten. Es gilt zu unterscheiden, ob Nutzer YouTube über die YouTube-App oder den Browser aufrufen. In der deutschen **YouTube-App** werden beispielsweise **keine Videoanzeigen in den Suchergebnissen** angezeigt. Nur auf der YouTube-Webseite, die man über den Browser im Smartphone oder Tablet aufrufen kann, ist dieses Werbeformat sichtbar.

Die Ausspielung von Werbeanzeigen auf mobilen Geräten ist in jedem Fall eine sinnvolle Ergänzung zu Ihrer Werbekampagne auf Desktop-Geräten. Da die Nutzungszahlen mobiler Endgeräte rapide ansteigen, sind Sie gut für die Zukunft gewappnet, wenn Sie Erfahrungen mit YouTube-Werbung für Smartphones und Tablet-PCs sammeln. Sie sind damit vielen Mitbewerbern einen Schritt voraus und profitieren von häufig noch **günstigen Werbepreisen**, da bisher nur sehr wenige Unternehmen in diese Werbeformen investieren.

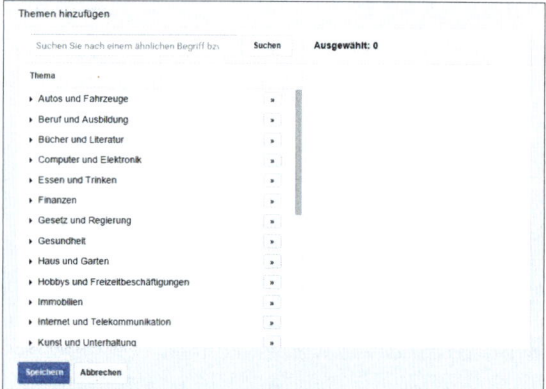
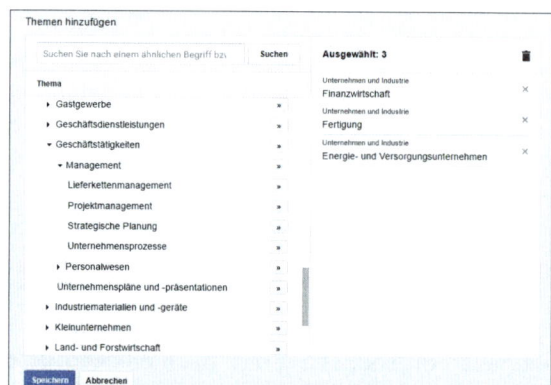
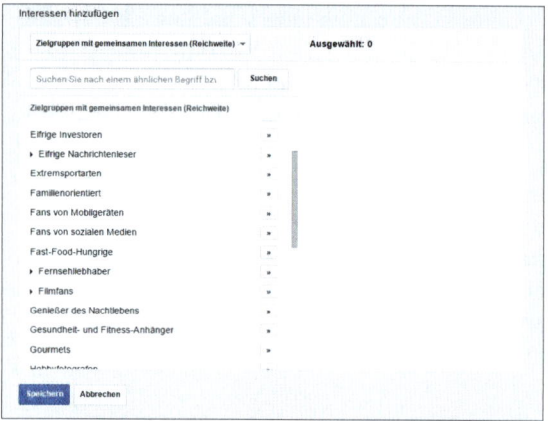
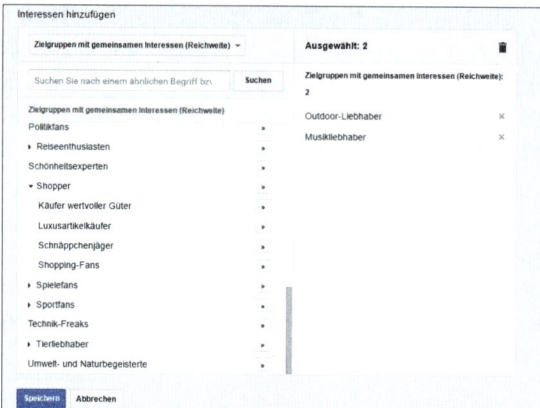

Grundeinstellung: zielgruppengenaue Ausrichtung

YouTube bietet Ihnen für Ihr Marketing einen Pool mit Milliarden von Nutzerdaten an. Die **richtigen Zuschauer** möglichst **preisgünstig zu erreichen**, ist dabei die Herausforderung beim Anlegen von YouTube- Werbekampagnen. Daher ist es wichtig, Ihre Werbung **exakt auf Ihre Zielgruppe auszurichten**. YouTube bietet Ihnen viele Stellschrauben und Selektionsmöglichkeiten, mit denen Sie Ihre Werbeschaltung sehr genau justieren können.

Um Ihre Kampagnen auf die passende Zielgruppe auszurichten, beginnen Sie mit grundlegenden demografischen, geografischen und sprachlichen Zielgruppeneinstellungen. Stellen Sie sich folgende Fragen: Welches **Geschlecht** und welches **Alter** haben Ihre Kunden? Wo leben sie? Zum Beispiel könnten Sie Ihre Werbung zielgerichtet auf Männer im Alter von 25 bis 34 Jahren in Berlin zuschneiden. Sie können die Ausrichtung sogar bis auf einzelne Stadtteile und PLZ-Ebene herunterbrechen.

Für die weitere Selektion Ihrer Zielgruppe sollten Sie ein Verständnis dafür entwickeln, welche **Interessen** Ihre Zielgruppe auf YouTube verfolgt. Suchen Sie über die YouTube-Suche nach schnellen Lösungen? Oder gibt es bestimmte Kanäle, Inhalte und Videothemen, die Ihre Zielgruppe auf YouTube gern anschaut, um Inspiration oder Unterhaltung zu suchen?

Sie können Ihre Werbevideos sowohl nach Suchbegriffen als auch nach den **Interessen** Ihrer Zielgruppe ausrichten und dabei aus mehreren **Tausend Interessenkategorien** (siehe links) auswählen. Zusätzlich ist es möglich, die Werbeschaltung gezielt nach Videoinhalten oder Kanalthemen auszuwählen. Auch die **Remarketing**-Funktion auf YouTube bietet spannende Möglichkeiten: Damit können Sie Nutzer, die bereits Ihre Webseite besucht oder ein anderes Video von Ihnen auf YouTube angeschaut haben, gezielt **erneut ansprechen**. Auf den nächsten Seiten erklären wir, wie dies genau funktioniert.

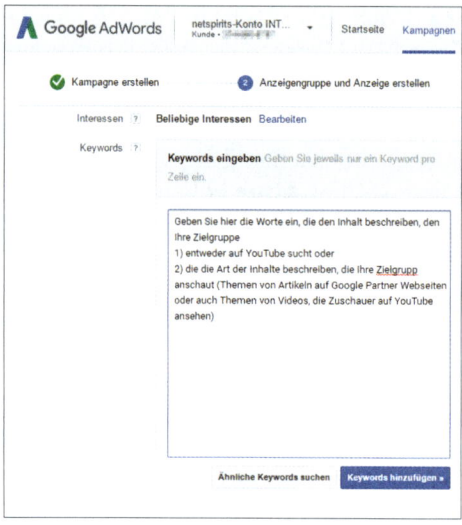

Ausrichtung Ihrer Werbung mit Schlüsselwörtern

Sie möchten Ihre Werbeanzeige an die **aktuellen Bedürfnisse** von Nutzern anpassen? Dann haben Sie zwei Möglichkeiten, Ihre Videowerbung auszurichten.

1. Nutzen Sie das **Suchverhalten der Nutzer** für die Ausrichtung Ihrer Werbung. Lassen Sie Ihre Videos bei relevanten Suchanfragen ganz oben bei YouTube erscheinen. So können Sie **exakt in dem Moment**, in dem Ihre Zielgruppe nach einer Lösung oder Inhalt auf YouTube sucht, **präsent sein**. Sucht ein Nutzer auf YouTube beispielsweise nach einem Luxushotel in Köln, können Sie Ihr dazu passendes Hotel-Werbevideo anzeigen lassen. Die **Suchabfrage** hierfür könnte »Luxushotel Köln« lauten. Es wird so ein **direkter Bezug zum Bedürfnis** des Nutzers hergestellt. Mehr zu dieser Schaltungsmethode finden Sie im Abschnitt »Video-Discovery-Anzeigen in der YouTube-Suche« auf Seite 291.

2. Zusätzlich können Sie nach **Schlagwörtern selektieren**, die in den Videos, die Ihre Zuschauer auf YouTube schauen, vorkommen sollen (zum Beispiel Videos zum Thema »Mallorca«). Diese schlagwortbasierte Auslieferung lässt sich auch außerhalb von YouTube für die **Video-Partnerwebseiten** anwenden. Sowohl für Werbung auf YouTube als auch für Videowerbung auf den Google-Partnerwebseiten gilt: Definieren Sie **Schlüsselwörter**, die den Inhalt beschreiben, den Ihre Zielgruppe anschaut.

   Hierzu ein Beispiel: Nehmen wir an, Sie haben einen bundesweiten Fahrradverleih. Dann können Sie durch die Ausrichtung Ihrer Werbung auf das Schlagwort »Fahrradverleih« Ihre Werbung passend ausliefern. Sobald auf einer Webseite des Google Display-Netzwerks oder in einem YouTube-Video das Wort *Fahrradverleih* auftaucht, kann Ihre Werbeanzeige passend zum Inhalt angezeigt werden. So können Sie genau die Nutzer ansprechen, die am Thema Fahrradverleih interessiert sind. Diese Methode eignet sich gut, um im Internet themenspezifisch **Bekanntheit** aufzubauen.

Die Wirkung von Platzierungen

In Stream (überspringbar)	In Slate	In Search (promoted Videos)	In Display (Click-to-Play)
Passend für alle Kampagnenziele	- Kundenbindung - Storytelling - Umpositionierung von Marken	- Präsentation - Storytelling - Feedback hervorrufen - Kundenbindung	- Einbindung des Feedback - Verhaltens-änderung - Kundenbindung

Wählen Sie passende Placements aus

Kennen Sie **Webseiten**, **YouTube-Kanäle** oder einzelne **Videos**, für die sich Ihre Zielgruppe interessiert? Dann nutzen Sie diese Seiten für die Platzierung Ihrer Werbeanzeigen. Mit der Aussteuerung Ihrer Anzeigen nach einzelnen **Placements** buchen Sie sich gezielt in Webseiten, Kanälen, Videos oder Apps von anderen Nutzern. Als Placements können einzelne oder mehrere YouTube-Videos, ganze YouTube-Channel, Webseiten und **Smartphone-Apps** über das Google Adwords-Tool ausgewählt werden.

Dabei haben Sie die Möglichkeit, Ihren Werbeclip vor, in oder neben die Inhalte der von Ihnen gewählten Placements, wie beispielsweise bestimmte YouTube-Videos, zu bringen. Hierzu ein Beispiel: Wenn Sie einen Onlinemöbelshop bewerben möchten, können Sie festlegen, dass Ihre Videoanzeige für Ihren Möbelshop in den Videos eines von Ihnen ausgewählten YouTube-Kanals über Inneneinrichtung platziert werden soll. Somit können Sie einen direkten Bezug zur Zielgruppe herstellen, und die Anzeige erscheint im **thematisch passenden** Kontext. Diese Form der Werbeplatzierung ist nur in solchen YouTube-Inhalten möglich, die die Schaltung von Werbung zulassen.

Die Wahrscheinlichkeit, dass Nutzer, die sich Videos zur Inneneinrichtung ansehen, auch für Ihr Möbelangebot interessieren, ist sehr hoch. Nutzen Sie also bekannte und erfolgreiche fremde YouTube-Kanäle, Webseiten oder Apps, um das Publikum dort auf **Ihr Angebot aufmerksam zu machen**.

Damit Ihre Werbung auf fremden Webseiten effektiv wirkt, sollten Sie bei der **Auswahl** der Kanäle, Apps oder Videos sehr genau hinschauen. Schauen Sie sich die Inhalte, in die Sie Ihre Werbung bringen, vor der finalen Auswahl in jedem Fall vorher an. Nur so stellen Sie sicher, dass Ihre Werbebotschaft auch zum Inhalt passt. Das Anlegen einer Werbekampagne basierend auf Placements ist dadurch etwas aufwendiger, denn Sie müssen alle **Placements per Hand** für Ihre Zielgruppenaussteuerung auswählen.

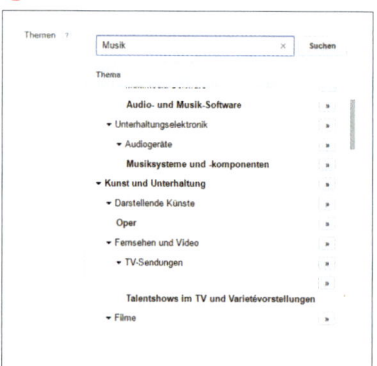

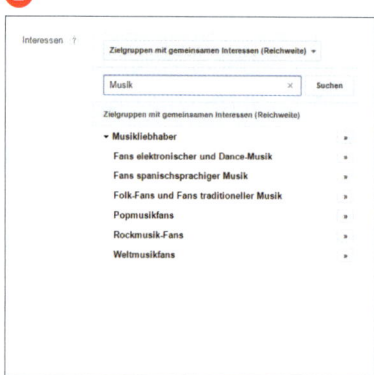

Ausrichtung nach Themen- und Interessenkategorien

Sie kennen die **Lieblingsthemen** und **Interessen** Ihrer Zielgruppe und möchten diese einfach und schnell für Ihre Werbekampagne nutzen? Dann setzen Sie **Themen**- und **Interessenkategorien** als Selektionskriterium für Ihre Werbeschaltung ein. Sie können auf YouTube und im Google-Werbepartnernetzwerk nämlich auf **Tausende Themengebiete** ❶ zurückgreifen. Im Unterschied zur manuellen Auswahl von Placements wählen Sie dabei nicht einzelne YouTube Channel, Videos oder Webseiten aus, sondern legen die Themen fest, denen sich die YouTube-Kanäle oder Google-Partnerwebseiten widmen sollen. Das Google Adwords-Werbeprogramm platziert Ihre Videos dann nur auf den Webseiten beziehungsweise vor oder neben den YouTube-Videos, die Ihrer Themenauswahl entsprechen. Damit sparen Sie im Vergleich zur **Auswahl** von Placements Zeit beim Anlegen einer Werbekampagne, gehen aber auch das Risiko ein, dass Ihre Werbung nicht ganz so exakt platziert wird wie bei manueller Auswahl.

Für die Ausrichtung Ihrer YouTube-Videoanzeigen können Sie anstelle oder **zusätzlich zur Auswahl von Themen** auch die **Interessengebiete** ❷ Ihrer Zuschauer als Selektionskriterium nutzen. Legen Sie fest, wofür sich Ihre **Zielgruppe interessiert.** Haben Sie zum Beispiel einen Shop für DJ-Bedarf, können Sie auswählen, dass Ihre Werbung nur Menschen angezeigt wird, die sich für Dance-Musik interessieren. Nur jene Nutzer, die sich oft YouTube-Videos zu diesem Thema anschauen oder auf entsprechenden Kanälen und Webseiten surfen, landen in dieser Interessengruppe und sehen Ihre Werbung. Dabei kann die Werbeauslieferung dann auf YouTube oder anderen Google-Partnerwebseiten stattfinden.

> **Tipp**
>
> Kombinieren Sie Interessen und Themen miteinander, um Ihre Zielgruppe möglichst genau anzusprechen. So erreichen Sie unter anderem Nutzer, die sich fürs Heimwerken interessieren und gerade auf einer Webseite zum Thema »Gartengestaltung« surfen.

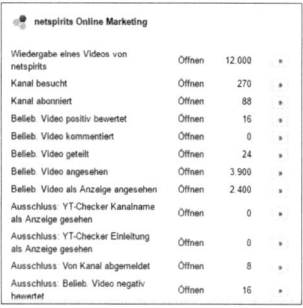

netspirits Online Marketing			
Wiedergabe eines Videos von netspirits	Öffnen	12.000	»
Kanal besucht	Öffnen	270	»
Kanal abonniert	Öffnen	88	»
Belieb. Video positiv bewertet	Öffnen	16	»
Belieb. Video kommentiert	Öffnen	0	»
Belieb. Video geteilt	Öffnen	24	»
Belieb. Video angesehen	Öffnen	3.900	»
Belieb. Video als Anzeige angesehen	Öffnen	2.400	»
Ausschluss: YT-Checker Kanalname als Anzeige gesehen	Öffnen	0	»
Ausschluss: YT-Checker Einleitung als Anzeige gesehen	Öffnen	0	»
Ausschluss: Von Kanal abgemeldet	Öffnen	8	»
Ausschluss: Belieb. Video negativ bewertet	Öffnen	16	»

AdWords-Remarketing-Listen ▾			
Suche nach Listenname			Suchen
Remarketing-Listen		Status Listenumfang	
Besucher: 180 Tage netspirits.de Unterseite Social Media	Öffnen	1.100	»
Besucher 180 Tage: netspirits.de YouTube-Unterseite	Öffnen	920	»
Besucher 180 Tage netspirits.de	Öffnen	7.500	»
Alle Besucher	Öffnen	1.200	»
All Converters	Öffnen	0	»

Nutzung der Remarketing-Funktion

Eine weitere **Ausrichtungsmethode** ist das **Remarketing**. Mit einer Remarketing-Kampagne sprechen Sie Nutzer an, die zuvor eine Ihrer Webseiten besucht oder schon einmal eines Ihrer Videos oder Ihren Kanal gesehen haben. Sie erreichen damit eine Zielgruppe, die sich bereits für Ihren Content interessiert hat.

Klassisches Anwendungsszenario für das Remarketing sind Nutzer, die einmal ein Produkt auf Ihrer Webseite in den Warenkorb gelegt haben, dieses jedoch nicht gekauft haben. Mittels Remarketing können Sie diese Nutzer **erneut ansprechen** und zum Kauf bewegen – dies geht jetzt auch mittels YouTube-Videos.

Alternativ bietet Remarketing die Chance, Nutzer anzusprechen, die bereits mit einem Ihrer Videos **interagiert** und zum Beispiel eine positive Bewertung abgegeben haben. Die Wahrscheinlichkeit, dass diese ein weiteres Video von Ihnen interessant finden, ist besonders hoch. Weitere Remarketing-Auswahlmöglichkeiten sind Nutzer, die Ihren Kanal gerade frisch abonniert oder ein Video von Ihnen kommentiert haben.

Wenn Sie das Ziel haben, **viele Abonnenten zu generieren**, können Sie Nutzer, die eines Ihrer Videos gesehen, aber Ihren Kanal noch nicht abonniert haben, mit einer Videoanzeige reaktivieren. Zum Beispiel mit einem speziellen Video, das das Abonnieren Ihres Kanals besonders schmackhaft macht. Die Remarketing-Methode kann auch als **Ausschlusskriterium** Ihrer Werbung eingesetzt werden: Sie können zur Gewinnung neuer Abonnenten Ihre bereits vorhandenen Abonnenten von der Zielgruppe ausschließen.

Mit den **YouTube-Remarketing-Optionen** (Beispiele siehe links) ergeben sich völlig neue Möglichkeiten, Ihre Wunschnutzer mit gezielt geplanten »**Video-Marketing-Strecken**« während des **Kaufentscheidungsprozesses** immer wieder mit passendem Inhalt an Ihre Marke zu erinnern.

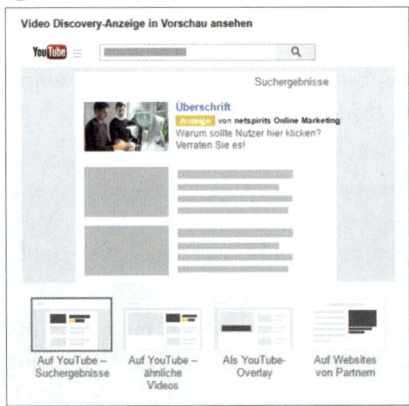

YouTube-Werbeformate im Überblick

Seit mehreren Jahren ist das **YouTube-Werbesystem** immer weiter gewachsen und hat einen neuen Standard für die exakte Ausspielung von **Bewegtbildwerbung** gesetzt. Es gibt kein anderes Medium, in dem Bewegtbildwerbung so **genau ausgesteuert werden** kann wie auf YouTube. Sie können für alle Videowerbeformate die Schaltung nach Standort, Sprache, Alter, Geschlecht, Elternstatus, Uhrzeit, Nettoeinkommen und Wochentag aussteuern. Zusätzlich können Sie auf Wunsch die exakten Webseiten, Kanäle oder Videos auswählen, in die Ihr Werbeclip integriert wird.

Wie weiter oben erläutert, können auch Remarketing, die Interessen der Zielgruppe, die Themen der Webseiten und Kanäle oder Schlagwörter, die im Video oder auf der Webseite vorkommen, als Auslöser für Ihre Werbeplatzierung genutzt werden. Sie haben die Wahl, ob Sie nur eine der oben aufgeführten Optionen nutzen oder mehrere miteinander kombinieren.

Die **TrueView In-Stream-Videoanzeigen** werden in (fremden) Videos ausgeliefert, die auf YouTube oder auf von Ihnen ausgewählten Websites und Apps im Google Display-Netzwerk angesehen werden (siehe folgende Seiten).

Daneben bieten die **TrueView-Video-Discovery-Anzeigen** (siehe auch die Seiten 291 bis Seite 297) vier Möglichkeiten zur Schaltung von Werbung:

- Ihre Videos werden **in der YouTube-Suche** ❶ bei von Ihnen gewählten Suchabfragen angezeigt.
- Zudem können Sie Ihre Videos **neben fremden Videos** ❷ einblenden.
- Als weitere Option können Sie **in fremden Videos** ❸ auch auf Ihre Filme aufmerksam machen.
- Ihre Werbevideos können auch **auf Partnerwebseiten** ❹ des Google-Werbenetzwerks platziert werden.

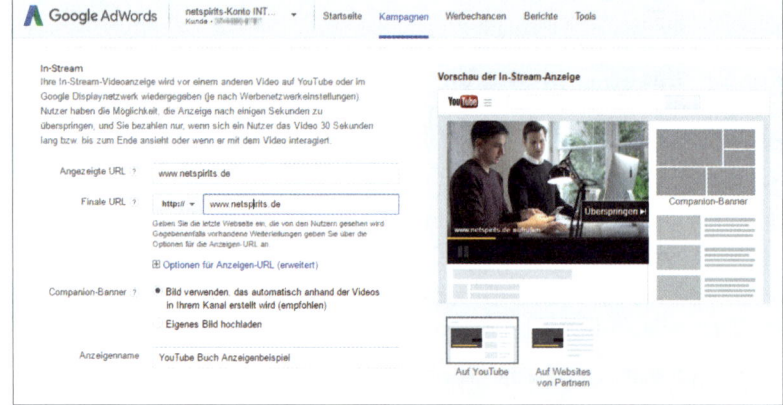

Video-In-Stream-Anzeigen: die TV-Spots der Zukunft

Dieses Werbeformat ist ein Pendant zu echter Fernsehwerbung. Ein Vorteil gegenüber TV-Werbung ist, dass nur **ein Werbespot** gezeigt wird und der Clip nicht im Werbeblock mit vielen anderen Spots untergeht. Bei TrueView In-Stream-Anzeigen startet Ihr Video **vor einem anderen YouTube-Video**. Ihr Werbevideo wird der Zielgruppe direkt angezeigt, ohne dass es vorher angeklickt werden muss. Dabei können Sie Ihre Werbung auf YouTube selbst und vor anderen Videos auf Google-Partnerwebseiten platzieren. Die Besonderheit hierbei ist, dass Sie **sehr genau aussteuern** können, welchen Nutzern vor welchen Videos Ihre Werbung angeboten wird. Sie haben zum Beispiel die Möglichkeit, Ihr Video über ein Haarpflegeprodukt nur kaufbereiten Menschen, die Interesse an Mode und Beauty haben, vor einem Video-Tutorial über Haarstyling anzuzeigen.

Setzen Sie für dieses Werbeformat geeignete, am besten eigens **hierfür konzipierte Videos** ein. Denn die Nutzer möchten einen anderen Film als Ihren Werbeclip sehen. Spielen Sie mit dem Format und **fallen Sie positiv auf**. Wir raten davon ab, Ihren Fernsehspot 1:1 für dieses Werbeformat zu übernehmen – das sorgt schnell für Verdruss beim Nutzer. Zusätzlich können Sie parallel zur Videointegration in den Film ein Begleitbanner (Companion Banner) platzieren. Dieses erscheint als Grafik neben dem Video.

Hat der Nutzer kein Interesse daran, Ihr Werbevideo anzusehen, kann er es nach fünf Sekunden überspringen – Ihnen entstehen dadurch keine Kosten. Sie bezahlen nur, wenn die Videoanzeige angeklickt oder **zu Ende angeschaut** wird (sofern das Video kürzer als 30 Sek. ist; ist Ihr Werbevideo länger, entstehen erst Kosten, wenn Nutzer den Film länger als 30 Sek. anschauen). Alternativ können Sie auch **non-skippable** Ads schalten. Hierbei hat der Zuschauer keine Möglichkeit, die Anzeige zu überspringen. Sie bezahlen jedes Mal, wenn Ihr Film angezeigt wird, den von Ihnen angegebenen Tausender-Kontakt-Preis bzw. Cost-per-View oder CPA. Die Gefahr bei diesem Format: Eventuell fühlt sich der Nutzer durch die erzwungene Verzögerung bis zum Start des eigentlichen Videos durch Ihre Werbeanzeige **gestört** – denn er hat keine Möglichkeit, das Abspielen Ihres Clips zu beenden.

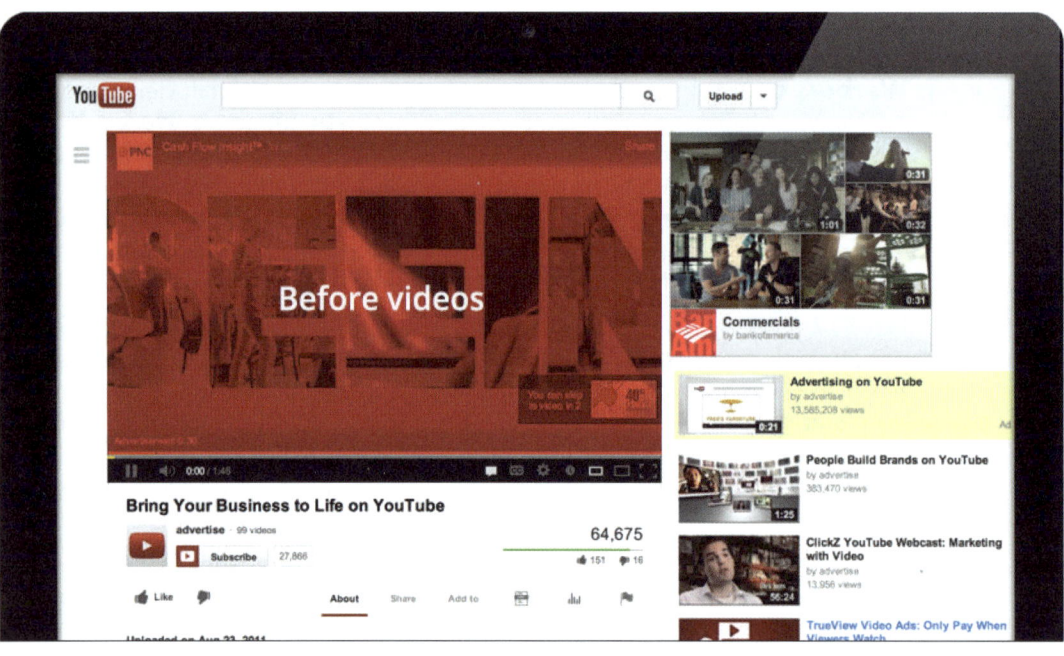

288

Bumper Ads – Video-In-Stream-Werbung im Kurzformat

Seit April 2016 kann auf YouTube auch das **Bumper Ads**-Format gebucht werden. Die neue Werbeform funktioniert wie die weiter oben beschriebenen TrueView In-Stream-Anzeigen und wird **vor andere Videos geschaltet**.

Der Unterschied dabei: Die Bumper Ads sind **immer nur sechs Sekunden** lang, während das »normale« TrueView In-Stream-Format eine beliebige Länge haben kann. Die sehr kurze Abspieldauer macht für dieses Format eine **gesonderte Filmkonzeption** nötig. Denn sechs Sekunden sind wenig Zeit, um eine Botschaft zu übermitteln und Vorteile eines Produkts oder Angebots darzustellen.

Ebenfalls neu: Die Bumper Ads können – wie auch die In-Stream-Anzeigen mit einer Länge von maximal 20 Sekunden – **nicht übersprungen** werden, die Zuschauer müssen also sechs Sekunden Geduld aufbringen und die Anzeige abwarten, was aufgrund der Kürze aber kein großes Problem sein sollte. Da auch die »normalen« TrueView In-Stream-Anzeigen **frühestens nach fünf Sekunden** übersprungen werden können, wird diese zusätzliche Sekunde dem Nutzer kaum auffallen. YouTube konnte Audi als eines der ersten Unternehmen gewinnen, mit diesem Format in Deutschland zu arbeiten.

Viele Nutzer überspringen schlecht platzierte TrueView In-Stream-Werbeclips nach den ersten fünf Sekunden, dies ist bei den Bumper Ads aber nicht mehr möglich. Das bedeutet für den Werbetreibenden auch, dass in jedem Fall Kosten für die Schaltung anfallen, da sie zu Ende geguckt werden muss. Die Bumper Ads sind speziell **für mobile Endgeräte** gedacht und werden überwiegend über diese Gerätetypen angezeigt. Möchten Sie gezielt Nutzer, die mobil unterwegs sind, erreichen, sollten Sie sich dieses Format für Ihr Marketing genauer ansehen.

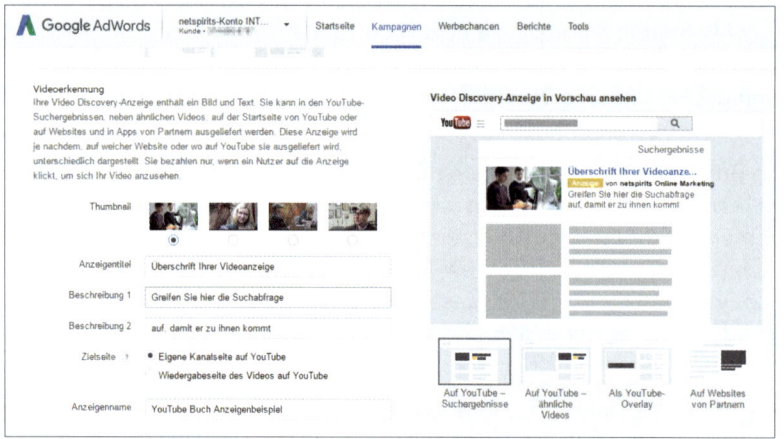

Video-Discovery-Anzeigen in der YouTube-Suche

Diese Anzeigenform funktioniert auf Desktop-Computern und beim Aufruf der YouTube-Webseite über Tablet oder Smartphone. In der YouTube-App gibt es dieses Werbeformat (noch) nicht. Wie es funktioniert? Nach der frei wählbaren **Suchabfrage** eines Nutzers erscheint Ihre zum Suchbegriff **passende Videoanzeige**. Achten Sie darauf, dass Ihr Werbevideo dabei wirklich auf die Suche der Nutzer eingeht und die dahinterstehende **Suchintention** durch Ihren Film optimal zufriedengestellt wird.

Der Aufbau einer **Video-Discovery-Anzeige für die YouTube-Suche** wird dabei in der Google AdWords-Oberfläche genau **vorgegeben** (siehe Abbildung links). Die Anzeigen bestehen aus einem kleinen Text und einem Videovorschaubild. Sie können eine Überschrift mit 100 Zeichen und zwei Textzeilen mit jeweils 35 Zeichen eingeben. Informieren Sie an dieser Stelle den Nutzer darüber, was Sie für ihn und seine Suchabfrage bereithalten.

Das kleine **Videovorschaubild** wählen Sie anhand von vier verschiedenen Standbildern aus. In der Anzeige erscheint automatisch immer der Kanalname, auf den Sie das Video hochgeladen haben. Da YouTube zu einer der größten Suchmaschinen der Welt zählt, steht Ihnen mit der suchwortbasierten Werbeauslieferung ein gigantisches Potenzial zur Verfügung, Ihre Zielgruppe passend zu Ihrem (Such-)Bedarf anzusprechen.

Seien Sie kreativ und denken Sie darüber nach, was Ihre Zielgruppe auf YouTube wohl suchen könnte. Haben Sie erste Ideen, sollten Sie auf jeden Fall **passende YouTube-Filme** einsetzen, die einen guten Bogen zwischen Suchabfrage und Ihrem Angebot spannen. Stellen Sie immer sicher, dass Ihre Videos authentisch sind und einen Mehrwert für den Nutzer haben. Der Vorteil bei diesem Format ist, dass es **erfolgsabhängig** ist. Nur wenn Nutzer auf Ihre Videoanzeige klicken, zahlen Sie den Betrag, den Sie für einen Klick bereit sind zu zahlen. In der Regel sind das **wenige Cent** – das hängt allerdings vom Wettbewerb ab.

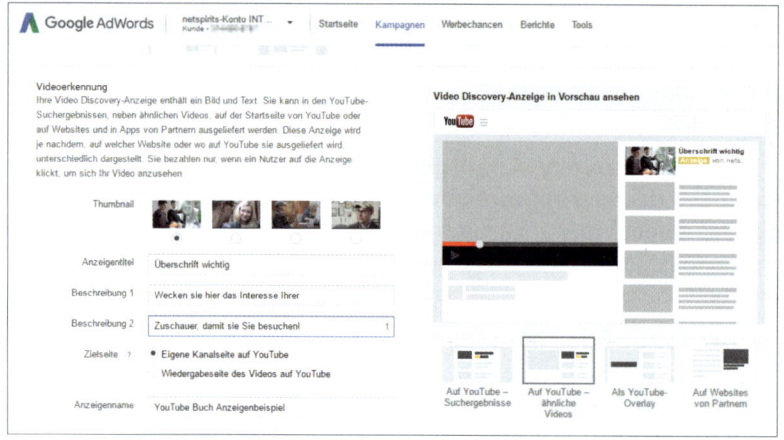

Video-Discovery-Anzeigen für ähnliche Videos

Über diese Werbeform können Sie Ihr Video **neben ähnlichen Videos** platzieren. Ausschlaggebend für die genaue Ausspielung sind dabei Ihre ausgewählten Selektionskriterien. Es liegt damit in Ihrer Hand, ob Sie eine **breite Streuung** anstreben und Ihr Video neben vielen Videos als »ähnlich« vorgeschlagen wird oder die **genaue Platzierung** Ihrer Videos neben wenigen gezielt ausgewählten Filmen der bessere Weg für Ihr Werbeziel ist.

Das Werbeformat eignet sich besonders gut dazu, Ihre **Werbevideos kontextbezogen** zu bewerben oder alternativ das Targeting auf (Video-)Themenebene festzulegen. Schaut sich ein User zum Beispiel gerade ein Video über Kochrezepte an, passt eine Videoanzeige über Ihren Online-Kochzubehörshop perfekt.

Je besser Sie Ihre Zielgruppe bereits kennen und wissen, was sie sich bei YouTube gern ansieht, desto einfacher können Sie mit diesem Werbeformat beginnen. Wenn Sie diese Werbeform zum ersten Mal nutzen, grenzen Sie die **Ausrichtung der Werbeschaltung** deutlich ein, damit das Video möglichst exakt auf Ihre Zielgruppe trifft. Wenn Sie die Auslieferung nur anhand von Keywords vornehmen, können Sie zwar schnell eine große Reichweite erzielen, werden aber mit Sicherheit öfter ungenau platziert – also neben Videos, die nicht zu Ihrem Thema passen.

Achten Sie bei der Vergabe der **Videoanzeigenüberschrift** und der beiden Textzeilen darunter darauf, dass Sie möglichst konkret den **Mehrwert Ihres Videos** darstellen und den Nutzern damit einen Anreiz zum Klick geben (siehe Abbildung links). Auch **Handlungsaufforderungen** (Call-to-Action) sollten darin vorkommen. Sagen Sie Ihrer Zielgruppe, was Sie tun soll (jetzt das Video ansehen, etwas Neues lernen etc.). Dann wird Ihr Video zahlreiche Zuschauer über diesen Weg erreichen. Auch hier gilt: Sie **zahlen nur bei Werbeerfolg** – also erst, wenn Nutzer tatsächlich auf Ihre Videoanzeige klicken.

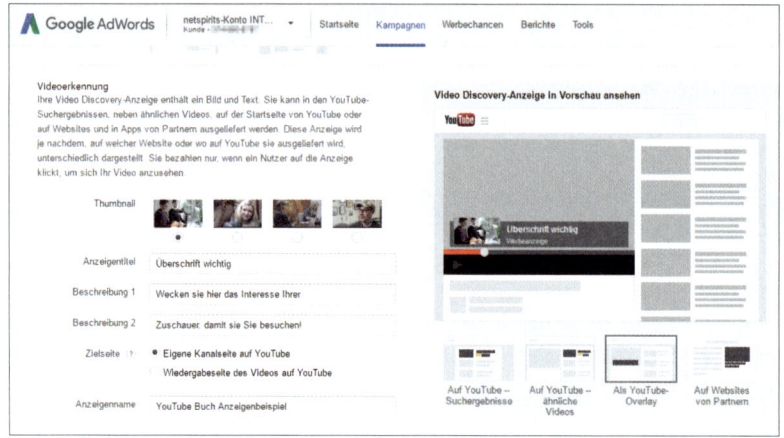

Video-Discovery-Anzeigen als YouTube-Overlay

Auch während der Wiedergabe von Videos können Sie **Werbung in die Filme von YouTube-Werbepartnern** einblenden. Dabei können Sie entweder manuell einzelne Videos angeben, in denen Ihre Videowerbung erscheinen soll. Oder Sie nutzen Schlagwörter, nach denen Ihre Werbung in passende fremde Videos kontextbezogen integriert wird. Als dritte Variante können Sie Themen- oder Interessenkategorien angeben, die dann ausschlaggebend für Ihre Werbeschaltung sind.

Ganz gleich, welche Selektionsmethode Sie nutzen: Ihre Videoanzeige wird als Video-Overlay in die fremden Videos integriert. Ihre Werbung erscheint dabei **als Einblendung** im unteren Bereich des YouTube-Videos. Auch wenn das von Ihnen ausgewählte Video auf einer Partnerwebseite im Google Display-Netzwerk aufgerufen wird, ist Ihre Werbung sichtbar. Ihre Anzeige erscheint auch, wenn das Video auf anderen Webseiten eingebettet wird. Das garantiert Ihnen **große Reichweite**.

Geben Sie sich Mühe bei der **Auswahl der Videos**, in die Sie Ihre Videoanzeigen integrieren. Denn nur, wenn das Thema zum Film gut passt, haben Sie die Chance, neue Besucher mit dieser Werbeform zu gewinnen. Bieten Sie zum Beispiel exklusive Designer-Markenbekleidung an, sind Videos zu den neusten Modeschauen oder auch Berichte auf YouTube über Modetrends gute Ansatzpunkte, Ihren Shop bekannt(er) zu machen.

> **Tipp**
>
> Bei diesem Werbeformat kommt es ganz besonders auf die **Überschrift Ihrer Videoanzeige** an. Denn nur diese wird prominent in das fremde Video eingeblendet. Achten Sie folglich darauf, dass die Überschrift einfach und knapp verrät, was Ihr Film zu bieten hat.

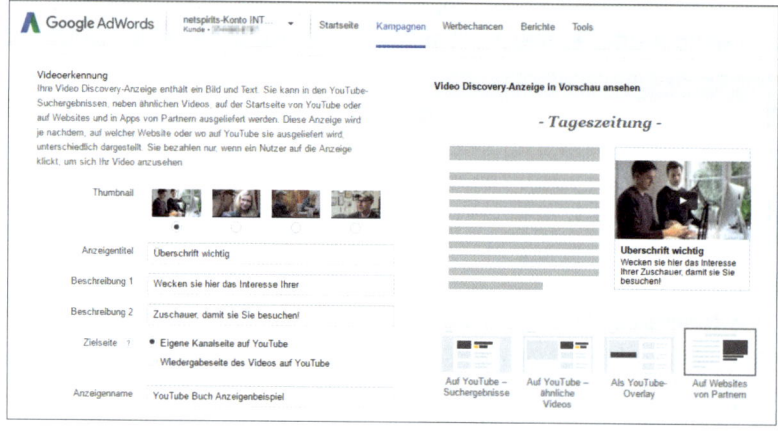

Video-Discovery-Anzeigen auf Webseiten von Partnern

Für spezielle Themen bietet es sich an, auch abseits von YouTube mit Ihren Videos präsent zu sein. Hierzu steht Ihnen mit dem **Google Display-Netzwerk** eines der größten Werbenetzwerke der Welt zur Verfügung. Nicht nur Special-Interest-Blogs, sondern auch weltweit bekannte **Nachrichten-, Medien- und Newsseiten** sind Partner dieses Werbenetzwerks. Somit können Sie Ihre Videobotschaft auch auf Seiten von Tageszeitungen, regionalen Portalen und Newsseiten für Ihre Branche platzieren.

Um möglichst genau auszusteuern, **auf welchen Partnerseiten** Ihre Videowerbung geschaltet wird, können Sie hier die schon vorgestellten **Ausrichtungskriterien** nutzen. Ist das Alter, der Standort, das Geschlecht oder die Tageszeit für die Schaltung relevant? Ist es wichtig, welchen Themen sich die Google-Partnerwebseiten widmen, oder kommt es doch eher auf die Interessen Ihrer Zielgruppe an?

Sie sollten für die Schaltung Ihrer Werbung im Google-Partnernetzwerk möglichst konkret vorgeben, auf welchen Seiten und mit welchen Themen Sie Ihre Botschaft verbreiten möchten. Mindestens genauso wichtig ist es, Placements und Themen anzugeben, bei denen Ihre Werbung auf keinen Fall anzeigt werden soll. Das stellt sicher, dass Ihr **Budget gut investiert** wird und Ihre Anzeigen relevanten Nutzern an relevanten Stellen angezeigt werden.

Prüfen Sie daher unbedingt nach der Aktivierung der Werbung in Google AdWords, auf welchen Seiten Ihre Videos angezeigt und abgespielt wurden. Verhindern Sie die Schaltung von Werbung auf unpassenden Seiten dadurch, indem Sie diese **ausschließen**. Arbeiten Sie unbedingt weiter an der Kombination Ihrer **Selektionskriterien** (Keywords, Interessen, Themen und Remarketing), um Ihre Werbeschaltung Schritt für Schritt präziser werden zu lassen.

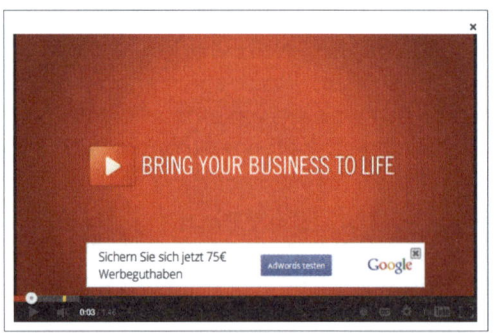

Werbung auf YouTube ohne eigene Videos

Sogar **ohne eigene YouTube-Videos** können Sie **auf YouTube werben**. Als Alternative zu Werbeclips platzieren Sie in diesem Fall **Text- und Banner-Anzeigen** auf YouTube. Hierzu benötigen Sie weder eigene YouTube-Videos noch einen YouTube Channel.

Denn auch für **Banner und Textwerbeformate** bietet Ihnen YouTube spannende Möglichkeiten. Sie können Ihre Bild- und Textanzeigen zum Beispiel in Videos anderer Nutzer einbinden. Dabei geben Sie manuell einzelne Videos an, in denen Ihre Werbung erscheinen soll.

Alternativ können Sie Schlagwörter angeben, nach denen Ihre Werbung kontextbezogen in passende fremde Videos integriert wird. Als dritte Variante ist es möglich, Themen- oder Interessenkategorien auszuwählen, die dann ausschlaggebend für Ihre Werbeschaltung sind.

Ihre Bild- oder Textanzeige wird als **Video-Overlay** in die fremden Videos integriert und erscheint als Einblendung im unteren Bereich des fremden YouTube-Videos. Als Alternative zur Integration in das Video als Overlay können Text- und Bildanzeigen auch **neben YouTube-Videos** eingesetzt werden. Sie haben hierbei wieder die Möglichkeit, exakt auszuwählen, in welchen Videos und für welche Zielgruppe die Anzeigen ausgespielt werden sollen. Werben Sie beispielsweise neben einem Make-up-Tutorial mit einem Banner für Lippenstift in Ihrem Onlineshop.

Optimierung Ihrer Kampagnen

Steigern Sie den Erfolg Ihrer Werbekampagnen durch **stete Weiterentwicklung**. Durch die Überwachung der Kennzahlen, die für Ihr Marketingziel relevant sind, können Sie den **Werbeerfolg verbessern**. So erreichen Sie mehr Video-Views oder -Klicks für weniger Budget oder steigern die Verkaufszahlen.

Legen Sie daher auch für die Werbung auf YouTube von vorne herein **Ziele** fest und ermitteln Sie anhand von **Analysen** der Werbekennzahlen Ihr Optimierungspotenzial. Identifizieren Sie schlechte Werbeplatzierungen, die durch hohe Kosten ohne Interaktion mit Ihrer Videoanzeige auffallen, und setzen Sie Ihr Budget dort ein, wo Ihr **Werbeziel am besten erfüllt** wird. So verbessern Sie durch die Datenanalysen die Wirkung Ihrer Videoanzeigen kontinuierlich – das Google AdWords-Tool und auch YouTube Analytics bieten Ihnen dafür eine gigantische Menge an Statistiken.

Legen Sie immer parallel **mehrere Varianten von Videoanzeigen** an, die sich in einem Merkmal leicht unterscheiden – egal, ob es das Vorschaubild Ihrer Videoanzeige ist, der Text einer Textanzeige oder die Handlungsaufforderung in einer Grafikanzeige. Der Anzeigentext, der mit Ihrer Videoanzeige erscheint, sollte immer in **unterschiedlichen Versionen** getestet werden. Wenn Sie eine Formulierung austauschen, kann der Werbeerfolg deutlich höher sein. So erhält eine Werbeanzeige mit einer Formulierung wie »Schau dir mein Make-up-Tutorial an« möglicherweise mehr Klicks als »Tutorial über Make-up ansehen«. Dieses Vorgehen wird A/B-Testing genannt und ist im Online-Marketing ein üblicher Optimierungsprozess.

Eine weitere Vergleichsgröße kann neben den Anzeigen auch die **Ausrichtungsmethode** sein. Welche Keywords und andere Ausrichtungsmethoden sorgen für eine erfolgreiche Platzierung Ihrer Videowerbung? In Google AdWords und mit dem kostenlosen Statistik-Tool Google Analytics können Sie genau nachvollziehen, welche Kampagne am besten funktioniert hat. Unser Tipp: Bleiben Sie immer am Ball und halten Sie Ihre Werbekennzahlen im Blick!

YOUTUBE MASTHEAD

Überblick
- 24-Stunden-Platzierung mit hoher Wirkung
- Sehr sichtbares Format, das Views und Click-Through-Rates forciert. Unzählige Möglichkeiten für Kreativität und Individualisierung
- Remarketing ist möglich

Kreative Möglichkeiten
- Chance für Rich Media, Integration von Social Media, Live Streams u.v.m.
- Standardmaß 970 x 250
- Erweiterbar auf 970 x 500

Platzierung
- YouTube Homepage

Preisgestaltung
- Reservierung (CPD, Cost-per-Day)

Premiumwerbeplätze auf YouTube

Stehen Ihnen sechsstellige Werbebudgets zur Verfügung, können Sie spezielle **Premiumwerbeplätze** auf YouTube buchen. Die Premiumwerbeanzeige auf YouTube namens **Masthead-Einheit** befindet sich prominent platziert auf der Startseite von YouTube. Der Anzeigenblock ist so groß, dass er über die gesamte Breite von YouTube verläuft. Jeder Nutzer, der die YouTube-Startseite aufruft, sieht zuerst diese Anzeige. Damit ist Ihnen für 24 Stunden eine **enorme Aufmerksamkeit** sicher.

Zusätzlich kann in dieses Werbeformat ein **YouTube-Video eingebettet werden**. Es wird von YouTube ausdrücklich empfohlen, einen YouTube-Clip innerhalb dieses Werbeformats einzusetzen. Durch die Interaktion mit Video-Content innerhalb der Masthead-Anzeige können hunderttausendfach Aufrufe erzeugt werden.

Ein weiteres Feature, das diese Anzeigenform bietet, ist die **Vergrößerungsfunktion**, die bei einer benutzerdefinierten HTML5-Masthead-Buchung möglich ist. Sobald ein Nutzer auf diese Anzeige klickt, expandiert sie bis zur doppelten Größe. Das ist fast der gesamte Sichtbereich der YouTube-Startseite – der User kommt nicht mehr an Ihrer Werbeanzeige vorbei.

Premiumwerbeplätze wie Masthead kann man nicht manuell über Google AdWords anlegen. Die Anzeigeneinheit wird **direkt vom YouTube-Team** eingerichtet. Die 970 x 250 Pixel große Anzeige wird 24 Stunden lang auf der Startseite von YouTube angezeigt. Hierbei wird nicht nach Klicks, sondern nach einem speziellen Abrechnungsmodell ähnlich einem Festpreis abgerechnet. Weiterführende Hinweise zum Format finden Sie unter *http://goo.gl/nyvxT6*.

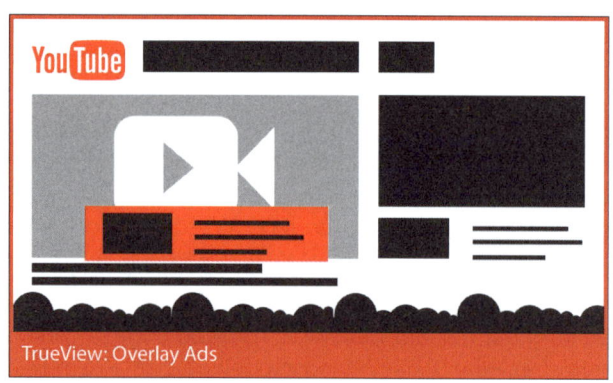

Call-to-Action-Overlay-Schaltflächen

Sobald Sie Werbung für eines Ihrer Videos schalten, erhalten Sie von YouTube eine besondere, zusätzliche Möglichkeit. Sie können eine **Call-to-Action-Schaltfläche** in Ihr beworbenes Video integrieren. Call-to-Action bedeutet auf Deutsch »Zu einer Aktion aufrufen«. Das Overlay erscheint zu Beginn des Videos und minimiert sich nach wenigen **Sekunden**, und nur das Bildelement der Schaltfläche bleibt weiterhin sichtbar.

Hier haben die Zuschauer die Möglichkeit, direkt zu Ihrem Angebot, Ihrem YouTube-Kanal oder **zu Ihrer Webseite** zu gehen oder auf eine andere, von Ihnen ausgewählte Zielseite zu klicken. Nachdem Sie eine Werbekampagne für Ihr Video erstellt haben, können Sie das Overlay aktivieren. Hierzu müssen Sie **in Google AdWords** auf die Video-Kampagne gehen und können unter dem Reiter »Videos« per Drop-down-Auswahl die Schaltfläche namens **Call-to-Action bearbeiten** auswählen.

Hier fügen Sie Text und Bild ein und erstellen so ein Overlay. Das Overlay ist nur in dem entsprechenden Video sichtbar. Möchten Sie ein weiteres Video mit einem Overlay ausstatten, müssen Sie dies separat anlegen. Dadurch haben Sie die Möglichkeit, **jedes Ihrer Videos** mit einer anderen Call-to-Action-Schaltfläche auszustatten.

Sollten Sie Schwierigkeiten haben, im Dschungel der vielen **Google AdWords-Einstellungen** den richtigen Weg zu finden, hilft Ihnen diese Seite weiter: *http://goo.gl/CQTTba*.

Fazit Kapitel 7: Fassen wir zusammen

- YouTube bietet Ihnen für Ihre Werbeschaltung ein sehr breites Spektrum an. Welches Format und welche Selektions- und Ausrichtungskriterien für Ihr Vorhaben am besten funktionieren, hängt immer von Ihren Werbezielen ab. Definieren Sie vor dem Start Ihrer ersten Kampagne **klare Kennzahlen,** die Ihnen zeigen, ob Ihr Marketingziel erreicht wird oder nicht.
- Machen Sie nicht den Fehler und nutzen ein Video für alle Werbeformate. **Jedes Werbeformat** auf YouTube unterliegt eigenen Regeln, sodass Sie im Idealfall für verschiedene Werbekampagnen auch **eigens erstellte Videos** vorliegen haben sollten.
- Die Videowerbung in der YouTube-Suche ist ein spannender Weg, Menschen, die durch ihre Sucheingabe klar sagen, woran sie interessiert sind, anzusprechen. Oft sind die Kosten für die erfolgsabhängige Schaltung von **YouTube-Suchanzeigen** deutlich geringer als auf Google – weil vielen Unternehmen immer noch die passenden Videos für Nutzer-Suchanfragen fehlen. Das ist Ihre Chance!
- Richten Sie Ihre Anzeigen **exakt auf Ihre Zielgruppe** aus. So können Sie für Ihr Budget den größtmöglichen Nutzen erhalten.
- Ein **Google AdWords-Konto** ist eine Grundvoraussetzung, um Werbung auf YouTube zu schalten. Richten Sie sich ein AdWords-Konto ein und erstellen Sie Ihre erste YouTube-Anzeige.
- Verbessern Sie Ihre Videowerbung stetig, nachdem Sie Ihre Werbekampagne gestartet haben. Für den Erfolg Ihrer Anzeigen ist eine **Optimierung der Inhalte**, Handlungsaufforderungen und Aussagen das A und O.

KAPITEL 8 | Mit YouTube Analytics alle Zahlen im Blick

Das Besondere an Werbung im Internet ist, dass der **Werbeerfolg** exakt überwacht werden kann. Kein anderes Werbemedium bietet so genaue Möglichkeiten zur Erfolgskontrolle wie das Internet, denn **Werbung und Marktforschung** sind hier eng miteinander verknüpft.

Für jede Form der Onlinewerbung gilt: Erfolgreiche Kampagnen werden gezielt geplant, verfolgen klare Ziele und werden **kontinuierlich verbessert**. Das Gleiche gilt selbstredend auch für YouTube. Bereits bei der Konzeption Ihrer Videos sollten Sie genau überlegen, wie Ihre Werbeziele – das können Kommunikations- und/oder Interaktionsziele sein – aussehen und wie Sie sie überwachen.

Da Aktivitäten auf YouTube oft zum Ziel haben, Nutzer auf eine Webseite zu lenken, damit sie dort bestellen, Informationen anfordern oder den Weg in ein Geschäft finden, ist ein **Webseitenanalyse-Tool** eine wichtige Basis für die Erfolgsmessung. Denn ein solches Tool kann bei korrekter Konfiguration genau erfassen, wie viele Besucher, Kunden und Anfragen über Ihre Videos auf Ihre Webseite gelangen und wie sich Nutzer, die über YouTube auf Ihrer Webseite landen, dort verhalten.

Für eine kanalübergreifende Erfolgsmessung ist **Google Analytics** ideal. Mit diesem Tool aus dem Hause Google stehen Ihnen viele **spannende Analysefunktionen** zur Verfügung. Ausführliche Infos zur richtigen Auswahl, Einbindung und Konfiguration einer Webanalysesoftware würden ein eigenes Buch füllen, daher gehen wir hier nur auf die Analysefunktionen ein, die **YouTube** auf der Benutzeroberfläche mitbringt. Sie sind unter dem Menüpunkt »Analytics« in YouTube abrufbar. Achtung: Dies ist NICHT gleichzusetzen mit dem Webseitenanalyse-Tool Google Analytics.

Tools zur Erfassung von KPIs	👁 KPIs zur Bekanntheit	💬 KPIs zur Kaufbereitschaft	🖱 KPIs zu Aktionen
YOUTUBE ANALYTICS GOOGLE ANALYTICS ADWORDS	Aufrufe Impressionen Einzelne Nutzer	View-through-Rate Wiedergabezeit	Klicks Anrufe Anmeldungen Verkäufe
UMFRAGEN ZUR ANZEIGENWIRKUNG AUF DIE MARKENBEKANNTHEIT	Steigerung der Bekanntheit Steigerung der Anzeigenerinnerung	Steigerung der Markenpräferenz Steigerung der Kaufbereitschaft Steigerung des Markeninteresses	Steigerung der Kaufabsicht
GOOGLE UMFRAGEN	Antworten auf spezifische Fragen		

Ziele festlegen und Maßnahmen überwachen

Schon bei der Erstellung Ihrer Videos sollten Sie **messbare Ziele** für die spätere Erfolgsüberwachung ins Visier nehmen. Möchten Sie Ihre Videos schnell mit Google auffindbar machen und damit neue Besucher auf Ihre Webseite lenken? Wollen Sie Ihre **Abonnentenzahlen** auf YouTube steigern? Sollen Ihre YouTube-Videos kommentiert und geteilt werden und damit **Aufmerksamkeit** in sozialen Netzwerken wecken? Oder möchten Sie Ihr YouTube-Publikum zum Anruf oder **Besuch Ihres Geschäfts** bewegen?

Ganz gleich, was Ihr Ziel ist: Überlegen Sie, bevor Sie das erste Video drehen, welche Maßnahmen Sie einsetzen, um Ihr Ziel zu erreichen, und wie Sie den **Erfolg dieser Maßnahmen** messen. In diesem Kapitel geben wir Ihnen das nötige Handwerkszeug dafür mit.

Sie erhalten einen Überblick über die **Kennzahlen**, die Ihnen YouTube zu Ihren Videos liefert. Anschauliche Beispiele vermitteln Ihnen, wie Sie diese Kennzahlen für Ihr Vorhaben nutzen.

> **Tipp**
>
> Legen Sie messbare Ziele für Ihre Videos fest. Was genau möchten Sie erreichen und wie können Sie das überwachen? YouTube bietet Ihnen einzigartige Analysemöglichkeiten. Nutzen Sie sie und seien Sie damit Ihren Konkurrenten einen Schritt voraus!

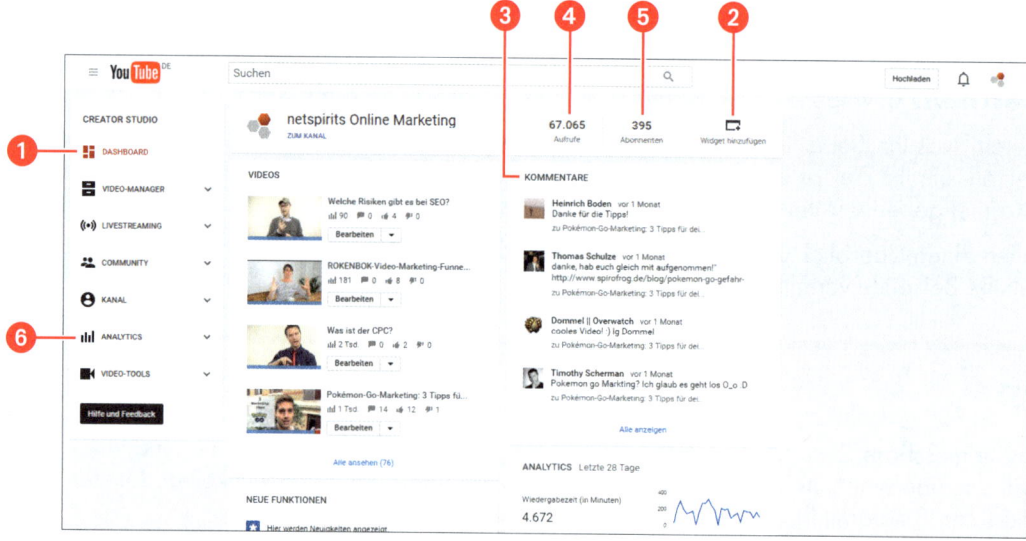

Ihr persönliches YouTube-Kontrollzentrum

In der Startseitenansicht vom **Creator Studio** finden Sie zwei mögliche Wege, um Zugang zu den Kennzahlen Ihrer Videos zu erhalten. Beginnen wir mit dem **Dashboard** ❶, Ihrer individuell konfigurierbaren Schaltzentrale in Sachen Kennzahlenübersicht. Das Dashboard liefert Ihnen auf einen Blick die wichtigsten Kennzahlen der letzten 30 Tage Ihres YouTube-Kanals. Was Ihnen angezeigt wird, können Sie **nach Ihren persönlichen Wünschen konfigurieren**.

Über den oben rechts platzierten Link **Widget hinzufügen** ❷ können Sie aus einer Auswahl der wichtigsten Statistiken wählen und Widgets zum Dashboard hinzufügen. Innerhalb des Dashboards ist es möglich, die Platzierung der Statistiken mit der Maus zu verschieben. Sie entscheiden, ob oben die **neuesten Kommentare** ❸, die Abrufzahlen Ihres Kanals ❹, die Betrachtungszeiten oder die Entwicklung Ihrer Abonnenten ❺ angezeigt werden. Damit Sie stets über neue Kommentare informiert sind und diese zeitnah beantworten, empfehlen wir Ihnen, im Dashboard die **neusten Kommentare** anzeigen zu lassen.

Zudem präsentiert YouTube Ihnen auf Wunsch Nachrichten zu Neuerungen auf der YouTube- Oberfläche. Am besten experimentieren Sie ein wenig mit den Einstellungen, denn es gibt einige weitere Filter und Zusatzfunktionen. Ziel für den Aufbau Ihres Dashboards sollte sein, alle für **Ihre YouTube-Ziele** wichtigen Statistiken auf einen Blick zusammenzustellen.

In der linken Navigationsspalte finden Sie unter dem Menüpunkt **Analytics** ❻ deutlich umfangreichere Statistiken Ihres Kanals, die Sie nach diversen Datums- und Auswertungsfiltern individuell anpassen. Alle Auswertungen können Sie auch für die Verwendung in anderen Analysedatenbanken exportieren. Auch hier gilt: **Learning by Doing** – experimentieren Sie mit den Analysezeiträumen und Auswertungsvergleichen.

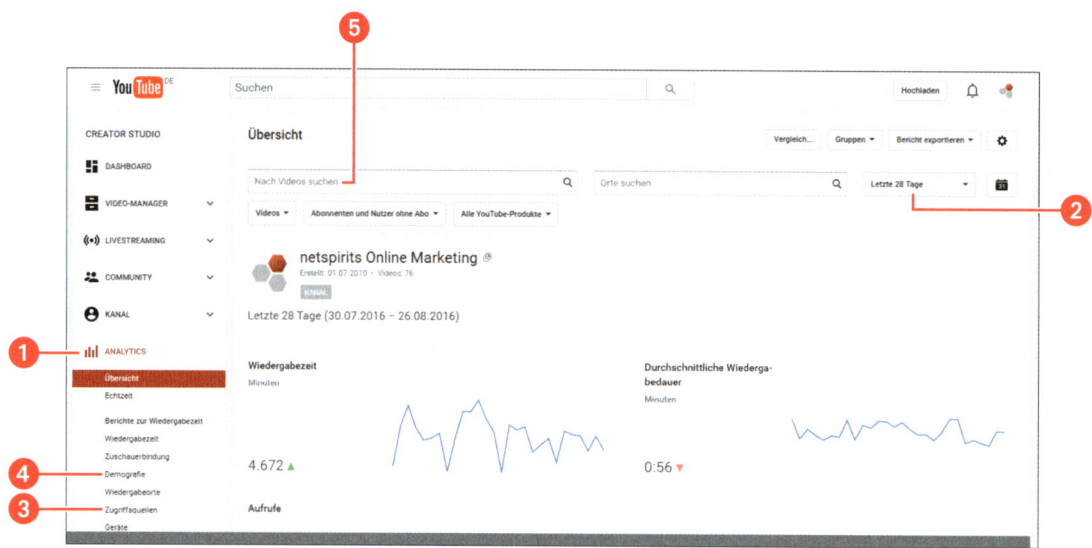

YouTube Analytics-Überblick

Die Startseite des Menüpunkts **Analytics** zeigt Ihnen die Kanalaufrufe, die Wiedergabezeit Ihrer Videos sowie die Entwicklung der Abonnentenzahlen, Bewertungen, Kommentare und Detailstatistiken zu einzelnen Videos an. Wenn Sie sich im Bereich »Analytics« ❶ befinden, können Sie weitere Auswertungen in der linken Menüspalte auswählen, jeweils wahlweise **für den gesamten Kanal** oder für **einzelne Videos**.

Anders als im Dashboard können Sie die **Auswertungszeiträume** der Statistiken frei konfigurieren. Möchten Sie die Statistiken der letzten Tage, Wochen, Monate oder Jahre sehen? Kein Problem! Nutzen Sie die Schaltfläche rechts oben ❷, um den gewünschten Analyse- oder Vergleichszeitraum festzulegen.

Auch weitere Filter zur Anzeige der Kennzahlen gezielt ausgewählter Videos sowie eine **ortsbasierte Statistik, der Sie entnehmen, woher die Aufrufe stammen,** können hier genutzt werden. Wenn Sie weiter nach unten scrollen, sehen Sie Auswertungen zu den **Zugriffsquellen** ❸, denen Sie entnehmen, wie Zuschauer auf Ihr Video aufmerksam geworden sind, sowie Analysen zur **Demografie** ❹ und den Interaktionen. Wenn Sie die Analytics-Übersicht aufrufen, sehen Sie immer aggregierte Kennzahlen über alle Videos auf Ihrem Kanal.

Möchten Sie Kennzahlen zu einem bestimmten Video sehen, können Sie es über die Suchmaske oben ❺ auswählen, und schon haben Sie alle Kennzahlen zu Ihrem Wunschclip parat. Alternativ können Sie mit der Funktion »Nach Videos suchen« arbeiten, um die **Statistiken zu einem einzelnen Video** zu finden.

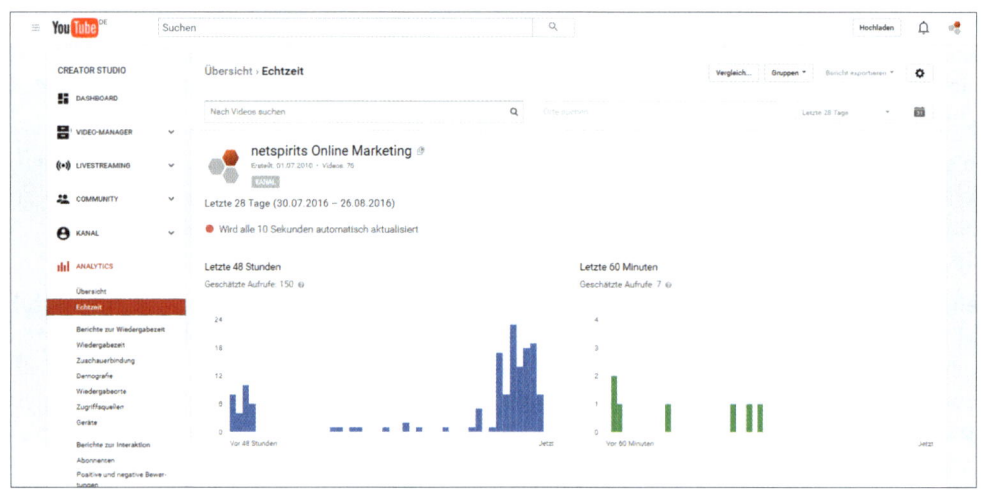

Echtzeitanalysen zu Ihrem YouTube-Publikum

Der oberste Menüpunkt im YouTube Analytics-Menü führt Sie auf eine Übersichtsseite, die Ihnen alle zehn Sekunden aktualisierte Echtzeitanalysen Ihres Kanals vorstellt. Dabei sehen Sie für die vergangenen **48 Stunden** stundengenau und für die letzten 60 Minuten sogar **minutengenau**, wie viele Zugriffe in Ihrem Kanal stattgefunden haben.

Die Balken in den Grafiken links zeigen Ihnen die **geschätzte Aufrufzahl** Ihrer Videos für die letzten Stunden oder Minuten an. Die Daten dienen laut YouTube-Hilfe als Orientierungswerte, um Ihre Kanalaktivität zu überwachen.

Unter den Grafiken zeigt Ihnen YouTube an, welche Videos von den Zuschauern wie oft aufgerufen wurden. Sie können alternativ gezielt einzelne Videos hinsichtlich der **Zugriffszahlenentwicklung** der letzten Stunden untersuchen.

Insbesondere wenn Sie größere Kampagnen mit YouTube-Videowerbung unterstützen oder bestimmte neue Videos gezielt bekannter machen möchten, ist diese **Echtzeitauswertung** ein praktisches Feature, um Ihren **Marketingerfolg** in Echtzeit beobachten zu können.

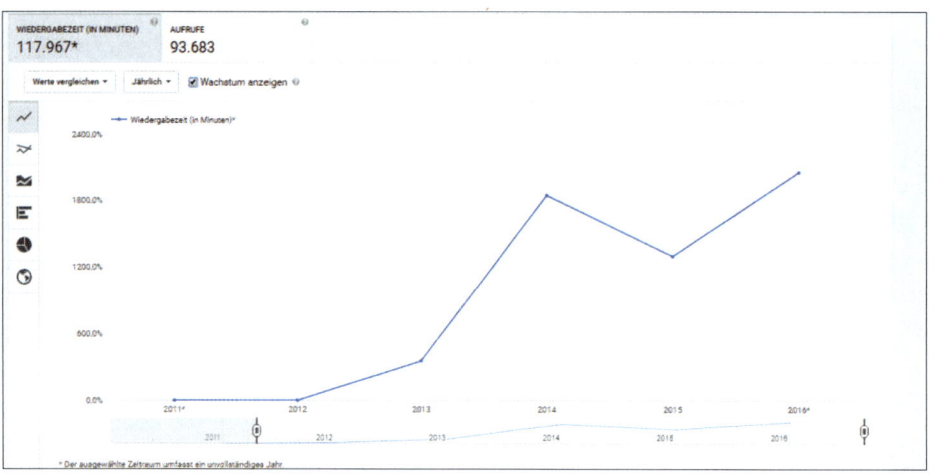

Aufrufzahlen und Wiedergabezeit = Einschaltquote

Die **allgemeinen Kennzahlen** zur Bewertung der Entwicklung Ihres YouTube-Kanals oder einzelner Videos sind die **Aufrufzahlen** und die **Wiedergabezeit**. Beide Kennzahlen sind für Sie, Ihre Zuschauer und für YouTube ein Indikator für das Interesse an Ihren Videoinhalten und damit ein **Erfolgskriterium**.

Entscheidend für die **Bewertung der Aufrufzahlen** und Wiedergabezeiten ist, ob Sie ein Video für den Massenmarkt oder eine spezielle Nische erstellt haben. Haben Sie ein Video oder einen Kanal zu einem speziellen Thema erstellt, können Aufrufzahlen von einigen Tausend Nutzern ein echter Erfolg sein. Möchten Sie weltweit eine Marke aufbauen, würden ein paar Tausend Zugriffe eher als Misserfolg gelten.

Viel wichtiger für Ihren YouTube-Erfolg ist die relative Entwicklung der **Zugriffs- und Wiedergabezahlen**. Sorgen Sie dafür, dass bald nach der ersten Veröffentlichung ein **zügiger Anstieg** der beiden Kennzahlen erfolgt. Die Streuung von Hinweisen in den sozialen Netzwerken, Interaktionen mit anderen YouTubern oder die Zuschaltung von YouTube-Werbung sind praktische Instrumente, um Ihren Videos einen »**Anschub**« zu geben und Ihre Zugriffszahlen in den ersten Stunden und Tagen nach der Erstveröffentlichung zu steigern.

Haben Sie Ihr Video so aufgebaut, dass es authentisch und auf ein Suchwort optimiert ist, sodass die Zuschauer das Video kommentieren, teilen und bewerten, sind beste Voraussetzungen für eine **Kettenreaktion** gegeben, die viele weitere Zugriffe mit sich bringt.

Tipp: Bemerken Sie, dass ein Video nach der Veröffentlichung **keine Steigerung** der Zugriffszahlen erfährt, sollten Sie das Video im Detail überprüfen. Sind die richten Anmerkungen eingeblendet? Zeigen Sie Ihrer Zielgruppe glasklar, welchen Mehrwert Sie bieten? Sind Ton und Bildqualität in Ordnung? Wenn Sie sich diese Mühe machen, sind Sie aktiver als viele andere, und Aktivität wird mit Erfolg belohnt!

Video	Wiedergabezeit (in Minuten)*	Aufrufe	Durchschnittliche Wiedergabedauer*	Durchschnittlicher Prozentsatz der Wiedergabe des Videos*
Dies ist ein Beispielvideo 1	36.624 (31%)	4.214 (4,5%)	8:41	20%
Dies ist ein Beispielvideo 2	14.679 (12%)	9.252 (9,9%)	1:35	56%
Dies ist ein Beispielvideo 3	8.746 (7,4%)	18.299 (20%)	0:33	20%
Dies ist ein Beispielvideo 4	8.229 (7,0%)	8.918 (9,5%)	0:55	64%
Dies ist ein Beispielvideo 5	5.868 (5,0%)	5.942 (6,3%)	0:59	88%
Dies ist ein Beispielvideo 6	4.616 (3,9%)	665 (0,7%)	6:56	24%
Dies ist ein Beispielvideo 7	3.216 (2,7%)	5.992 (6,4%)	0:32	89%
Dies ist ein Beispielvideo 8	2.755 (2,3%)	3.579 (3,8%)	0:46	59%
Dies ist ein Beispielvideo 9	2.708 (2,3%)	4.756 (5,1%)	0:34	114%
Dies ist ein Beispielvideo 10	2.067 (1,8%)	723 (0,8%)	2:51	59%
Dies ist ein Beispielvideo 11	1.859 (1,6%)	2.569 (2,7%)	0:43	92%
Dies ist ein Beispielvideo 12	1.800 (1,5%)	584 (0,6%)	3:04	42%
Dies ist ein Beispielvideo 13	1.733 (1,5%)	1.668 (1,8%)	1:09	46%
Dies ist ein Beispielvideo 14	1.670 (1,4%)	1.518 (1,6%)	1:06	65%
Dies ist ein Beispielvideo 15	1.643 (1,4%)	1.338 (1,4%)	1:13	42%
Dies ist ein Beispielvideo 16	1.625 (1,4%)	1.620 (1,7%)	1:00	79%
Dies ist ein Beispielvideo 17	1.240 (1,1%)	1.188 (1,3%)	1:02	35%
Dies ist ein Beispielvideo 18	1.196 (1,0%)	496 (0,5%)	2:24	47%
Dies ist ein Beispielvideo 19	1.118 (0,9%)	709 (0,8%)	1:34	41%

Aus Tops und Flops Ihrer Videos lernen

Neben den **aggregierten Aufrufzahlen** Ihres gesamten Kanals sind die Detailanalysen zur **prozentualen Wiedergabezeit** einzelner Videos die nächste wichtige Kennzahl. Denn sie verrät Ihnen, wie lange Ihr Publikum durchschnittlich Ihren Film anschaut. Eine durchschnittliche Wiedergabezeit von 90 % belegt, dass das Video von 90 % der Zuschauer **bis zum Ende** angeschaut wird. Auch die Analyse der **Aufrufzahlen je Video** ist wichtig. Häufig gibt es YouTube-Kanäle mit Hunderten von Videos, die einen stetigen Zuwachs an Zugriffen verzeichnen. Für den Zuwachs an Aufrufen sind aber nur wenige Videos ausschlaggebend.

Das ist grundsätzlich nicht schlimm, deutet aber darauf hin, dass Ihr Konzept zur Erstellung von Videos über Verbesserungspotenzial verfügt. Prinzipiell sollte jedes Video auf Ihrem Kanal nicht nur kurzzeitig Zugriffe generieren, sondern kontinuierlich – auch nach der Promotion direkt nach der Veröffentlichung – **ansteigende Zugriffszahlen** bei gleichzeitig möglichst **langer prozentualer Wiedergabedauer** erzielen.

Um die Tops und Flops Ihrer Videos herauszufiltern, hilft die Übersicht über **den durchschnittlichen Prozentsatz der Wiedergabe der Videos**. Identifizieren Sie weniger erfolgreiche Videos, die schon länger online sind, aber nur sehr kurz von den Zuschauern angeschaut werden. Überarbeiten Sie diese Videos und versuchen Sie herauszufinden, warum die Zuschauer die Videos nur kurz ansehen. Weckt vielleicht das Vorschaubild Erwartungen, die Ihr Video nicht erfüllen kann?

Tipp

Jedes Video hilft Ihnen dabei, besser zu verstehen, was Ihren individuellen Erfolg ausmacht. Sehen Sie sich jene Videos genau an, die extrem viele oder sehr wenige Zugriffe generieren. Versuchen Sie, Regeln abzuleiten, die Sie bei der Erstellung neuer Videos auf Richtigkeit prüfen. War es die Machart? War es das Thema? Oder war eine Erwähnung in sozialen Netzwerken die Ursache? So werden Sie Schritt für Schritt erfolgreicher!

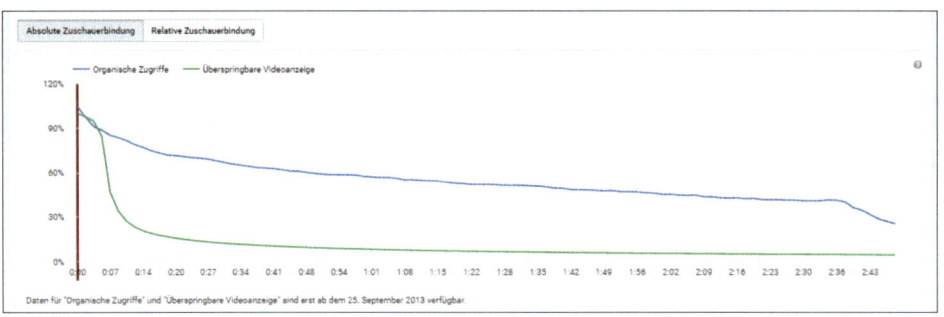

Ihre Zuschauerbindung ist wichtig

Damit Sie mit Ihren Videos **langfristig immer mehr Zugriffe** erzielen, ist die Kennzahl der **Zuschauerbindung** ein sehr wichtiger Wert. Die Zuschauerbindung kann auf zwei Arten untersucht werden: als **absolute** und als **relative** Zuschauerbindung. Die **absolute Zuschauerbindung** gibt an, wie lange Nutzer Ihr Video in Prozent angesehen haben. Den Beginn Ihres Videos sehen natürlich alle Nutzer, die das Video aufrufen. Die Analyse der absoluten Zuschauerbindung verrät Ihnen, wie viele der Nutzer, die begonnen haben, Ihr Video anzusehen, es auch bis zum Ende angeschaut haben. Die Daten werden hierbei nach organischen und über **bezahlte Werbeschaltung** generierten Zugriffen getrennt.

Diese Auswertung sollte stets **auf Videoebene** und nicht aggregiert für Ihren gesamten Kanal durchgeführt werden. Bemerken Sie, dass bei einem Video die absolute Zuschauerbindung an einer bestimmten Stelle **massiv absackt**, sollten Sie diesen Bereich genauer untersuchen.

Das Beispiel links zeigt, dass das Video zwar sehr gut von Nutzern angenommen wird, die das Video in YouTube finden. Die bezahlte Werbeschaltung war für dieses Video jedoch wenig erfolgreich, da bereits nach 15 Sekunden nur noch 19 % der Zuschauer das Video weiter angeschaut haben. Jetzt beginnt die **Ursachenforschung**: Ist der Film zu langatmig? Fehlen Informationen? Nutzen Sie diese Erkenntnisse, um Ihre Videos und Ihr Marketing auf YouTube kontinuierlich zu verbessern.

> **Tipp**
>
> Um die Zuschauerbindung gezielt zu fördern, können Sie gleich zu Beginn Ihres Films darauf hinweisen, dass Sie am Ende noch ein besonderes Highlight präsentieren werden. Vermeiden Sie grundsätzlich langatmige Filme und sorgen Sie mit schnellen Schnitten und einem guten Rhythmus dafür, dass Ihr Publikum bis zum Ende des Films fasziniert zusieht.

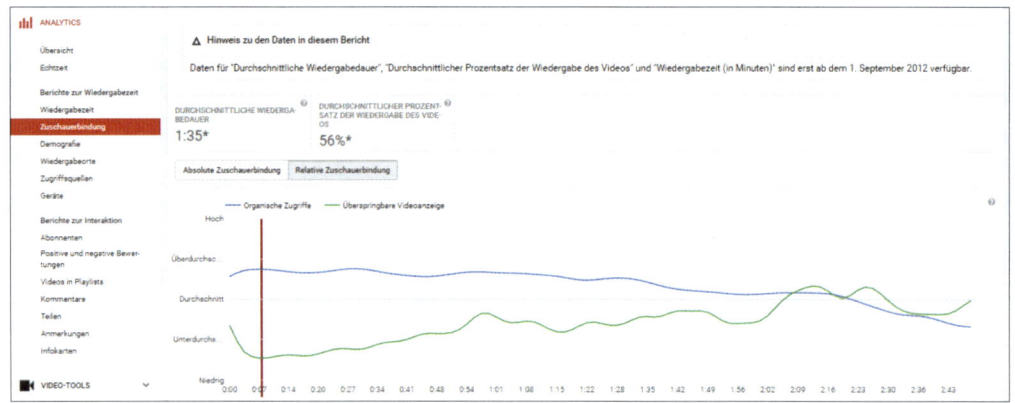

Relative Zuschauerbindung: besser als andere sein

Die **relative Zuschauerbindung** gibt an, ob Ihre Videos im Vergleich zu ähnlichen Videos oder Videos mit vergleichbarer Länge die Aufmerksamkeit des Publikums besser oder schlechter wecken. Entsprechend ist diese Auswertung nur für einzelne Videos und nicht aggregiert für Ihren gesamten Kanal verfügbar.

Je höher die Linie der relativen Zuschauerbindung eines Videos im Zeitverlauf ist, desto mehr Nutzer haben sich Ihr Video im Vergleich zu anderen Videos angeschaut. Die relative Zuschauerbindung ist ein **wichtiger Faktor für die Auffindbarkeit** Ihrer Videos in den Google- bzw. YouTube-Suchergebnissen.

Weisen Ihre Videos eine überdurchschnittliche bis hohe relative Zuschauerbindung auf, ist das eine gute Basis dafür, dass das Video optimal gefunden wird.

> **Tipp**
>
> Optimieren Sie die Videos, die eine unterdurchschnittliche Zuschauerbindung aufweisen. Schauen Sie sich die Bildsequenzen an, in denen die Zuschauerbindung absinkt, und prüfen Sie, was hier verbessert werden kann ist. So gewinnen Sie hilfreiche Erkenntnisse – insbesondere, wenn Sie Ihre Videos als Werbevideos bei YouTube einsetzen. Sie können Stück für Stück die Werbewirkung verbessern, indem Sie Ihre Filme so zuschneiden, dass die Aufmerksamkeit des Publikums bis zum Ende hoch bleibt.

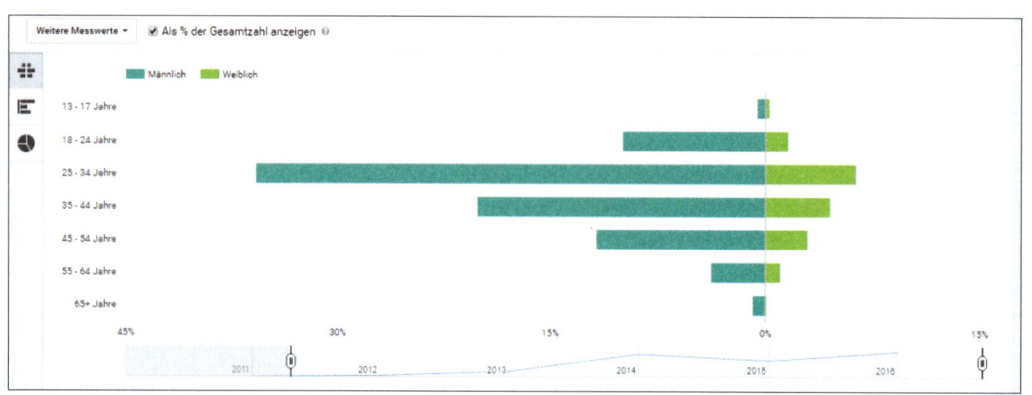

Wer ist Ihr Publikum? Finden Sie es heraus!

Um herauszufinden, warum ein Video besonders erfolgreich oder erfolglos ist, kann die Untersuchung der **Demografie des Publikums** helfen. Wählen Sie in der Analytics-Navigation den Untermenüpunkt »Demografie« aus, um hier einen tieferen Einblick zu erhalten.

Diese Auswertung ist erst ab einer gewissen Abrufzahl möglich – wundern Sie sich also nicht, wenn Sie mit einem neuen Kanal und ersten Videos noch keine Daten angezeigt bekommen. Was Ihnen die Auswertung der Zuschauerdemografie verrät: Entspricht die Demografie Ihres Publikums Ihrer Vorstellung von Ihrer **Zielgruppe**? **Passen Alter und Geschlecht** zu Ihrer Planung? Sind die besonders erfolgreichen oder wenig erfolgreichen Videos durch demografische Zahlen gekennzeichnet, die vom Kanaldurchschnitt abweichen?

Führen Sie **qualitative Analysen** durch und finden Sie heraus, ob zwischen Alter und Geschlecht sowie den Abrufzahlen der Videos ein Zusammenhang besteht. Oftmals haben Alter und Geschlecht einen Einfluss darauf, ob Ihre Videos hohe oder eher geringe Zugriffszahlen erzielen.

Entdecken Sie bestimmte Tendenzen, sollten Sie bei der **Erstellung neuer Videos austesten**, wie Sie in Ihren Videos auf die Demografie optimal eingehen können. Sehen Sie sich dazu Ihre erfolgreichsten Videos an, prüfen Sie Alter und Geschlecht und setzen Sie bei der Filmerstellung auf Elemente, die zur Demografie Ihrer erfolgreichsten Clips passen.

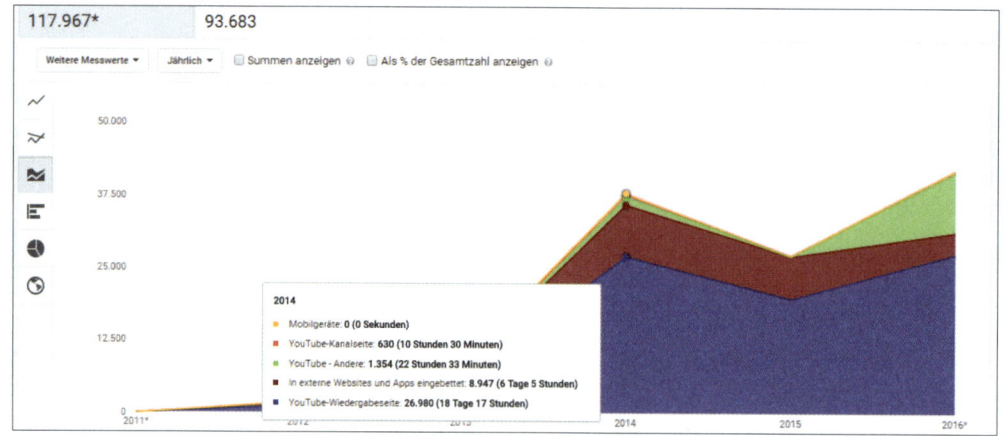

Wiedergabeorte – wo spielt Ihr Film im Netz?

Der Navigationspunkt **Wiedergabeorte** unter Analytics ist leicht missverständlich betitelt: Hier erfahren Sie nicht, aus welchen Regionen das Publikum Ihrer Videos und Filme stammt, sondern **wo im Internet Ihre Filme** abgespielt wurden.

Dabei wird unterschieden zwischen dem **Abspielen Ihres Films** über die klassische YouTube-Seite, über andere Webseiten, in denen Ihre Videos eingebettet sind, über Ihre Kanalstartseite, über Mobilgeräte und andere YouTube-Quellen (siehe Abbildung links).

Was Ihnen diese Auswertung bringt? Sie hilft Ihnen zu verstehen, über welche YouTube-Zugriffsorte Sie online mit Ihren YouTube-Videos Aufrufe erzielen. Sehen Sie sich Ihre Top- und Flop-Videos an und untersuchen Sie, wo genau Ihre erfolgreichsten Videos abgespielt werden. Hieraus werden Sie mit Sicherheit **Rückschlüsse** für die weitere Optimierung und Steigerung Ihrer Zugriffszahlen bei künftigen Videos ziehen können.

In jedem Fall sollten Sie versuchen, jedes Ihrer Videos klar auf eine Suchabfrage hin zu optimieren. Damit stellen Sie **Zugriffe über Google** und Aufrufe auf der YouTube-Wiedergabeseite sicher. Außerdem ist ein Anreiz hilfreich, damit andere Nutzer Ihr Video in ihre Webseiten einbetten. So erzeugen Sie zusätzliche Aufrufe über die in anderen **Webseiten eingebetteten Player**.

Finden Sie durch fortwährende Analysen heraus, wen Sie mit Ihren Videos wo auf YouTube am besten erreichen, um dieses Wissen bei der Erstellung neuer Videos einzusetzen.

Zugriffsquelle	Wiedergabezeit (in Minuten)	Aufrufe	Durchschnittliche Wiedergabedauer	Durchschnittlicher Prozentsatz der Wiedergabe des Videos
YouTube-Werbung	32.130 (27%)	40.691 (43%)	0:47	45%
Extern	21.131 (18%)	13.530 (14%)	1:38	35%
① Videovorschläge	18.110 (15%)	10.819 (12%)	1:53	24%
Unbekannt – eingebetteter Player	14.097 (12%)	6.654 (7,1%)	2:52	35%
Direkt oder unbekannt	11.919 (10%)	8.019 (8,6%)	1:44	27%
② YouTube-Suche	7.480 (6,3%)	4.716 (5,0%)	1:51	29%
YouTube-Kanäle	6.157 (5,2%)	4.970 (5,3%)	1:23	30%
Playlists	2.172 (1,8%)	1.069 (1,1%)	2:01	40%
Funktionen zur Auswahl von Inhalten	1.630 (1,4%)	726 (0,8%)	2:19	26%
Externe App	1.099 (0,9%)	307 (0,3%)	3:34	34%
Weitere YouTube-Funktionen	927 (0,8%)	1.121 (1,2%)	1:03	23%
Infokarten und Anmerkungen in Video	709 (0,6%)	477 (0,5%)	1:34	41%
Playlist-Seite	171 (0,1%)	119 (0,1%)	1:26	26%
Google-Suche	154 (0,1%)	391 (0,4%)	0:57	45%
Benachrichtigungen	80 (0,1%)	74 (0,1%)	1:04	55%

Zugriffsquellen Ihrer Videos

Noch spannender als die Wiedergabeorte sind die **Zugriffsquellen**. In dieser Auswertung können Sie im Detail sehen, wie die Zuschauer zu Ihren Videos gelangt sind. Sie erhalten zum Beispiel Antwort auf die Frage, ob Ihr Video viele Besucher direkt über die **Google-Suchergebnisse** abgeholt hat und wie gut Ihre Filme in der **YouTube-Suche** auffindbar sind.

Ebenfalls spannend: Erzielen Sie Videozugriffe über die Traffic-Quelle **Videovorschläge** ❶? Sie können hierüber sehr viele Zugriffe erreichen, sofern Ihr Video nach dem Ende anderer sehr zugriffstarker Videos als »Vorgeschlagenes YouTube-Video« platziert wird. Seien Sie fleißig: Machen Sie sich die Mühe und schauen Sie sich vor allem die **Zugriffsquellen Ihrer besonders erfolgreichen Videos** im Detail an und finden Sie heraus, warum bestimmte Videos viele Zuschauer anziehen und woher Sie diese Zugriffe erhalten.

Per Klick auf die einzelnen Zugriffsquellen können Sie weitere Details einsehen. So erfahren Sie unter dem Unterpunkt **YouTube-Suche** ❷ genau, über welche YouTube-Suchabfragen Nutzer zu Ihren Videos gelangt sind.

Tipp

Um Ihre Videos als vorgeschlagenes YouTube-Video ins Umfeld anderer erfolgreicher Videos zu bringen, sollten Sie Ihr Video beim Inhalt (Titel, Beschreibung und Tags) auf die Inhalte anderer erfolgreicher Videos ausrichten. Haben Sie ein Video entdeckt, zu dem Sie weiteren Video-Content anbieten können, fügen Sie Ihrem Video den Kanalnamen und die exakten Titel dieser Videos als Tags hinzu. Achten Sie hierbei auf Markenrechte und vermeiden Sie, Markennamen in Ihren Tags zu nutzen. Auch wenn dies in Deutschland noch rechtliche Grauzone ist, sollten Sie hier lieber auf Nummer sicher gehen.

Gerätetyp	Wiedergabezeit (in Minuten) ↓	Aufrufe	Durch-schnittliche Wiedergabe-dauer	Durchschnittli-cher Prozent-satz der Wieder-gabe des Vide-os
Computer	26.416 (63%)	20.972 (59%)	1:15	45%
Handy	7.933 (19%)	6.990 (20%)	1:08	53%
Tablet	4.148 (9,9%)	4.292 (12%)	0:57	54%
TV	2.952 (7,0%)	3.038 (8,5%)	0:58	82%
Spielekonsole	478 (1,1%)	430 (1,2%)	1:06	72%
Unbekannt	62 (0,1%)	59 (0,2%)	1:03	47%

Über welche Geräte schaut Ihr Publikum zu?

Die **Geräteauswertung** gib Ihnen Aufschluss darüber, über welche Art von Endgeräten Ihre Videos abgespielt werden. Aktuell werden Sie überwiegend »Computer« als Zugriffstyp Nummer 1 finden. Da die **YouTube-App** auf den meisten neuen Smartphones mit dem Android-Betriebssystem vorinstalliert ist, werden die **Zugriffe über Smartphones** sehr schnell weiter ansteigen.

Auch haben die neuesten **Fernsehgeräte Zugriff auf YouTube**, sodass auch hier mit steigenden Zugriffszahlen zu rechnen ist. Die Auswertung zeigt Ihnen entsprechend, über welchen Gerätetyp die Klicks auf Ihre Inhalte stattfinden.

Sie können hier noch tiefer in die statistischen Auswertungen abtauchen und zum Beispiel **Betriebssystemtypen** weiter analysieren. Für den Aufbau Ihrer Videos ist das weniger interessant. Allerdings verstehen Sie mithilfe dieser Daten besser, in welcher Situation Ihr Publikum Ihre Inhalte konsumiert.

Sind die Zugriffe mobil über ein Smartphone erfolgt, können Sie Ihre Zuschauer künftig mobilgerätetauglich ansprechen, also beispielsweise auf **Webseitenversionen** verlinken, die für mobile Endgeräte optimiert sind.

Erfolgt ein Großteil der Zugriffe über **Fernsehgeräte**, bieten sich für Sie gegebenenfalls Möglichkeiten, direkt aus den Videos auf weitere Filme von Ihnen zu verlinken, um die Zuschauer in Ihrem Programm zu halten. Nutzen Sie auch diese Daten, und Sie werden langfristig von Ihren Erkenntnissen profitieren.

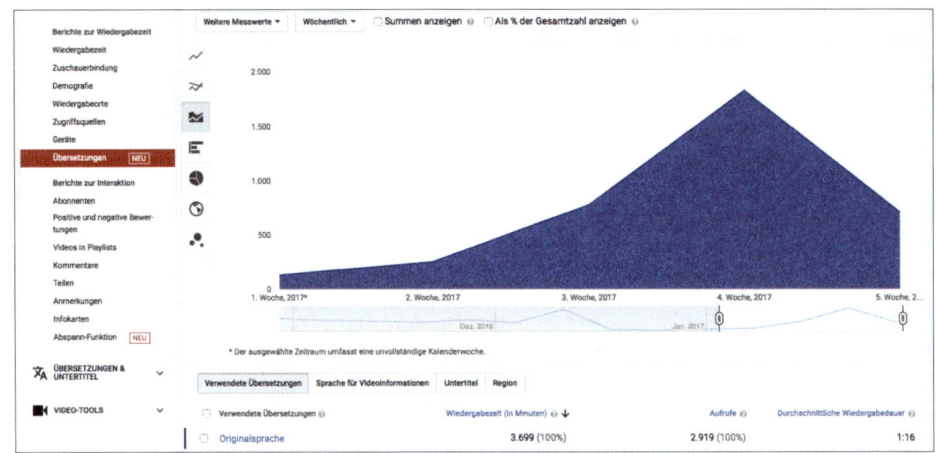

Analyse von Übersetzungen

Die Auswertungen von **übersetzten Versionen** Ihrer Videos gibt Ihnen Aufschluss darüber, welche Sprachversionen wie oft abgespielt werden. Diese Analyse ist nur sinnvoll, wenn Sie neben der ursprünglichen Sprachvariante Ihres Videos auch weitere Audiospuren in anderen Sprachen oder Übersetzungen über Untertitel anbieten.

Grundsätzlich empfehlen wir Ihnen, für jeden Sprachraum auch wirklich in Originalsprache verfasste Videos anzubieten, bei denen sowohl die Beschreibungstexte auf YouTube als auch die Tonspur und alle Texteinblendungen im Film zu 100 % in einer Sprache gehalten sind.

Dennoch gibt es – z.B. im News-Bereich – nicht immer die Zeit, zu jeder Sprache ein separates Video anzulegen. Hier kann die von YouTube angebotene Übersetzungsfunktion sinnvoll sein. Diese finden Sie im Videobearbeitungsmodus unter dem Reiter **Untertitel**. Unter dem Menüpunkt **Neue Untertitel kaufen** finden Sie das Angebot, auch Übersetzungen Ihres Videos kostenpflichtig zu beauftragen.

Dabei können Sie sowohl die Beschreibungstexte zu Ihrem Video übersetzen lassen, als auch eine Transkription Ihrer Inhalte in eine andere Sprache beauftragen. Hierbei bleibt die Audiospur Ihres Videos zwar in Originalsprache, wird aber durch einen Untertitel in der von Ihnen gewünschten Sprache ergänzt.

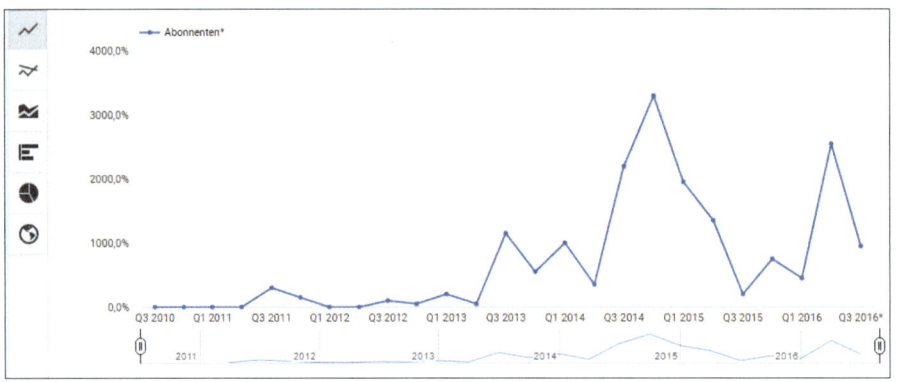

Anzahl der Abonnentenentwicklung

Nehmen die **Abonnentenzahlen** für Ihren YouTube-Kanal zu, ist das ein Zeichen für die steigende Beliebtheit Ihrer Inhalte. Für YouTube wird damit die **Relevanz** Ihres gesamten Kanals gesteigert. Davon profitieren alle Videos auf dem Kanal, da sie häufiger innerhalb von YouTube vorgeschlagen, angezeigt und in den Suchergebnislisten weiter oben aufgeführt werden. Insbesondere die Videos, die viele neue Abonnements auslösen, erhalten weitere Pluspunkte in Hinblick auf die **Auffindbarkeit**.

Die Analyse der Abonnentenzahlen zeigt Ihnen, ob Ihre Videos **Beliebtheit** aufbauen und den Zuschauern so viel **Mehrwert** bieten, dass sie zu Ihrem Stammpublikum werden. Damit Ihre Videos aus Zuschauern Abonnenten machen, sollten Sie am Ende Ihrer Videos **Anmerkungen** integrieren, in denen Sie den Nutzer zum Abonnieren Ihres Kanals auffordern. Diese Anmerkungen am Ende des Films können Sie über Endcards darstellen und direkt auf die **Abonnementfunktion** verlinken. Oder noch einfacher: Sie nutzen die neue YouTube-Funktion **Abspann**, die bereits ein vorgefertigtes Element bereithält, mit dem Sie Nutzer zum Abonnieren Ihres Kanals einladen können.

Auch der Videoaufbau sollte so ausgelegt werden, dass ein Sprecher, ein Moderator oder eine Texteinblendung gegen Ende des Films zusätzlich **zum Abo aufruft**. Entdecken Sie in der Analyse Videos, die besonders viele neue Abonnenten für Sie generieren, ist dieses Video gut für die weitere YouTube-interne Bewerbung geeignet – testen Sie das aus und prüfen Sie, ob das Video auch bei der Schaltung von Werbung **weitere Abonnements** für Sie herausholt.

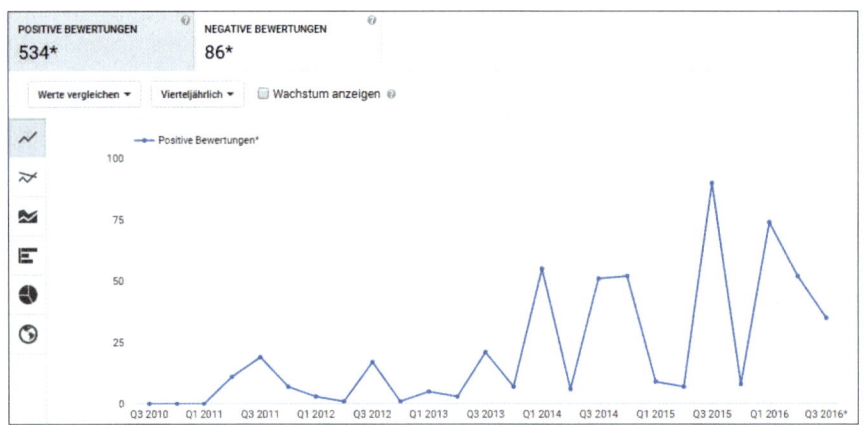

Entwicklung guter Bewertungen fördern

Die **Bewertungen** Ihrer Videos, idealerweise eine positive »Daumen hoch«-Bewertung, ist ein wichtiger Faktor für die Auffindbarkeit der Videos in den YouTube-**Vorschlagslisten** und Suchergebnissen.

Fördern Sie also Bewertungen, indem Sie gute Filme erstellen, die Ihr Publikum gern **positiv bewertet**. Steigern Sie die Anzahl abgegebener Bewertungen zusätzlich durch **Integration von Anmerkungen** in Ihren Videos. Fragen Sie Ihre Nutzer, was Sie am Video verbessern können, oder bitten Sie Ihre Zuschauer per Text, Ton oder Bildeinblendung, **eine Bewertung abzugeben**.

Haben Sie keine Angst vor einzelnen schlechten Bewertungen (»Daumen runter«). Sie schaden Ihrem Kanal und Ihrer Auffindbarkeit nur, wenn sie die Zahl positiver Bewertungen übersteigen. Grundsätzlich gilt: Je mehr positive Bewertungen Sie einholen, desto besser ist das für Ihre **Auffindbarkeit**.

Überprüfen Sie mithilfe dieser **Statistik**, ob und welche Videos wie bewertet werden. Videos, die überwiegend schlecht bewertet werden, sollten Sie aus Ihrem Kanal **herausnehmen**, überarbeiten und optimiert erneut hochladen.

Aber Achtung: Erhalten Sie bei allen Videos ausschließlich positive Bewertungen, wirkt dies auch nicht authentisch. Denn es ist absolut üblich, dass Videos von einigen Zuschauern eben nicht positiv bewertet werden. Hier und dort mal ein »Daumen runter« kann – so haben einige YouTuber bereits berichtet – Ihr Videoranking sogar positiv beeinflussen.

Video	Videos in Playlists*	Zu Playlists hinzugefügte Videos*	Aus Playlists entfernte Videos*
SEO Day 2014 Vortrag - YouTube Wunderwaffe...	68	80	12
Online-Marketing-Agentur Köln	Wir sind netsp...	11	11	0
Suchmaschinenmarketing Agentur Köln - nets...	5	6	1
Best of Ibrahim Evsan - Social Trademarks	5	7	2
Die YouTube Checker - wir optimieren deinen C...	5	5	0
Online Marketing Forum 2014 - Die Facebook ...	4	8	4
Unboxing - YouTube Marketing Buch	4	9	5
YouTube Kanalname ändern – Die YouTube-Ch...	4	4	0
YouTube Custom Gadget - netspirits	4	4	0
Ist Social Media für Unternehmen tot?	4	5	1
Was ist der CPC?	4	4	0
Woher kommt der Name 'netspirits'?	3	3	0
SEO Erfolgslogiken mit Christian Tembrink	Di...	3	3	0
netspirits auf dem SEO DAY 2015	3	3	0
YouTube Layout – Die YouTube-Checker decke...	3	7	4
Videoproduktion – Die YouTube-Checker deck...	3	6	3
Best of Harald Berenfänger - Wer reden kann, i...	3	4	1
Was sind die Social-Media-Risiken für Unterne...	3	3	0

Werden Ihre Videos in Playlisten integriert?

Videos, die Nutzern gut gefallen, werden häufig auch in den **Playlisten** der Nutzer integriert. Wird Ihr Video verstärkt in Playlisten aufgenommen, fördert das **Ihre Auffindbarkeit** und Zugriffszahlen nachhaltig. Denn die Integration in Playlisten ist ein klares Signal für YouTube, dass Ihr Video zu einer Sammlung von Inhalten gehört, die beachtenswert sind.

Haben Sie besonders lustige, **unterhaltsame Videos** im Portfolio, ist die Chance, in **Playlisten** integriert zu werden, recht hoch. Reine Infovideos können dabei ebenso in fachlich orientierte Playlisten aufgenommen werden wie besonders lustige Videos. Es schadet Ihrem Kanal also nicht, auch mal den einen oder anderen »Spaß-Film« zu erstellen, der dann in einer Playlist integriert wird.

Die Analyse der Playlisten im Bereich »Analytics« verrät Ihnen, welche Filme **besonders häufig** in Playlisten aufgenommen wurden. Auch hier kann es sich für Sie lohnen, diese Videos gezielt innerhalb von YouTube zu bewerben.

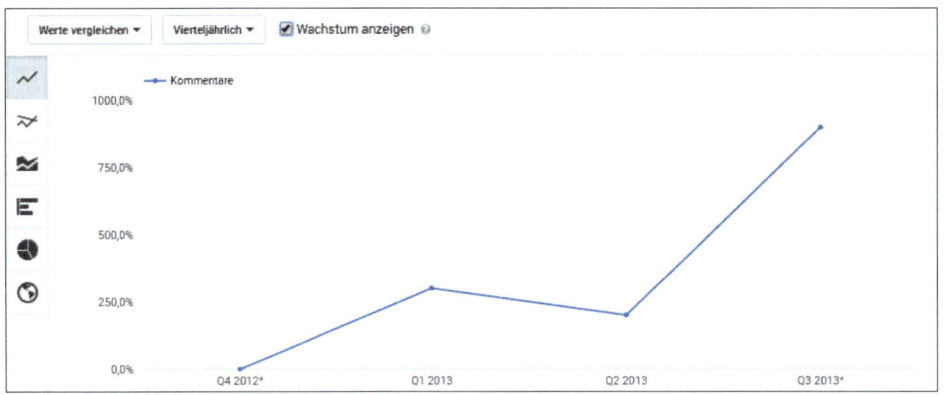

Prüfen Sie die Entwicklung Ihrer Kommentare

Kommentare sind der Treibstoff für Ihre Filme. Sind Ihre Videos auf Interaktion ausgelegt und ergänzen viele Zuschauer Ihre Videos mit Kommentaren, werden Ihre Videos ebenfalls **relevant für YouTube**. Dabei kommt es neben der Anzahl der Kommentare auch auf einen **inhaltlich bedeutenden Inhalt** an.

Im Bereich »Kommentare« in YouTube-Analytics finden Sie praktische Übersichten, die Ihnen zeigen, welches Video **wie viele Kommentare** bekommen hat. Prüfen Sie über diese Auswertungen, ob Ihre Videos Kommentare auslösen, und sorgen Sie bei der Erstellung neuer Filme dafür, dass Sie Ihr Publikum im Film selbst dazu bringen, möglichst **themenrelevante Kommentare** zu verfassen.

Zusätzlich können Sie hier auch wieder die **Anmerkungsfunktion** von YouTube einsetzen, indem Sie an passenden Stellen im Video eine Frage an die Nutzer einblenden und sie bitten, diese Frage im Kommentarfeld unten zu beantworten.

Tipp

Verstärktes Teilen Ihrer Videos in Social-Media-Netzwerken mit provokantem Text, der auf Nutzerinteraktion abzielt, hilft Ihnen, die Anzahl an Kommentaren zusätzlich zu steigern. Oder beenden Sie Ihr Video mit der klaren Aufforderung, dass der Zuschauer per Kommentar Feedback zum Video hinterlassen soll.

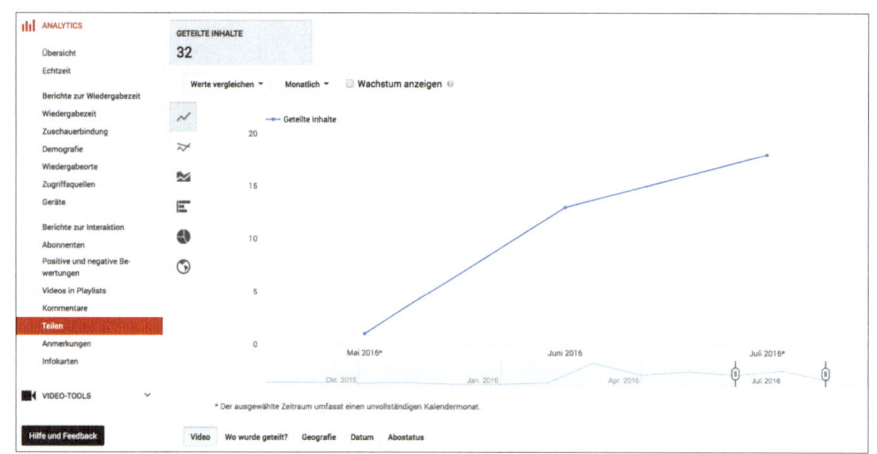

Wie oft werden Ihre Videos geteilt?

Wie häufig haben Nutzer Ihr Video auf YouTube, WhatsApp, Facebook & Co. **geteilt**? Je öfter, desto besser! So kommen nicht nur **mehr Nutzer** in Kontakt mit Ihrem Video – auch für YouTube ist die Häufigkeit des Teilens in den sozialen Netzwerken ein weiterer **Indikator für die Beliebtheit** Ihrer Inhalte. In jedem Fall sollten Sie Ihre Videos über Ihre eigenen Präsenzen auf Facebook, Google+, Twitter etc. teilen und damit erste positive Signale aussenden.

Ob, wann und über welche **sozialen Netzwerke** Ihre Videos dann weiter geteilt wurden, sehen Sie in den Berichten zur Interaktion im Bereich »Analytics« unter dem Menüpunkt »Teilen« (siehe Abbildung links). Prüfen Sie, ob Ihre Videos zum Teilen animieren, und lernen Sie für die Zukunft, welche Elemente dafür sorgen, dass Ihre Videos mehr oder weniger geteilt werden.

Eine solide Vernetzung auf YouTube und die **Kopplung Ihrer YouTube-Aktivitäten** mit anderen sozialen Netzwerken sind die besten Voraussetzungen für viele Shares!

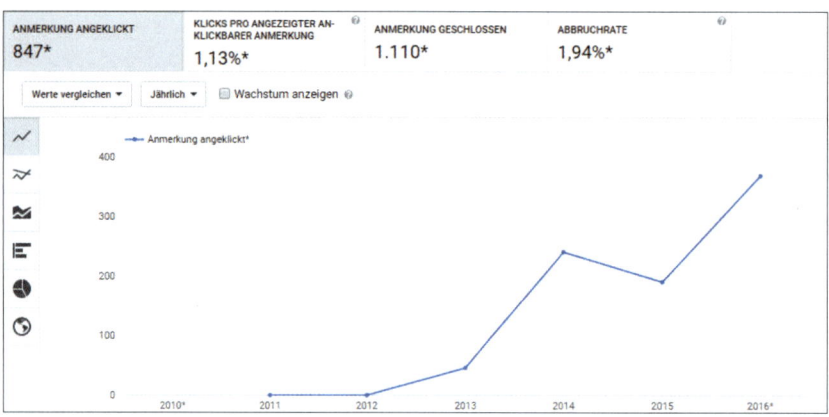

Wie oft werden Ihre Anmerkungen angeklickt?

An vielen Stellen haben wir bereits empfohlen, mit den **Anmerkungen,** die mittels YouTube über Ihr Video gelegt werden können, zu arbeiten. Ob Fragen an den Nutzer, die Bitte um Kommentare, ein klickbarer Link auf Ihre Kanal-Abo-Funktion – mit Anmerkungen fördern Sie die **Interaktion** und fordern Ihre Zuschauer zu Handlungen auf.

Um überprüfen zu können, ob diese Anmerkungen seitens der Nutzer als **hilfreich oder eher störend** wahrgenommen werden, sollten Sie sich den Bereich »Anmerkungen« regelmäßig in den YouTube Analytics-Auswertungen ansehen (siehe Abbildung links).

Prüfen Sie im Überblick, bei welchen Videos besonders hohe oder besonders **niedrige Klickraten** vorliegen. Insbesondere solche Anmerkungen, die in häufig angeschauten Videos gar **nicht geklickt werden**, sollten Sie umtexten, umformatieren oder **entfernen**. Wenn Sie sich die Detailauswertungen zur Interaktion mit den Anmerkungen einzelner Videos ansehen, erfahren Sie genau, welche Anmerkung wann wie oft angeklickt oder sogar **weggeklickt** wurde. Testen Sie weiter, verändern Sie Größe, Form, Platzierung und Inhalte der Anmerkungsfenster, um möglichst hohe Klickraten und geringe »Wegklickraten« zu erreichen!

Tipp

Integrieren Sie Call-to-Action-Links über die Anmerkungsfunktion (zum Beispiel über ans Filmende integrierte Endcards) in Ihre Videos und sorgen Sie für hohe Klickraten darauf. Variieren Sie dazu die Texte in den Call-to-Action-Flächen und führen Sie darin möglichst Angebote auf, die zum Videoinhalt weiterführen (zum Beispiel »Hier klicken, um die im Film gezeigte Bluse direkt online kaufen zu können«).

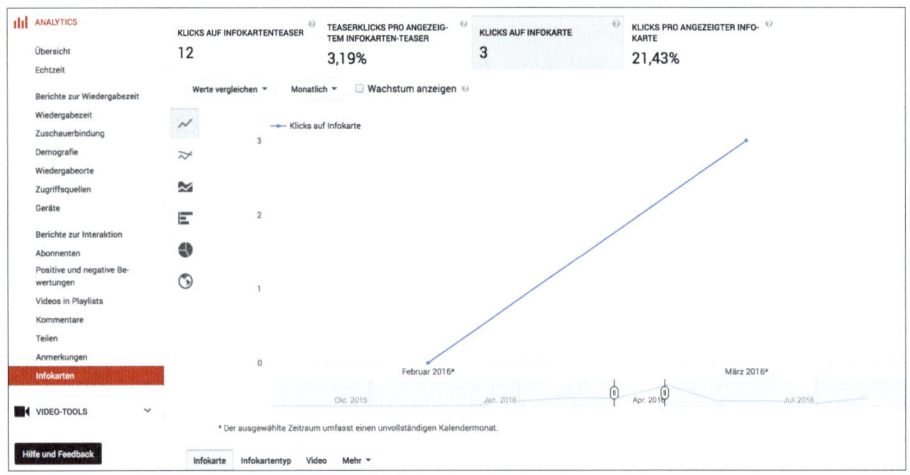

Wie gut performen Ihre Infokarten?

Wie in Kapitel 6 auf Seite 229 vorgestellt, sind **Infokarten** eine hilfreiche Option, um Inhalte aus Ihren Videos heraus zu verlinken. Sie können dabei auf andere Videos, Ihre Webseite, Playlisten oder Produkte verlinken.

Ziel der Infokarten ist stets, dem Nutzer einen **zusätzlichen Mehrwert** durch die Verlinkung der Inhalte zu bieten. Aus diesem Grund sollten Sie die Performance der Infokarten möglichst regelmäßig überwachen. Nur so können Sie herausfinden, ob die verlinkten Hinweise seitens der Nutzer angenommen und geklickt werden.

Im Auswertungsbereich »Infokarten« von YouTube-Analytics sehen Sie en détail, wie oft die **Infokarten angeklickt** wurden (siehe Abbildung links). Dabei wird unterschieden zwischen Klicks, die mehr Details zur Infokarte anzeigen, und Klicks, die aus der Infokarte auf die von Ihnen **verlinkte Zielseite** führen. Neben den absoluten Klickzahlen sehen Sie auch prozentuale **Klickratenwerte**. Außerdem werden das Video, aus dem heraus geklickt wurde, sowie die URL der Zielseite in dieser Auswertung angezeigt.

Entdecken Sie Infokarten, die keine Klicks oder sehr geringe Klickraten erzielen, sollten Sie die Platzierung, das Bild sowie das Wording in der **Infokarte überdenken** und gegebenenfalls neu erstellen, denn offenbar nehmen Ihre Nutzer diese nicht an.

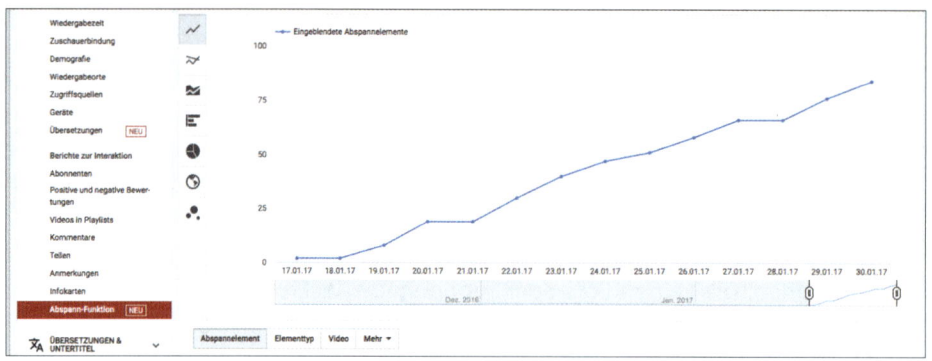

Wie gut funktioniert der Videoabspann?

Im Kapitel 6 haben Sie bereits die YouTube-Abspannfunktion kennengelernt. Sie ist ein wichtiges Element, um über YouTube am Ende Ihrer Videos Verlinkungen zu integrieren, die auch geräteübergreifend funktionieren.

In YouTube-Analytics unter dem Menüpunkt **Abspann-Funktion** erfahren Sie, wie oft Abspannelemente in Ihren Videos angezeigt wurden und welche Abspannelemente dabei wie oft geklickt wurden. Hierbei können Sie die Klickraten auf Abspannelemente in einzelnen Videos untersuchen, sich die Klickraten je Elementtyp (Verlinkung auf Webseite, auf anderes Video usw.) ausgeben lassen oder auch das Klickverhalten in Abhängigkeit z.B. von Region oder Abonnentenstatus beobachten.

Wozu das Ganze sinnvoll ist? Zum einen, um zu verstehen, welche der weiterführenden Verlinkungstypen (Link auf Video, Webseite, Kanal etc.) am besten funktionieren. Zum anderen können Sie auch unterschiedliche Designs von Endcards in verschiedenen Videos testen und über die Analyse der Klickraten auf die Abspannelemente herausfinden, welches Endcard-Design zu den **besten Klickraten** führt. Denn eins ist klar: Die am Ende des Videos verlinkten Inhalte sollen vor allem dem Nutzer einen Mehrwert liefern. Hohe Klickraten auf bestimmte Elemente oder am Ende bestimmter Videos sind ein guter Indikator für Sie, dass Sie Ihrem Publikum einen Mehrwert liefern und ihn in Ihrem Programm halten.

Fazit Kapitel 8: Fassen wir zusammen

- Machen Sie sich die Vorteile des Internets zunutze: Mit Ihren Videos können Sie besser als mit irgendeinem anderen Medium Ihr Marketing mit **Marktforschung** verbinden. Lernen Sie aus Fehlern ebenso wie aus erfolgreichen Aktionen. Nutzen Sie dazu regelmäßig die Auswertungsdaten im Analytics-Bereich Ihres YouTube-Kanals.
- Setzen Sie sich klare **Marketingziele** und legen Sie fest, wie Sie sie überwachen können. Ob Zugriffszahlen, Abonnenten oder Klicks aus YouTube auf Ihren Onlineshop: Erst, wenn Sie klare Ziele verfolgen und Ihre Maßnahmen mit den Daten aus **Analytics** überprüfen, werden Sie stetig erfolgreicher.
- Neben den Aufrufzahlen Ihres Kanals oder einzelner Videos hat auch die **Zuschauerbindung** eine besondere Bedeutung. Je mehr Menschen Ihre Videos ansehen und je mehr davon die Clips bis zum Ende anschauen, desto relevanter wird Ihr Kanal aus YouTube-Sicht. Das bringt Ihnen viele weitere gute Platzierungen und sorgt dafür, dass Ihre Videos ganz automatisch immer besser und häufiger in YouTube präsentiert werden. Überwachen Sie die Entwicklung der Zuschauerbindung für Ihre Videos und bessern Sie, wo nötig, nach.
- Prüfen Sie auch regelmäßig die **Interaktionen** der Zuschauer mit Ihren Videos. Ihr Ziel ist, dass Ihre Videos oft bewertet, kommentiert, geteilt, in Playlisten aufgenommen und als Favoriten markiert werden. Vergleichen Sie Ihre erfolgreichsten Videos mit denen, die kaum Aufrufe und Interaktion erzielen. Lernen Sie so, was Ihr Publikum mag, und werden Sie mit jedem neuen Video ein Stückchen besser!

KAPITEL 9 | Recht(lich) erfolgreich mit YouTube

Zuallererst gilt es an dieser Stelle Herrn Niklas Plutte zu danken, der dieses Kapitel für Sie erarbeitet hat. Profitieren Sie von seinen Erfahrungen im Bereich YouTube und lesen Sie, was er Ihnen rät.

Ein YouTube-Account ist schnell erstellt. Damit Ihr Online-Marketing auf YouTube erfolgreich wird und nicht zu rechtlichen Auseinandersetzungen mit Dritten führt, gilt es, als Betreiber eines YouTube-Kanals einige rechtliche Vorgaben und Pflichten zu beachten, von denen die relevantesten in diesem Kapitel dargestellt werden.

Verstöße gegen diese Pflichten sollten Sie als YouTuber vermeiden, um nicht mit kosten- und zeitintensiven Rechtsstreitigkeiten belastet zu werden. Neben der Gefahr außergerichtlicher Abmahnungen (grundsätzlich der erste Schritt) besteht die Gefahr der gerichtlichen Inanspruchnahme durch Dritte. Mögliche Gründe für das Entstehen von Rechtsstreitigkeiten durch Ihre YouTube-Videos können vor allem Verstöße gegen wettbewerbsrechtliche oder werberechtliche Pflichten (z. B. Verstoß gegen das sogenannte Trennungsverbot von Werbung und redaktionellem Inhalt), Persönlichkeitsrechtsverletzungen Dritter (z. B. Verletzung des Rechts am eigenen Bild) und Urheberrechtsverletzungen sein.

Das Risiko, von Dritten auf Unterlassung, Beseitigung und gegebenenfalls Schadensersatz in Anspruch genommen zu werden, können Sie durch das Einhalten der folgenden Regeln wesentlich reduzieren.

In diesem Kapitel zeigen wir Ihnen, ...

- wie Sie der **Impressumpflicht** bei YouTube gerecht werden können,
- was Sie hinsichtlich fremder **Urheber- und Nutzungsrechte** beachten müssen,
- wie Sie die Verletzung von fremden **Persönlichkeitsrechten** vermeiden und
- wann und wie Sie **Werbung und Produktplatzierung** zu kennzeichnen haben.

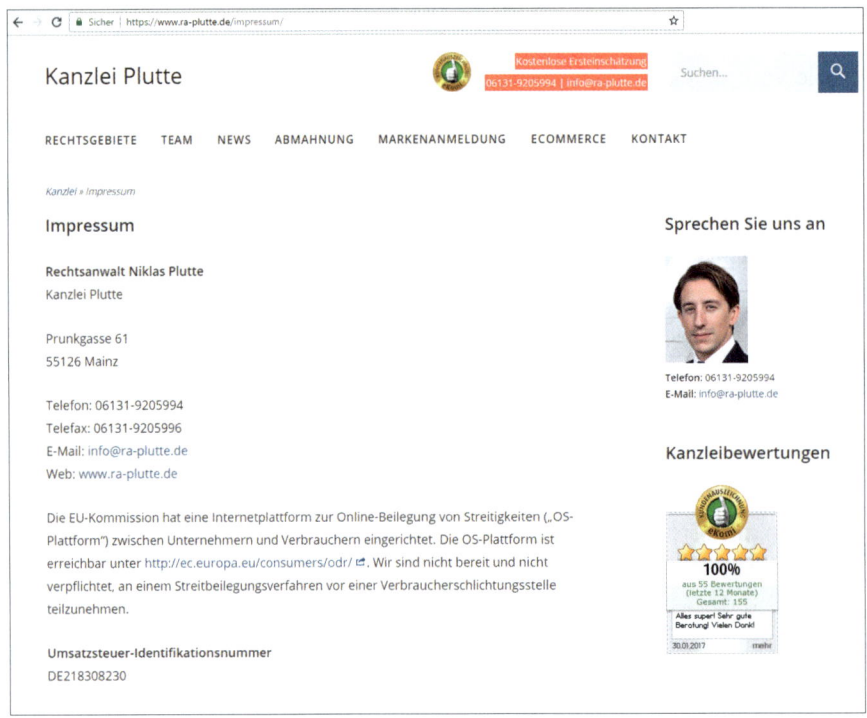

Die Impressumpflicht bei YouTube

Jeder, der seinen YouTube-Kanal **nicht ausschließlich zu privaten Zwecken**, sondern kommerziell betreibt, muss ein Impressum bereitstellen, das mit diversen Pflichtangaben versehen sein muss (z. B. Name, Anschrift, E-Mail-Adresse, vgl. § 5 TMG und § 55 Abs. 2 RStV). Die Angaben über den Verantwortlichen im Impressum sollen es Betroffenen ermöglichen, bei Rechtsverletzungen einfach und schnell die verantwortliche Stelle ausfindig zu machen, um gegen die Rechtsverletzung effektiv vorgehen zu können. Verantwortlich für die Rechtsverletzung ist zunächst derjenige, der den Inhalt selbst der **Öffentlichkeit zur Verfügung stellt** oder die **Kontrollmöglichkeit über den Inhalt ausübt**.

Welche einzelnen **Angaben im Impressum** des Betreibers eines YouTube-Kanals angegeben werden müssen, hängt sowohl vom Inhalt als auch vom Betreiber des konkreten YouTube-Kanals ab. Um als Betreiber eines YouTube-Kanals zu gewährleisten, dass das Impressum alle erforderlichen Angaben im jeweiligen Einzelfall beinhaltet, bietet es sich an, einen der zahlreichen im Internet angebotenen **Impressum-Generatoren** zu verwenden (z. B. unter *www.ra-plutte.de/impressum-generator*).

Da es technisch nicht ganz leicht ist, die gesetzliche Impressumpflicht bei YouTube umzusetzen, zeigen wir Ihnen im Folgenden, wie Sie das Impressum Schritt für Schritt rechtskonform in Ihren YouTube-Kanal einbinden.

Beachten Sie dabei, dass es nach ständiger Rechtsprechung nicht ausreicht, die Impressumangaben unter einem Link beziehungsweise der Bezeichnung »Info«, »Information« oder unter dem Reiter »Kanalinfo« bei YouTube einzubinden. Dies hat den Hintergrund, dass ein Nutzer regelmäßig nicht davon ausgeht, dass er hinter diesen Bezeichnungen das Impressum findet.

Wir empfehlen Ihnen daher, in Ihren YouTube-Kanal einen **externen »sprechenden« Link einzubinden** – also einen Link, bei dem klar erkennbar ist, dass er zum Impressum führt. Der externe Link wird bei YouTube über dem Kanalbanner dargestellt. Wie das geht, zeigen wir Ihnen auf den nächsten Seiten.

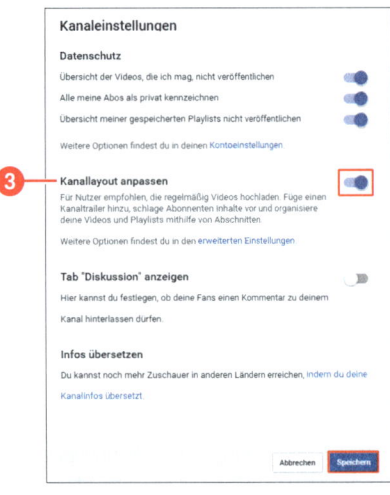

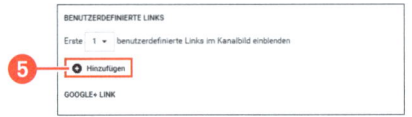
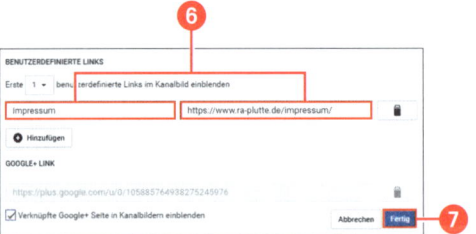

Einbinden eines sprechenden Impressumlinks

Schritt 1: Kanal-Layout in den Kanaleinstellungen anpassen

- Loggen Sie sich bei YouTube ein und klicken Sie auf **Mein Kanal** ❶.
- Klicken Sie am rechten Rand auf das **graue Zahnrädchen** ❷.
- Aktivieren Sie in den **Kanaleinstellungen** den Regler **Kanal-Layout anpassen** ❸.

Schritt 2: Link zum externen Impressum einbinden

- Fahren Sie mit der Maus über das Kanalbanner, klicken Sie auf das rechts oben erscheinende **Stiftsymbol** und dann auf **Links bearbeiten** ❹.
- Klicken Sie nun auf **Benutzerdefinierte Links** und auf **Hinzufügen** ❺.
- Verwenden Sie im ersten Feld den Begriff **Impressum** und fügen Sie im zweiten Feld den **sprechenden Link** zum Impressum ein ❻.
- Bestätigen Sie die Eingaben durch Klick auf den Button **Fertig** ❼.

Wenn Sie nach Umsetzung aller genannten Schritte Ihre Channel-Übersicht aufrufen, ist der Impressumlink jetzt am rechten unteren Ende des Kanalbanners sehen.

Tipp

Als Administrator des Channels können Sie den Impressumlink nicht anklicken. Wenn Sie die Darstellung im YouTube-Kanal jedoch von **Ich selbst** zu **Neuer Besucher** ändern, lässt sich ganz einfach testen, ob die Einbindung geklappt hat und ein Klick auf den Impressumlink auch wirklich zum Impressum führt.

EIGENE INHALTE VS. FREMDE INHALTE
Content/Inhalte = Bilder, Zitate, Videos etc.

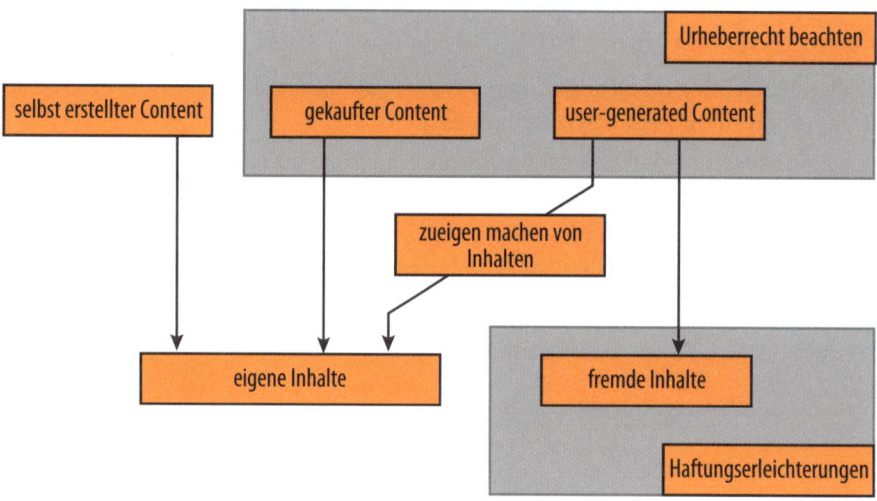

Urheberrechte im Online-Marketing

Will man fremde Inhalte in seinen eigenen YouTube-Kanal einbinden, benötigt man in der Regel die **Einwilligung** des jeweiligen **Rechteinhabers** (Ausnahmen siehe unten).

Dies erfolgt grundsätzlich durch das Einräumen von entsprechenden Nutzungsrechten durch den Rechteinhaber gegen Entgelt, die sogenannte **Lizenz**. Dabei wird üblicherweise keine »Universallizenz« vom Rechteinhaber erteilt, sondern es werden nur **einzelne, genau definierte Nutzungsrechte** eingeräumt. Jede Überschreitung der eingeräumten Lizenz stellt eine Urheberrechtsverletzung dar – z.B., wenn das Recht zur öffentlichen Zugänglichmachung zu rein nicht-kommerziellen Zwecken eingeräumt wurde, der Lizenznehmer aber tatsächlich die Inhalte für kommerzielle Zwecke genutzt hat. Daher ist der **Umfang** der eingeräumten Nutzungsrechte sorgfältig zu prüfen.

Grundsätzlich besteht ein urheberrechtlicher Schutz nur an **persönlichen, geistigen Schöpfungen** (§ 2 Abs. 2 UrhG). Voraussetzung ist, dass das jeweilige Werk – etwa ein Text oder eine Grafik – ausreichende Schöpfungshöhe aufweist. Wann dies der Fall ist, lässt sich nicht pauschal beurteilen, sondern hängt vom Einzelfall ab. Beispiele sind eine individuelle Gedankenführung oder eine individuelle sprachliche Form des Werks. Fremde **(Bewegt-)Bilder** wie Filme oder Fotos sind zusätzlich **leistungsschutzrechtlich** geschützt, sodass für deren Verwendung grundsätzlich das Einholen eines entsprechenden Nutzungsrechts erforderlich ist (§ 72 UrhG).

Bei Verwendung fremder Bilder, Videos/TV-Mitschnitte, Texte, Grafiken, Musik/Hintergrundmusik etc. im eigenen YouTube-Kanal ist für jedes einzelne Werk zu prüfen, ob Sie die für die konkrete Nutzung erforderlichen Rechte innehaben. Nur ausnahmsweise dürfen fremde Werke ohne Einwilligung des Rechteinhabers für eigene Zwecke genutzt werden. Dazu gehören **gemeinfreie Werke** oder die Verwendung des fremden Werks im Rahmen des **Zitatrechts**.

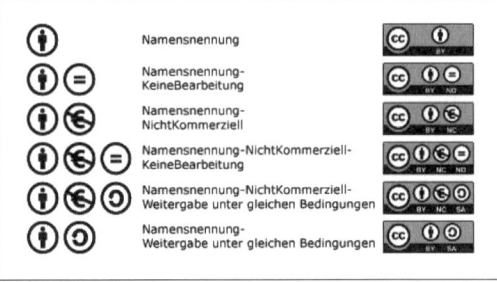

Gemeinfreie und lizenzfreie Werke

Grundsätzlich gilt, dass Sie nur solche fremden Inhalte auf YouTube hochladen und dadurch der Öffentlichkeit zur Verfügung stellen dürfen, an denen Sie das entsprechende Nutzungsrecht innehaben (vor allem das **Recht der öffentlichen Zugänglichmachung**, § 19a UrhG). Da allein dem Schöpfer (Urheber) einer persönlichen geistigen Schöpfung (Werk) die entsprechenden Verwertungsrechte zustehen (§ 15 UrhG), ist es grundsätzlich erforderlich, dass Sie sich von diesem das erforderliche **Nutzungsrecht einräumen lassen** (§ 31 UrhG).

In diesen Fällen können fremde Werke ausnahmsweise genutzt werden, ohne dass eine Einräumung von Nutzungsrechten erforderlich ist:

- Bei **gemeinfreien Werken**: Fremde Werke wie beispielsweise ein Musikstück werden nach Ablauf von **70 Jahren nach dem Tod des Urhebers** (§ 64 UrhG) gemeinfrei. Der Urheber kann sein Werk aber auch selbst als gemeinfrei deklarieren, z.B. über die Creative Commons Lizenz CC0.

- Bei **lizenzfreien Werken**: »Lizenzfrei« ist allerdings nicht gleichbedeutend mit »gemeinfrei«, da das Recht zur kostenlosen Nutzung meist auf bestimmte Nutzungsarten beschränkt wird – beispielsweise ist nur die redaktionelle Verwendung erlaubt, nicht aber eine gewerbliche Nutzung – und vor allem eine Lizenzkennzeichnung gefordert wird. Wie die Kennzeichnung auszusehen hat, hängt von den jeweiligen Lizenzbedingungen ab, die Sie dringend lesen sollten!

Bei Fotos aus Bilderdatenbanken wie pixelio.de oder bei einem unter **Creative Commons Lizenz** stehendem Video beziehungsweise Foto achten Sie penibel genau darauf, eine korrekte **Urheber- bzw. Lizenzkennzeichnung** anzubringen, wie z. B. eine der Creative Commons-Lizenzen in der Abbildung links. Fehlende oder auch nur fehlerhafte Kennzeichnungen führen in der Praxis häufig zu teuren Abmahnungen.

- Ist der Text urheberrechtlich geschützt?
  - Ja, wenn individuell-persönlich – es darf aus ihm nur mit eigenen Worten oder im Rahmen des Zitats kopiert werden.
  - Nein, wenn sachlich und pragmatisch – er darf beliebig kopiert werden, außer
  - besondere Regeln verpflichten (und Höflichkeit gebietet) auch bei Übernahme von Ideen zur Quellenangabe (sonst ist es Plagiat).

- Ist der Zitatzweck erlaubt?
  - Ja, wenn er lediglich eigene Gedanken und Ausführungen belegt und weggelassen werden kann, ohne dass der eigene Text an Sinn verliert.
  - Nein, wenn das Zitat Zeit sparen, illustrieren oder Lesern das Klicken von Links ersparen soll.

- Ist die zulässige Zitatlänge nicht überschritten?
  - Nur soviel wie nötig, um eigene Gedanken zu unterstützen oder Ausführungen zu belegen.
  - Nicht mehr als 1/3 des ursprünglichen Textes und der macht nicht mehr als 1/3 des eigenen Textes aus.

- Wurde der Zitierte Text verändert?
  - Falls ja, muss angegeben werden wie.

- Wurde das Zitat gekennzeichnet?
  - Anführungszeichen, Einrückungen, farbliche Unterstreichung

- Wurde die Quelle genannt?
  - Im Internet reicht der Name des Autors + Link zur Quelle

Das Zitatrecht – kein Nutzungsrecht erforderlich?

Ausnahmsweise kann die Verwendung fremder Inhalte wie Videos, Fotos, Texte oder Grafiken auch ohne Einwilligung des Rechteinhabers erlaubt sein, wenn sie vom sogenannten **Zitatrecht** gedeckt ist (§ 51 UrhG). Dieser Ausnahmetatbestand wird allerdings oft falsch verstanden. Insbesondere reicht es nicht, einfach nur die Quelle anzugeben, das heißt einen Copyright-Hinweis anzubringen.

Zunächst muss es sich bei dem verwendeten fremden Inhalt um ein legal **veröffentlichtes urheberrechtlich geschütztes Werk** handeln, etwa einen Text.

Das Zitatrecht greift in dieser Lage nur dann ein, wenn der übernommene Inhalt verwendet wird, um eigene Gedankenwege zu erläutern, also eine **geistige Auseinandersetzung** mit dem zitierten Inhalt stattfindet, der ohne das Zitat sonst unverständlich wäre. Eine fremde Videosequenz darf ohne Erlaubnis des Urhebers also nur dann in ein eigenes YouTube-Video eingebunden werden, wenn sie **als Belegstelle beziehungsweise Erörterungsgrundlage** für eigene selbstständige Ausführungen dient. Vom Umfang her darf nur übernommen werden, was nötig ist, um die eigenen Gedanken verständlich zu machen. Bei einem TV-Mitschnitt könnte das bedeuten, dass nur eine kritische Passage gezeigt werden darf, mit der Sie sich in einem Videokommentar auseinandersetzen.

Nicht ausreichend sind dagegen dürftige eigene Bemerkungen oder ein nur äußerliches, zusammenhangloses Einfügen/Anhängen/Einbinden fremder Werke bzw. eine schlichte Aneinanderreihung fremder Zitate, weil sie thematisch gut passen.

Beachten Sie auch, dass das Vorliegen eines Zitatzwecks stets erforderlich ist, er lässt sich nicht durch das Einfügen eines Copyright-Hinweises oder Ähnliches am fremden Werk umgehen. Vielmehr ist bei jedem Zitat der Urheber des zitierten Werks zu nennen (§ 63 Abs. 1 UrhG).

Das Recht zur Privatkopie

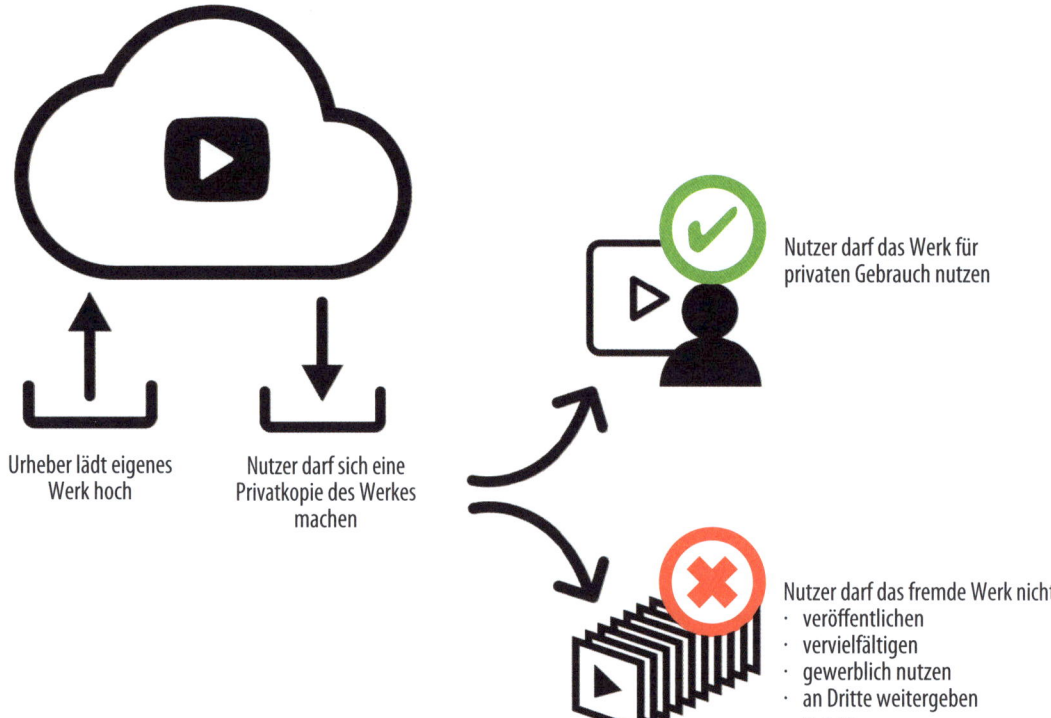

Das Recht zur Privatkopie

Von der Verwendung fremder Werke im eigenen YouTube-Kanal ist die rein private Nutzung fremder Werke zu unterscheiden.

Sofern ein YouTube-Video **rechtmäßig** hochgeladen wurde, darf dieses samt Tonspur von einem Nutzer auf den eigenen Computer **zum privaten Gebrauch heruntergeladen und gespeichert** werden (§ 53 UrhG).

Problematisch ist dabei, dass man von außen meist schwer beurteilen kann, ob ein Video rechtmäßig hochgeladen wurde, sodass ein gewisses **Restrisiko** verbleibt. Offensichtlich rechtswidrig hochgeladene beziehungsweise zur Verfügung gestellte fremde Werke unterliegen daher grundsätzlich nicht dem Recht zur Privatkopie – beispielsweise aktuelle Kinofilme oder Trailer.

Beachten Sie weiterhin, dass das Recht zur Privatkopie nur das Herunterladen und Speichern des fremden Werks zum privaten Gebrauch beinhaltet, **nicht** aber das Recht, das fremde Werk im Rahmen des eigenen Videos bei YouTube **hochzuladen und dadurch öffentlich zugänglich zu machen**. Dies ist grundsätzlich nur mit Einwilligung des Rechteinhabers oder im Rahmen des Zitatrechts (siehe oben) möglich.

Muss ich die Person auf dem Bild fragen?

Ausnahmen:
- Personen der Zeitgeschichte
- Ereignisse der Zeitgeschichte
- Versammlungen, Aufzüge
- Kunst
- Personen als Beiwerk

Persönlichkeitsrechte – Recht am eigenen Bild

Sofern Sie eigenes oder fremdes Bild- oder Videomaterial verwenden, auf dem eine oder mehrere fremde Personen abgebildet und identifizierbar sind, ist stets das **Recht am eigenen Bild** als Ausfluss des allgemeinen Persönlichkeitsrechts der abgebildeten Person zu beachten (§§ 22 ff. KUG, Art. 2 Abs. 1 GG in Verbindung mit Art. 1 Abs. 1 GG).

Die Verbreitung und Veröffentlichung eines fremden Bildnisses ist grundsätzlich nur mit **Einwilligung** der abgebildeten und **erkennbaren Person** zulässig. Achten Sie daher – insbesondere aus Beweisgründen – darauf, dass Sie sich die Einwilligung von jeder abgebildeten und erkennbaren Person am besten **schriftlich** erteilen lassen.

Ausnahmsweise (§ 23 Abs. 1 KUG) kann die Einwilligung abgebildeter Personen **entbehrlich** sein, wenn sie nur als **Beiwerk** neben einer Landschaft oder sonstigen Örtlichkeit erscheint, wie etwa Passanten auf einem öffentlichen Platz, die beiläufig durchs Bild gehen.

Eine Einwilligung kann auch bei Bildern oder Videos von größeren **Menschenansammlungen** entbehrlich sein, z.B. bei Versammlungen, in Aufzügen, auf Konzerten oder bei Fußballspielen, sofern einzelne Personen nicht besonders in den Fokus genommen und herausgestellt werden, beispielsweise per Zoom.

Daneben dürfen regelmäßig auch Bildnisse aus dem Bereich der **Zeitgeschichte** ohne Einwilligung der abgebildeten Person verbreitet und öffentlich zur Schau gestellt werden. Ob sich ein Bildnis im Einzelfall als ein solches aus dem Bereich der Zeitgeschichte darstellt, entscheidet sich maßgeblich danach, ob das Foto/Video einen **Beitrag zur öffentlichen Meinungsbildung** leistet und nicht nur der Befriedigung der Neugier der Öffentlichkeit dient. Um dies beurteilen zu können, ist eine umfassende einzelfallbezogene Abwägung des öffentlichen Informationsinteresses mit dem Persönlichkeitsrecht der abgebildeten Person erforderlich.

Lassen Sie sich vor dem Hochladen bei YouTube daher im Zweifel über das Vorliegen eines Ausnahmefalls rechtlich beraten oder verzichten Sie auf die Verwendung dieses Bild- bzw. Videomaterials.

Persönlichkeitsrechte – Grenzen der Meinungsäußerung

Treffen Sie in Ihren YouTube-Videos Aussagen über Dritte, müssen Sie darauf achten, dass Sie die Grenzen der **Meinungsfreiheit** (Art. 5 GG) einhalten und nicht gegen das **Persönlichkeitsrecht** des Betroffenen (Art. 2 Abs. 1 i.V.m. Art 2 Abs. 1 GG) verstoßen.

Zwar erlaubt die Meinungsfreiheit unter Umständen auch eine scharfe, schonungslose und auch ausfällige **Meinungsäußerung**, aber nur solange sie **sachbezogen** ist, der Äußernde sich also sachlich mit einer bestimmten Thematik auseinandersetzt. Die sogenannte **Schmähkritik**, die auf eine Ehrkränkung beziehungsweise **strafbare Beleidigung** hinausläuft, ist allerdings nicht mehr von der Meinungsfreiheit gedeckt. Unter Schmähkritik wird eine Äußerung verstanden, bei der nicht mehr die Auseinandersetzung in der Sache, sondern die **Diffamierung der Person im Vordergrund** steht. Polemische oder überspitzte Kritik ist hiervon noch nicht erfasst. Die Meinungsäußerung muss hierzu das Ziel der Herabsetzung einer Person verfolgen.

Ob Sie sich im Einzelfall bei einer überspitzten kritischen Meinungsäußerung über Dritte noch in den Grenzen der zulässigen Meinungsäußerung bewegen oder bereits die Schwelle zur Verletzung des Persönlichkeitsrechts des Betroffenen überschritten haben, bestimmt sich nach dem objektiven Sinn der Äußerung aus Sicht eines unvoreingenommenen und verständigen Publikums. Dies kann nur nach einer **umfassenden Abwägung anhand der Umstände des Einzelfalls** abschließend beurteilt werden.

Sofern Sie **Tatsachen behaupten**, ist für die rechtliche Zulässigkeit danach zu unterscheiden, ob es sich um wahre oder unwahre Tatsachen handelt. Unwahre Tatsachenbehauptungen über Dritte, zumindest wenn diese **im Bewusstsein der Unwahrheit** durch den Äußernden aufgestellt werden, unterfallen grundsätzlich nicht dem Schutzbereich der Meinungsfreiheit und sind daher in aller Regel unzulässig.

Handelt es sich um **wahre Tatsachenbehauptungen**, sind diese grundsätzlich **zulässig**. Beeinträchtigen sie das Lebensbild des Betroffenen, bestimmt sich die Zulässigkeit nach einer Abwägung der widerstreitenden Interessen im Einzelfall.

Kennzeichnungspflichtige Werbung, Schleichwerbung

Bei YouTube gilt das Verbot der Schleichwerbung, mit dem verhindert werden soll, dass Nutzer verschleierte Werbeinhalte irrig für sachlich-neutrale Informationen halten. Schleichwerbung ist dabei die Erwähnung oder Darstellung von Produkten, Dienstleistungen oder Unternehmen zu Werbezwecken, ohne dass der Werbezweck erkennbar wird. Sofern Sie in Ihrem YouTube-Kanal neben **redaktionellen Inhalten** auch **Werbung** verbreiten möchten, müssen Sie entsprechend die Stellen kenntlich machen, an denen Werbung auftaucht, wie etwa bei einem YouTube-Channel über Kosmetika oder Testvideos über technische Geräte.

Kennzeichnungspflichtige Werbung liegt immer dann vor, wenn Sie von einem Unternehmen **Geld oder eine Sachzuwendung** erhalten, wie etwa eine Reise oder Waren, und sich im Gegenzug dazu verpflichten, das Unternehmen oder dessen Produkte im Video zu erwähnen.

Schwierig wird es, wenn Sie von fremden Unternehmen **Produkte ohne die Pflicht zu Werbemaßnahmen** erhalten. In diesem Fall kommt es für die Kennzeichnungspflicht auf den Wert des Produkts an. Die maßgebliche Höhe des Produktwerts ist umstritten. **Spätestens ab 1.000 Euro** muss jedoch eine Werbekennzeichnung erfolgen. Wer sichergehen will, sollte bereits bei Produkten mit einem Wert von wenigen Euro auf den Werbecharakter hinweisen.

Werbung ist **während des gesamten Werbeteils** des Videos, also nicht nur zu Beginn und am Ende, durch das Anbringen eines Texthinweises »**Werbung**« oder »**Anzeige**« zu kennzeichnen. Unserer Meinung nach ist es **nicht** ausreichend, die Bezeichnungen »**Gesponsert**« oder »**Sponsored by**« zu verwenden, da der kommerzielle Charakter nicht ausreichend klar erkennbar wird. Wenn Sie derartige Begriffe verwenden, laufen Sie Gefahr, dass das Video als unzulässige Schleichwerbung angegriffen wird.

Übrigens: Sofern Sie im Video **nur Ihre persönliche Meinung** über ein Produkt mitteilen, ohne dass Sie dafür vom »beworbenen« Unternehmen Geld oder eine ähnliche Gegenleistung erhalten, liegt keine Werbung vor, sodass auch keine Kennzeichnungspflicht besteht.

Product Placement versus Produktionshilfe

Eine Sonderform der Schleichwerbung ist die sogenannte **Produktplatzierung** oder auch das **Product Placement**. Darunter versteht man jede Darstellung von Waren, Dienstleistungen, Namen, Marken oder Tätigkeiten eines Herstellers in Sendungen, soweit hierfür seitens des Herstellers eine Bezahlung erfolgte und die Platzierung dem »Ziel der Absatzförderung« diente (§ 2 Abs. 2 Nr. 11 RStV). Sofern Sie im Video ein Produkt, einen Firmennamen, ein Logo oder auch nur eine Produktverpackung zwar nicht aktiv werbend hervorheben, aber **passiv** (an meist gut sichtbarer Stelle) **im Video platzieren** und dafür ein **Entgelt oder eine ähnliche Gegenleistung** mit dem Ziel der Absatzförderung erhalten, müssen Sie dies ebenfalls kennzeichnen. Sie werden Ihrer Kennzeichnungspflicht gerecht, indem Sie die Produktplatzierung durch einen dreisekündlichen Texthinweis »**Unterstützt durch Produktplatzierungen**« am Bildrand des Videos jeweils zu Beginn und am Ende des Videos kennzeichnen. Nach Ablauf der drei Sekunden kann der Texthinweis auf ein »P« im Kreis reduziert werden.

Unzulässig ist eine Produktplatzierung aber dann, wenn das Produkt oder die Unternehmensbezeichnung **zu stark herausgestellt** wird, beispielsweise durch permanente Erwähnung der Produkt- oder Unternehmensbezeichnung oder durchgängigen Bildfokus auf das Produkt. Unzulässig ist auch eine Produktplatzierung, die **unmittelbar zum Kauf von Waren auffordert**, insbesondere durch spezielle verkaufsfördernde Hinweise auf die Waren oder Dienstleistungen.

Keiner Kennzeichnungspflicht unterliegt hingegen die **Produktionshilfe**. Darunter wird die Bereitstellung von Waren oder Dienstleistungen für die Produktion einer Sendung ohne angemessene Gegenleistung des Produzenten verstanden. Außerdem darf keine Verpflichtung zur positiven Produktbewertung bestehen. Maßgeblich ist, ob die zur Verfügung gestellte **Ware von bedeutendem Wert** ist (kennzeichnungspflichtige Werbung) oder nicht (nicht kennzeichnungspflichtige Produktionshilfe). Ein bedeutender Wert wird in der Regel angenommen, wenn die Ware mehr als **1 % der Produktionskosten** des Videos oder mindestens **1.000 Euro** ausmacht (vgl. Gemeinsame Werberichtlinien der Landesmedienanstalten).

Affiliate-Links, Ausstatterhinweise, Verlosungen

Das Setzen von **Affiliate-Links** in der Infobox des jeweiligen Videos stellt kennzeichnungspflichtige Werbung dar, wenn mit dem Link eine konkrete Produktseite beworben wird. In diesem Fall ist ein Hinweis auf die Werbung im direkten Umfeld des Links erforderlich – z.B. ein Hinweis über die eigene Umsatzbeteiligung bei einer Bestellung über diesen Link durch einen Nutzer.

Ausstatterhinweise in der Infobox des Videos sind hingegen grundsätzlich keine Werbung. Dies gilt auch dann, wenn Ihnen die Geräte von den Herstellern kostenlos zur Verfügung gestellt wurden. Beachten Sie allerdings die Ausführungen zum kennzeichnungspflichtigen Product Placement oben.

Auch die **Verlosung eines Preises** im Video ist weder Werbung noch Produktplatzierung, wenn das Produkt und die Firma maximal **zweimal genannt** und maximal **zweimal kurz optisch dargestellt** werden.

Fazit Kapitel 9: Fassen wir zusammen

- Wer auf YouTube erfolgreich sein will, benötigt ein solides rechtliches Grundgerüst in Form eines rechtskonformen **Impressums** und zusätzlich zumindest Grundkenntnisse im Bereich des **Urheber- und Persönlichkeitsrechts**.
- Sobald im eigenen Auftritt auch für fremde Unternehmen und deren Produkte geworben wird, erweitert sich das Anforderungsprofil, speziell im Bereich der **Schleichwerbung**. Verstöße bei YouTube hatten bisher faktisch noch keine rechtlichen Konsequenzen, aber es verdichten sich die Anzeichen, dass Schleichwerbung hier künftig juristisch verfolgt wird.
- Bedenkt man, wie leicht Rechtsverletzungen im Internet ermittelt werden können, steht zu erwarten, dass die Gefahr von **Abmahnungen** bzw. **Bußgeldern** bald deutlich praxisrelevanter wird. Führen Sie sich vor Augen, dass die durchschnittlichen Kosten einer außergerichtlichen Abmahnung bereits bei ca. 500 bis 1.500 Euro liegen. Beauftragt der Abgemahnte einen eigenen Rechtsanwalt mit der Verteidigung, verdoppeln sich diese Kosten schnell. Kommt es zu einem Gerichtsverfahren, wird es noch einmal spürbar teurer.
- Vor diesem Hintergrund empfehle ich, bei der Produktion von YouTube-Videos eine gewisse Sensibilität für rechtliche Themen zu entwickeln. Spätestens vor jeder Veröffentlichung sollte routinemäßig eine **interne Prüfung** erfolgen, ob das Video fremde Rechte verletzt. In Zweifelsfällen rate ich dazu, die kritischen Inhalte angesichts der beschriebenen Kostenrisiken entweder wegzulassen oder spezialisierte anwaltliche Hilfe hinzuzuziehen.

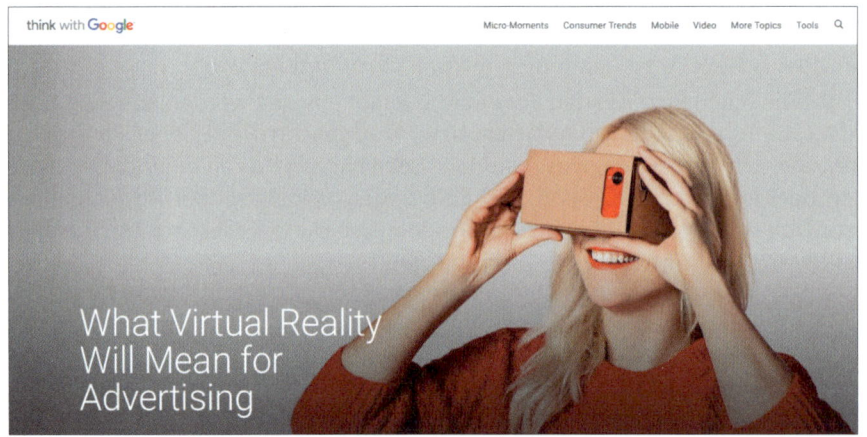

KAPITEL 10 | Ausblick – so verändert sich YouTube

Kaum eine andere Branche ist so schnelllebig wie das Geschäft mit Onlinevideos. Auch YouTube kann sich dabei nicht auf der bislang marktbeherrschenden Stellung ausruhen, sondern muss Content, Technologie und Vermarktung stetig neu strategisch ausrichten und miteinander in Einklang bringen.

Neben dem kürzlich gelaunchten **YouTube Red**, einem werbefreien **Subscription Service**, setzt die Plattform dabei vor allen Dingen auf neue technische Features wie **Livestreams** oder **interaktive 360°-Videos**. Diese bieten nicht nur eine völlig neue User Experience für die Endnutzer, auch Werbekunden können von dem immersiven Charakter der Inhalte profitieren, insbesondere **in Kombination mit VR-Technologie**. Zudem sollen **mit dem neuen Backstage- (bzw. Community-)Bereich die Social-Media-Funktionen ausgebaut werden** – ein klarer Angriff auf konkurrierende Plattformen wie Facebook und Twitter. Dieses Kapitel gewährt einige Einblicke in die neuen Tools und Inhalte, demonstriert anhand verschiedener Fallbeispiele die Möglichkeiten der Markenintegration und wagt damit einen Ausblick, wie das YouTube der Zukunft aussehen könnte.

> **Tipp: Immer bestens informiert**
>
> Wer auf dem neusten Stand sein möchte, sollte regelmäßig die für Onlinevideos relevanten Branchenportale verfolgen, allen voran die hochspezialisierten Infodienste (z.B. Tubefilter.com). Aber auch die großen Tech-Blogs (z.B. Venturebeat.com oder Techcrunch.com) greifen immer wieder YouTube als Thema auf. Zudem bietet Google selbst entsprechende Inhalte an (z.B. unter *thinkwithgoogle.com/products/youtube.html*), unter anderem mit neuen Case Studies und Videotrends. Zudem lohnt es sich, die Themen der großen Konferenzen zu verfolgen (z.B. VidCon).

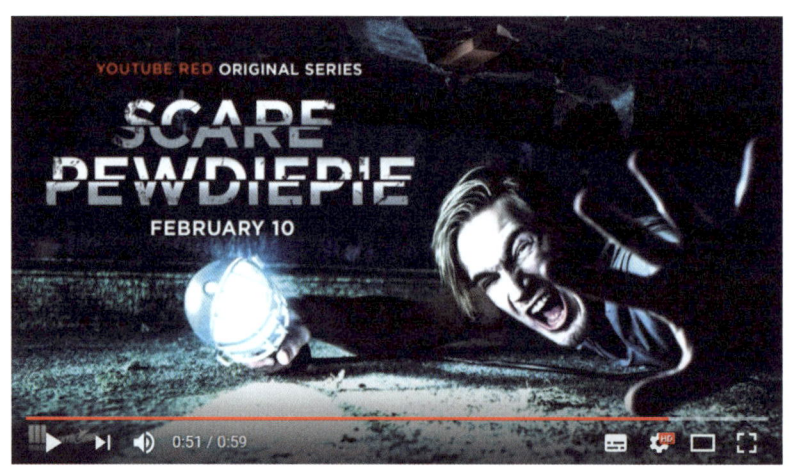

Premium-Inhalte: YouTube Red

Seit Oktober 2015 ist in den USA bereits der Premium-Streamingservice **YouTube Red** verfügbar. Für 10 USD im Monat können Nutzer **Musikstreams und Serien mit YouTube-Stars** wie PewDiePie (zu sehen im Reality-Format Scare PewDiePie) abonnieren – werbefrei, versteht sich. Damit soll die Qualität der Inhalte gesteigert und langfristig ein neues, werbeunabhängiges Geschäftsmodell etabliert werden. Der Großteil der generierten Umsätze soll dabei laut YouTube an die Kanalbetreiber ausgeschüttet werden. Nutzer profitieren unter anderem von dem neuen Angebot, indem sie Videos lokal speichern und offline ansehen können. Red ist damit eine klare Kampfansage an Streamingdienste wie Netflix und Amazon Prime.

Bislang verfügbare Originalserien von YouTube Red, Filme und Shows:

- I Am Tobuscus (Comedy, 2015)
- Scare PewDiePie (Horror, 2016)
- Prank Academy (Drama, 2016)
- Foursome (Drama, 2016)
- Sing It! (Comedy, 2016)
- Bad Internet (Dark Comedy, 2016)
- Escape the Night (Horror, 2016)
- Single by 30' (Drama/Romance, 2016)
- Lazer Team (Sci-Fi/Comedy, 2016)
- A Trip to Unicorn Island (Documentary, 2016)
- Dance Camp (Dance/Comedy, 2016)
- Vlogumentary (Documentary, 2016)
- Fight of the Living Dead: Experiment 88 (Competition, 2016)
- MatPat's Game Lab (Game Show, 2016)

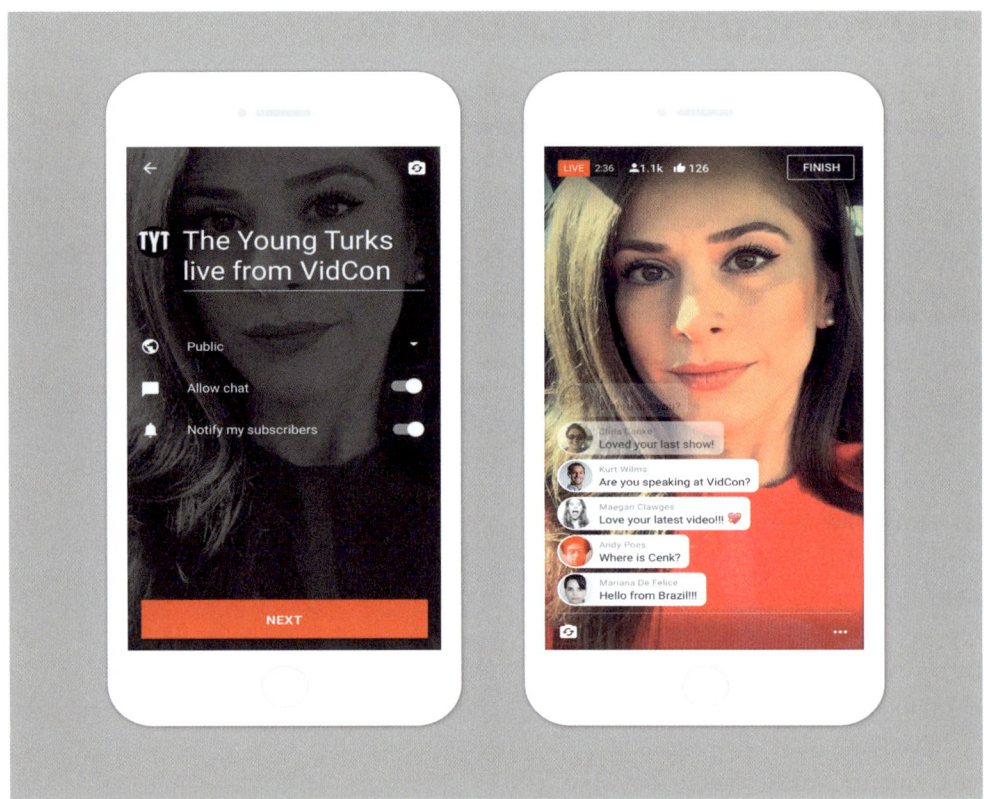

Appification: Mobile Livestreams

Das Thema Livestreams ist für YouTube im Grunde nichts Neues: Schon die royale Hochzeit von Prinz William und Kate Middleton 2011, Felix Baumgärtners Stratosphärensprung 2012, das aktuelle Champions-League-Finale sowie das Coachella-Festival wurden per Livestream übertragen und einem Millionenpublikum zugänglich gemacht.

Allerdings war dies bislang nur in der YouTube-Desktopversion und mit verhältnismäßig hohem technischen Aufwand möglich. Nun wird auch die mobile Variante angeboten, die es Nutzern erlaubt, via **YouTube-App** live zu streamen. Der Dienst soll dabei ähnliche Funktionalitäten anbieten wie die Livestreaming-Services von Facebook, Periscope oder YouNow. Zunächst ist die Funktionalität nur ausgewählten YouTube Creators zugänglich, danach soll der Dienst dann komplett für alle Nutzer angeboten werden.

Tipp: YouTube-App für iOS und Android

Für mobile Dienste, die die YouTube-App nutzen (Download via iTunes oder im Play Store): YouTube verspricht eine extrem einfache Anwendung. In der App drücken Sie einfach den roten Button, wählen ein Startbild aus, und schon beginnt der Stream. Alles andere funktioniert genau wie bei normalen, aufgezeichneten Videos.

Google I/O Keynote 360

360°- und VR-Videos: Aufmerksamkeit ist garantiert

Ein weiteres – wenn nicht sogar das Highlight – unter den neuen Features sind interaktive 360°-Videos, in denen sich der Nutzer selbst in alle Richtungen umschauen kann. Eine Auswahl findet sich im 360°-Videos-Channel von YouTube (siehe auch die Playlist **Trending 360° Videos**). Besonders in Kombination mit **Virtual Reality**-Brillen (VR-Brillen) oder mit **Augmented Reality**-Elementen angereichert, ziehen diese Inhalte die Aufmerksamkeit der Nutzer auf sich. Sie haben durch die **Interaktivität** zudem das Potenzial, die Verweildauer deutlich zu verlängern und wirken **immersive**, d. h., der User kann weiter in die Inhalte eintauchen und sich stärker damit identifizieren. Zudem bietet das Format völlig **neue Möglichkeiten der Werbe- und Produktplatzierung**. Zahlreiche Unternehmen machen sich diese Eigenschaften bereits für ihre Kampagnen zunutze. Auch für **große Events wie Konzerte oder Festivals** eignet sich die Technologie.

Besonders attraktiv werden 360°-Inhalte durch Neuerungen wie **Spatial Audio**, bei denen auch der Sound von allen Seiten kommt. Für Nutzer, die keine eigene VR-Brille haben, bietet Google mit **Cardboard** bzw. der entsprechenden Bauanleitung für Drittanbieter eine günstige Alternative. Die simple Halterung aus Karton macht aus einem Smartphone mit entsprechender App eine VR-Brille. Die Drehung des Kopfs wird dabei in die 3-D-Welt übertragen. Für Entwickler stellt Google ein SDK (Software Developer Kit) zur Verfügung, um die Entwicklung neuer Apps zu unterstützen. Bislang sollen bereits **16 Mio. Cardboards im Umlauf** sein, unter anderem ist dies Aktionen wie der der New York Times zu verdanken, die 1 Mio. der VR-Bausätze an ihre Abonnenten versendet hat.

Tipp: Abgrenzung VR und AR

Als Virtuelle Realität (VR) wird die Darstellung und Wahrnehmung der Wirklichkeit und ihrer physikalischen Eigenschaften in einer in Echtzeit computergenerierten, interaktiven virtuellen Umgebung bezeichnet. Augmented Reality (AR) dagegen beschreibt eine computerunterstützte Wahrnehmung bzw. Darstellung, die die reale Welt zusätzlich um virtuelle Aspekte erweitert.

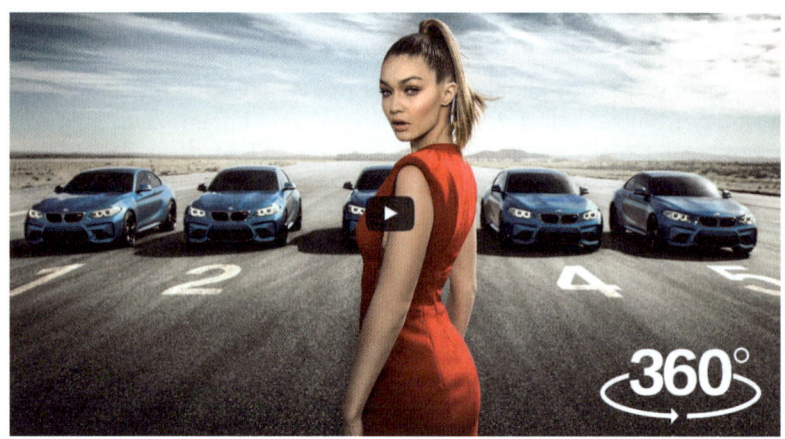

Wie Marken 360°-Video und VR nutzen

360° – Kontext und Story müssen passen

Expertentipps vom Produzenten von 360°-Content:

Jens-Uwe Bornemann
Senior Vice President Digital Europe Fremantle Media

»360°-Video ist ein zusätzliches, spannendes Format, und es hängt am Ende vom jeweiligen Inhalt ab. Wir haben 360°-Reportagen mit der BILD produziert, die sehr gut funktioniert haben. Sicherlich wird aber nicht jedes Video als 360°-Video taugen. Bei Live-Events, Landschaftsaufnahmen oder einer zusätzlichen Ebene im Storytelling macht es wiederum Sinn.«

Daniel Brückner
Manager Research & Innovation UFA LAB Berlin

»Bei der Produktion von 360°-Videos muss man immer die Relevanz hinterfragen. Warum ist das Video in 360° wirklich so viel besser? Eine der spannendsten Entwicklungen zu 360°-Video ist das Livestreaming. Insbesondere bei Sport-Events aus der 1. Reihe live zu berichten und so den Zuschauer noch näher an das Event heranzuholen, macht die Liveberichterstattung noch immersiver und echter. Der Zuschauer sitzt dann mit einer VR-Brille oder einem Cardboard auf dem Sofa und hat trotzdem das Gefühl, direkt am Spielfeldrand in der 1. Reihe zu sitzen. Mit besseren technischen Voraussetzungen können daraus zukünftig interessante neue Geschäftsmodelle entstehen. Die 360°-Videos von BBC und ZDF bei den Olympischen Spielen in Rio 2016 haben die Potenziale innovativer Sportberichterstattung sehr gut verdeutlicht.«

360°-Tour Boui Boui Bilk (google-business-view.360-up.com/de/vt/boui_boui_bilk_eventlocation)

Exkurs Virtual Tours: YouTube-Videos als Add-on

YouTube-Videos können zudem in andere 360°-Inhalte wie sogenannte **Trusted Business-Rundgänge** (Indoor-Erweiterung von Google Street View) eingebaut werden, beispielsweise um **weiterführende Informationen** zum Unternehmen, zu der Location oder zu bestimmten Produkten zur Verfügung zu stellen. Angereichert mit diesen Inhalten bieten die Tours einen echten Mehrwert für den Nutzer.

Expertentipp von Marcus Mitter (360-up.com):

- Mit Google Street View oder Trusted Business-Rundgängen können sich Unternehmen online präsentieren und Kunden einen ersten virtuellen Eindruck mit Street View-Technik gewähren.
- Unter Zuhilfenahme der Street View-App können diese Touren auch im VR-Modus mit Google Cardboard und anderen VR-Brillen genutzt werden.
- Hinter dem Tour Extender für Google Street View-Touren verbirgt sich ein Content-Management-System, mit dem Agenturen oder auch Kunden selbst zusätzliche Inhalte wie zeitgesteuerte und mit Metatags versehene YouTube-Videos über den Rundgang legen können.
- Der Nutzer kann so nicht nur aktiv navigieren, sondern auch Hotspots und Video-Embeds bewusst anklicken. Vorteil: Selbst ausgewählte Angebote im Rundgang bleiben in Erinnerung.
- Ein Analysewerkzeug ermöglicht zu »tracken«, mit welchen Tour-Inhalten und Einbindungen sich Nutzer beschäftigen.

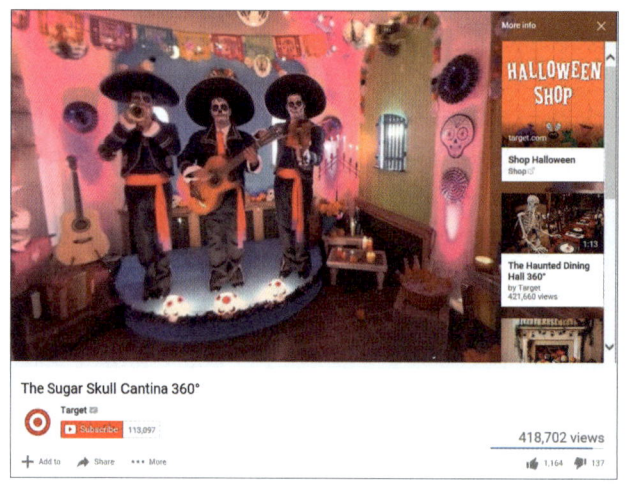

Shoppable Videos: Bewegtbild trifft E-Commerce

Interaktivität kann auch noch auf ganz anderen Ebenen erfolgen: YouTube-Videos, die Produkte vorstellen, funktionieren naturgemäß als **Call-to-Action**. Diese Eigenschaft kann unterstützt und ausgebaut werden, indem in das Video kleine Annotations in Form von klickbaren **Pricetags** eingefügt werden, die den User zu einer Produktansicht und letztlich zum Warenkorb führen.

Mit der Funktion **TrueView for Shopping** (siehe adwords.googleblog.com/2015/05/introducing-trueview-for-shopping-new.html) konnten bereits zahlreiche Unternehmen ihre Revenue-Performance und Viewtime steigern. TrueView for Shopping eignet sich sowohl für **How-to-Content** als auch für komplexere Storywelten. Ziel ist es, die **Micro-Moments** der potenziellen Kunden – also eine Aktion auf einem mobilen Endgerät, bei der ein Nutzer etwas Bestimmtes sucht oder wissen möchte – zu nutzen und unmittelbar in einen Kauf zu überführen.

Shopping-Integration funktioniert auch **in Kombination mit 360°-Videos**, in denen Nutzer sich selbst umschauen, Dinge entdecken und sich dabei ganz selbstverständlich durch Produktwelten bewegen – so umgesetzt in der **Halloween-Kampagne »House on Hallow Hill«** der US-Supermarktkette Target (siehe links). Per Klick auf den kleinen Infobutton oben rechts im Video gelangt der User in verschiedene Themenwelten oder aber in den Target-Onlineshop, wo er die Halloween-Dekoprodukte aus den Videos bestellen kann (weitere Infos zur Kampagne unter *targetcreativestudio.com/house-on-hallow-hill*).

YouTube Community (Backstage)

YouTube plant, auch die eigenen **Social-Media-Funktionen** auszubauen. Dabei soll der Schwerpunkt hier erstmalig nicht nur auf dem Medium Video liegen. Das neue »YouTube Community« (auch als Backstage bekannt) stellt vielmehr eine Plattform für ganz **verschiedene Content-Arten** dar, unter anderem sollen Texte und Bilder hochgeladen werden können, ganz ähnlich der Facebook Timeline. Diese Entwicklung könnte **völlig neue Marketing- und Advertising-Optionen** eröffnen. Zudem würde dieser Schritt die Abhängigkeit von den großen Social-Media-Plattformen verringern und die Verweildauer der Nutzer noch einmal steigern.

Auch wenn YouTube-Videos bereits millionenfach in den sozialen Medien geteilt werden, scheint sich die Plattform also nicht mehr nur mit der Rolle des reinen Hosters begnügen zu wollen. Laut Branchennachrichten (siehe z. B. Venturebeat.com) sollen Nutzer zukünftig auch **Postings verfassen und Umfragen starten** können. Auch die Kommentarfunktionen sollen im Zuge dessen ausgeweitet werden. Derzeit ist noch nicht bekannt, ob die neuen Funktionen voll in die bestehende Plattform integriert oder etwa als Stand-alone-Lösung angeboten werden.

Neben dem kürzlich gelaunchten **Messenger** in der mobilen App (siehe Abbildung links) könnte dies eine verbesserte Kommunikation zwischen Channel-Betreibern und Nutzern ermöglichen. Wie bei den anderen Neuerungen wird der Dienst zu Beginn nur ausgewählten Partner zur Verfügung gestellt und erst später komplett ausgerollt werden.

Aus Sicht von YouTube scheint die Einführung von Social-Media-Funktionen ein nahe liegender Schritt zu sein, zumal andere soziale Netzwerke wie Facebook zunehmend in den Videomarkt drängen. Nachdem eine Integration der hauseigenen Google Plus-Plattform nicht ausreichend von den Nutzern angenommen wurde, wagt YouTube damit bereits den zweiten **Vorstoß in Richtung erweitertes Social-Media-Netzwerk**, diesmal allerdings mit einer neuen Herangehensweise.

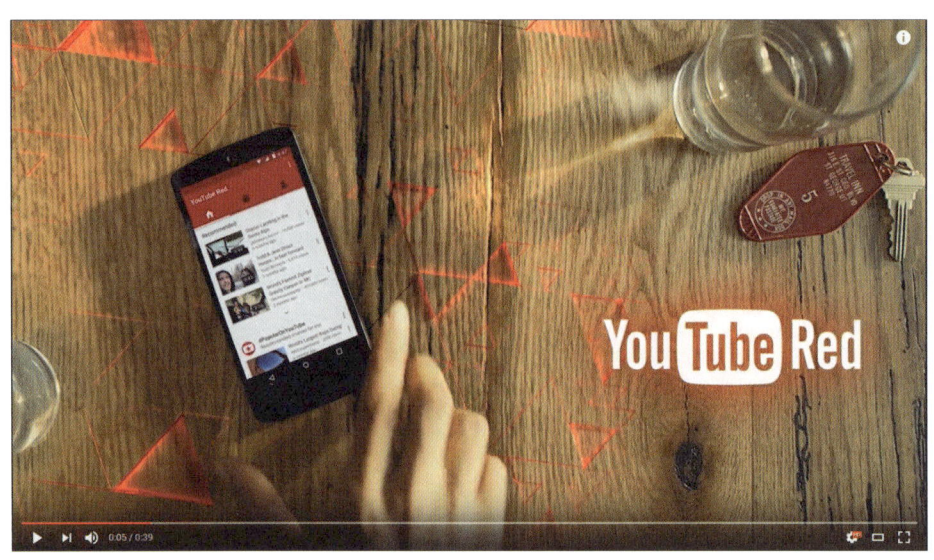

User first: das Relevanz-Prinzip

Interview mit Sabine Georg (Creative Agency Manager Google Deutschland)

Bewegt sich das YouTube-Geschäftsmodell langfristig immer weiter weg von Pre-Roll Ads?

Sabine Georg: »Google (und damit auch YouTube) basiert sehr stark auf dem Relevanz-Prinzip: Wenn Inhalte relevant sind für Nutzer, werden sie angenommen. Und das wird belohnt! Beispiel: Schaltet man Werbung auf der Google Suche (= AdWords-Anzeige) und Nutzer klicken zahlreich auf die Anzeige, sind dies Indikatoren für Relevanz. Je mehr Klicks, desto günstiger wird's, weil mit steigender Relevanz der Preis (= Cost per Click/CpC) sinkt.

Analog zur Suche ist es bei YouTube: YouTube Ads sind zu 80 % skippable, also (nach fünf Sekunden) wegklickbare Pre-Roll Ads. Nutzer bezahlen für die Ads nur dann, wenn man sie nicht wegklickt, sondern bis zum Ende oder aber mindestens 30 Sekunden schaut. Daher heißt dieses Anzeigenformat auch TrueView. Advertiser zahlen nur für relevanten Content, sozusagen. Die klassischen Pre-Rolls gibt es zwar (leider) immer noch, aber es werden weniger. Eben weil es schlicht nervt, wenn vor dem YouTube-Video, was man sehen möchte, ein nicht wegklickbares Pre-Roll läuft. Wenn diese Art Pre-Rolls von YouTube verschwinden, wäre das sehr in unserem Sinne – es sollte idealerweise ausschließlich wegklickbare Pre-Rolls, also TrueView Ads geben!

YouTube Red ist der Versuch, YouTube-Inhalte nicht über Media (und Formate wie TrueView) quer zu finanzieren, sondern direkt über Nutzer-Abonnements. Der Content ist werbefrei, aber die Nutzer zahlen monatlich 10 USD und bekommen dafür »Made for YouTube«-Content, entwickelt von den erfolgreichsten und besten YouTubern/YouTube Creators des angloamerikanischen Raums!«

Reimagine | Etihad A380 VR Experience with Nicole Kidman (youtu.be/2NxhiIMIvzE)

Welche neuen Möglichkeiten gibt es, Werbung und Marken in 360°-Inhalte zu integrieren?

Sabine Georg: »Marken können dafür sorgen, dass Nutzer Markenkommunikation und Werbebotschaften als immersive Erfahrung erleben – man taucht als Nutzer in eine Geschichte ein, die beispielsweise von einer Marke erzählt und kuratiert wird. Ein Beispiel ist u. a. die Airline Etihad, die eine aufwendige 360°-Geschichte mit Nicole Kidman als Testimonial realisiert hat (siehe Abbildung links). Das ist richtungsweisend, weil es ein richtiger Film ist! Google produziert übrigens auch eigene 360°-Storys, die man sich in einer App mit VR-Viewer anschauen kann. Das sind die sogenannten Google Spotlight Stories (siehe hierzu auch *atap.google.com/spotlight-stories*).«

Wo geht die Reise zukünftig im Bereich 360°, VR und AR hin?

Sabine Georg: »Dank Cardboard und dem 360°-Kanal auf YouTube ist das Thema extrem skalierbar und – dank der geringen Kosten und dem geringen Aufwand nutzerseitig – auch sehr »demokratisiert«. Mit Daydream wird außerdem bald eine neue Plattform für VR-Apps gelauncht (siehe *vr.google.com/daydream*). Im AR-Bereich gehört die Firma Magic Leap ja bereits zu den am meisten gehypten und am besten finanzierten Start-ups im Silicon Valley. Unter anderem investiert auch Google in Magic Leap. Da liegen noch große Potenziale.«

Inwiefern werden Unternehmen, Marken und Content Creators von YouTube bei der Einführung dieser neuen Features und Funktionalitäten unterstützt?

Sabine Georg: »Die YouTube Creators sind hier unsere Prio-1-Partner: Alle neuen Funktionalitäten werden zuerst innerhalb der YouTuber Community gelauncht. Denn die Creators sind diejenigen, die YouTube am intensivsten nutzen und testen und challengen! Daher entwickeln wir Features immer zunächst mit Blick auf sie. Erst dann kommen die Advertiser und Marketers/Brands. YouTuber werden von unserem Partnership-Team betreut. Diese Kollegen organisieren Trainings und Workshops. Oder aber die Creators besuchen einen unserer YouTube Spaces (Produktionsstudios). Hier bekommen sie Support aller Art: inhaltlichen, Business Advice und vor allem technischen Support, so zum Beispiel zum Thema 360°-Videos produzieren.«

same
same
but
different.

Fazit Kapitel 11: Fassen wir zusammen

Im Zuge des **strauchelnden Video-Ad-Markts** bieten die vorgestellten Features spannende neue Möglichkeiten für Vermarkter, Brands und Content Creators. Insbesondere immersive und interaktive Inhalte wie **VR- und 360°-Videos** könnten der **Markenintegration** auf YouTube zu neuem Aufwind verhelfen.

Nachdem die **Nutzung von Ad-Blockern** insbesondere bei den jüngeren Nutzergruppen massiv zugenommen hat (YouTube selbst geht von einem Anstieg von 15 auf 40 % in den letzten fünf Jahren aus), schlummert hier noch viel Potenzial.

Insgesamt lässt sich außerdem eine zunehmende **Professionalisierung der Inhalte** beobachten – nicht zuletzt durch **Subscription Services** und Originalinhalte wie auf YouTube Red. Technische Neuerungen liefern die Grundlage für neue Tools und Features, ein stetiger **Wandel in der Mediennutzung** und den User-Bedürfnissen sowie neue Werbeformen und Businessmodelle runden den Plattformansatz ab. YouTube selbst ist dabei extrem agil und passt sich immer wieder neu an die Gegebenheiten an. Es bleibt insofern spannend, zu beobachten, wo die Reise hingeht, aber dieses Kapitel sollte zumindest einige erste Einblicke gewährt haben.

Tipp: Same Same but Different

Es ist unwahrscheinlich, dass sich große Plattformen und Marktführer wie YouTube mit einem Schlag komplett neu erfinden werden. Radikale Innovationen kommen eher von kleineren Anbietern und aus vormaligen Nischenmärkten. Doch wer sich und seine Marke erfolgreich im Netz positionieren möchte, der sollte eben genau diese kleineren, inkrementellen Innovationen und Veränderungen im Blick behalten und beobachten, wie YouTube sie gerade vorantreibt.

QUELLENNACHWEIS

Wir danken allen, die uns Abbildungen für unser Buch zur Verfügung gestellt haben.

Seite 94: YouTube Creators Academy
Seite 182: fotosearch.de | Artisticco
Seite 236: tagseoblog.de | Martin Mißfeldt
Seite 384: youtube-creators.googleblog.com

Seite 58, 66, 272, 310, 380: thinkwithgoogle.com
Seite 20, 28, 154, 192, 196, 206, 256, 372, 374: pixabay.com

Index

360°-Video 387, 389

A

Abmahnungen 355
Abonnenten 237
Abonnentenentwicklung 337
Abonnentenzahlen 337
Abspann 351
Abspannfunktion 233
Abstimmung 229
Ad-Blocker 401
Administratoren 127
AdWords Remarketing 59
Affiliate-Links 377
Alleinstellungsmerkmale 147
Alter, Publikum 327
Analytics 129, 133, 313
Angesagtes Video 261
Anmerkungsfunktion 225, 227, 343, 347
Antworten auf Kommentare 247
Auffindbarkeit 213
Aufrufzahlen 319
Augmented Reality 387
Ausblick 381
Auswertungszeiträume 315

Authentizität 29
Autosuggest-Funktion 189

B

Backend 123
Backstage 395
Banner-Anzeigen 299
Beleuchtung 183
Benutzeroberfläche 123
Beschreibungstext 219
Bewegtbildmarkt 17
Bewertungen 339
Bildschirmformate 95
BirdsongAnalytics 263
Blogger 243
Branding 57
Branding-Tags 135, 221
Branding-Ziele 59
Bumper Ads 289
Business-Ziele 53
Buyer Persona 65, 143

C

Call-to-Action 293
Call-to-Action-Overlay-Schaltflächen 305

Channel 75
Community 129, 157
Community Guidelines 95
Community-Management 247
Community-Management-Guidelines 49
Content 139
Content-Marketing 141, 157, 163
Content-Strategie 141, 143
Creator Studio 123, 129, 313
Customer Journey 51
Customer Lifetime 63
Cyfe 263

D

Dashboard 129, 313
Daydream 399
Demografie 315, 327
Divimove 257
Drehbuch 177, 193
Drehplan 199
Drehtag 197, 201
Drei-Akt-Modell 153

E

Echtzeitanalysen 317
Echtzeitaufnahmen 165
E-Commerce-Tracking 61
Einbettung 253
Einblendung 295

Einschaltquote 319
E-Mail, mit Link zum neuen Clip 251
E-Mail-Newsletter 251
E-Mail-Signaturen 251
Embedding 253
Emotionen 33, 145, 151
Endcards 231, 337
Erfolgskontrolle 309
Erfolgsmetriken 263
Erfolgsplan 41
Erzählart 173
Eyetracking 223

F

Facebook 249
Feedback, Zuschauer 49
Filmidee 155
Filmproduktion 177
Finanzierung durch Fans 229
Format, Film 155
Formatstrategien 157
Frontend 87

G

Gemeinfreie Werke 363
Geräteauswertung 333
Gerätetypen, unterschiedliche 77
Geschlecht, Publikum 327
Gestaltung, Kanalbild 95

Google AdWords 133, 269
Google Analytics 59, 309
Google Cardboard 391
Google Display-Netzwerk 297
Google Keywordplanner 189
Google Spotlight Stories 399
Google Street View 391
Google Trends 189
Google-Konto 81

H

Handlungsaufforderung 231, 293
Help-Content 27, 157, 163
Hero-Content 157, 193
Hero-Videos 163
Highlight-Videos 163
Hinweise, interaktive 225
HitchOn 257
Hub-Content 157, 163
Hypersuggest.com 189

I

Idee zum Film 173
Ideenfindung 155
immersive 387
Impressumlink, sprechend 359
Impressumpflicht 97, 357
Influencer-Marketing 211, 259
Infokarten 225, 229, 349

Inhalte 139
Inhalte herausstellen 261
Inhouseproduktion 183
Interaktion 237, 343, 347
Interaktionsplattform 23
interaktive 360°-Videos 381
interaktive Hinweise 225
Interessengebiete 281
Interessenkategorien 275

J

Journalisten 243

K

Kamera 183
Kampagnen optimieren 301
Kampagnenansatz 157
Kanal 75, 99
Kanal anlegen 79
Kanal verifizieren 131
Kanalautorität 243
Kanalbild 93, 95
Kanalgrafik 85
Kanalinfo 119
Kanalname 101
Kanalstartseite 89
Kanalsymbol 91
Kanal-Tags 135
Kanaltrailer 75, 103

Kanal-URL 107
Kennzahlen 311
Kennzeichnungspflichtige Werbung 373
Kernbotschaft 173
Keyword-Analyse 189
Keywords 189, 191, 221
Keywordtool.io 189
Klickraten 347
Kollaborationsansatz 157
Kommentare 49, 237, 247, 343
Konkurrenzkanäle 263
Kontoeinstellungen 125
Konzept 43
Konzepter 175
Kostenschätzung 177
Kosten-Umsatz-Relation 55
Kundenbindung 57, 63

L

Langzeitgedächtnis 33
Lead-Generierung 61
Liveberichterstattung 165
Livestreams 165, 381, 385
lizenzfreie Werke 363
Logo-Animationen 207

M

Magic Leap 399
Markenbekanntheit 59

Marketing mit YouTube 211
Marketingstrategie 53
Marketingziele 55, 57
Marktforschung 309
Masthead-Einheit 303
Mediakraft 257
Medienkonsum, Wandel 23
Meinungsfreiheit 371
Messenger 395
minutengenaue Zugriffe 317
Mission Statement 149
mobile Endgeräte 273
Mobile Livestreams 385
Multichannel Networks 257, 259
Multiplikatoren 157, 161

N

Navigationstab »Diskussion« 117
Navigationstab »Kanäle« 115
Navigationstab »Playlists« 113
Navigationstab »Videos« 111
non-skippable 159
non-skippable Ads 287
Nutzungsgewohnheiten der Zielgruppe 239
Nutzungsrechte 361
Nutzungsrechte einräumen 363

O

Opener 207
ortsbasierte Statistik 315

P

Partnerseiten 297
Personas 65
Persönlichkeitsmerkmale 65
Persönlichkeitsrechte 369, 371
Persönlichkeitsrechtsverletzungen 355
Placements 279
Playlisten 105, 245, 341
Postproduktion 177, 203
Premiumwerbeplätze 303
Pre-Roll Ads 397
Privatkopie 367
Product Placement 257, 375
Produktionsablauf 177
Produktionskosten 181
Produktplatzierung 257, 259, 375
Programmplan 51
Projektplan 69

Q

qualitative Ziele 55
quantitative Ziele 55

R

Reachhero 257
Recht am eigenen Bild 369
Recht der öffentlichen Zugänglichmachung 363
rechtliche Pflichten 355
Remarketing 275, 283
Responsive Design 77
Retargeting 25
Risikomanagement 71

S

Sales 57
Schauspieler 173
Schleichwerbung 373
Schlüsselwörter 277
Schnitt 203
Schnittcomputer 183
Senderfliege 121
SEO 253
seochat 263
Skip-Funktion 159
skippable 159
Smartphones 273
Social Media 161, 249, 251
Social-Media-Funktionen 395
Social-Media-Multiplikatoren 157
Soziale Netzwerke 345
Spannung 241
Spenden-Infokarte 229
Sprachen 235
Spracherkennung 235
Sprachvariante 335
Sprecher 207
Startseite 109
Statistiken 315
Stativ 183

Stichwörter 135
Storyboard 177, 195
Storytelling 153
Streamingdienste 21
Suchabfragen 189
Suchbegriffskombination 245
Suchmaschinenoptimierung 253
Suchwörter 221
SWOT-Analyse 71

T

Tags 221
Teilen, in den sozialen Netzwerken 345
Texteinblendungen 227
Textwerbeformate 299
Themengebiete 281
Ton 203
Ton und Audio 183
Tops und Flops 321
Tour Extender 391
Transkript 235
Trennungsverbot von Werbung und redaktionellem Inhalt 355
TrueView Discovery 271
TrueView In-Stream 271, 285
TrueView-Video-Discovery 285
TrueView-Werbefunktion 159
Trusted Business-Rundgang 391
TubeOne 257
Tubevertise 257
TV-Werbemarkt 17
Twitter 249

U

Übersetzungen 335
Untertitel 235, 335
Upload, erster 213
Upselling 63
Urheberrecht 361
Urheberrechtsverletzung 361
User Engagement 237

V

Verlinkung 97
Verlosungen 377
Vermarktung 211
Vernetzung 255
Veröffentlichungszeitpunkt 239
Verweildauer 253
Videobeschreibungen 219
Videobriefing 185
Video-Content 31
Video-Discovery-Anzeigen, als YouTube-Overlay 295
Video-Discovery-Anzeigen, auf Webseiten von Partnern 297
Video-Discovery-Anzeigen, für ähnliche Videos 293
Video-Discovery-Anzeigen, für die YouTube-Suche 291
Video-In-Stream-Anzeigen 287

Videokonzept 173, 175
Video-Manager 129
Video-Overlay 299
Videoplattform 19
Videoproduktion 171
Videoproduktion, extern 185, 187
Videoserien 245
Video-Thumbnail 111
Videotitel 217
Video-Tools 129
Videountertitel 235
Videovorschaubilder 263
VidIQ 263
Virtual Reality 387
Virtual Tours 391
Vorschaubilder 223
Vorschlagslisten 339
VR-Brillen 387
VR-Technologie 381
VR-Videos 387

W

Watermark 121
Webanalysesoftware 309
Webseite 253
Webseite, verknüpfen mit 133
Webseitenanalyse-Tool 309
Werbebotschaft 159
Werbeclips 159
Werbegeld 269
Werbekampagnen 157, 269
Werbekanal 19
Werbekontakte 33
Werbemöglichkeiten 267
werberechtliche Pflichten 355
Werbespot im Fernsehen 271
Werbevideos, kontextbezogen 293
Werbung auf YouTube, ohne eigene Videos 299
wettbewerbsrechtliche Pflichten 355
Wiedergabeorte 329
Wiedergabezeit, prozentual 321

Y

YouTube Analytics 59, 309, 315
YouTube Backstage 395
YouTube Community 395
YouTube Creator Academy 211
YouTube Red 383, 397
YouTube Spaces 399
YouTube Trendmap 189
YouTube Unplugged 19
YouTube, als Suchmaschine 21
YouTube-App 273
YouTube-Autosuggest 263
YouTube-Backend 123
YouTube-Einstellungen 123
YouTube-Embedding 253
YouTube-Format 147
YouTube-Frontend 87
YouTube-Insights-Tool 263

YouTube-In-Video-Overlay 271
YouTube-Kontrollzentrum 313
YouTube-Overlay 295
YouTuber Relations 255
YouTube-Werbeformate 285
YouTube-Werbenetzwerk 271
YouTube-Werbung, auf mobilen Geräten 273

Z

Ziele 53
zielgruppengenaue Ausrichtung 275
Zitatrecht 365

Zugriffe, minutengenau 317
Zugriffe, über Fernsehgeräte 333
Zugriffe, über Smartphones 333
Zugriffsquellen 315, 331
Zugriffsrechte 79, 127
Zugriffszahlenentwicklung 317
Zuschauerbindung 241, 323
Zuschauerbindung, absolute 323
Zuschauerbindung, relative 325
Zuschauerdemografie 327
Zuschauerdialog 247
Zuschauerverhalten 241